한 권으로 준비하는 국가자격시험

동물보건사_간호학 기초편

한 권으로 준비하는 국가자격시험

동물보건사_간호학 기초편

펴낸날 2022년 1월 3일 1판 1쇄
2022년 1월 5일 1판 2쇄

지은이 원상철, 최인영
펴낸이 강유균
편집위원 이라야, 남은영
기획·홍보 김아름, 김혜림
교정·교열 이교숙 정아영
경영지원 이안순
디자인 바이텍스트, 박유진
마케팅 신용천

펴낸곳 리드리드출판(주)
출판등록 1978년 5월 15일(제 13-19호)
주소 경기도 고양시 일산서구 고양대로632번길 60, 207호(일산동, 대우이안)
전화 (02)719-1424
팩스 (02)719-1404
이메일 gangibook@naver.com
홈페이지 www.readlead.kr
포스트 https://post.naver.com/gangibook

ISBN 978-89-7277-355-9 (13520)

한 권으로 준비하는 국가자격시험

동물보건사

· 간호학 기초편 ·

원상철 · 최인영 지음

리드리드출판

머리말

시대가 원하는 동물보건사

국내 반려동물을 키우는 인구가 1500만을 넘어서고 있다. 늘어나는 수치만큼 반려동물에 대한 양육과 사회 인식이 갈수록 높아지고 있다. 가정 내에서는 정서적으로 의지하는 관계가 형성되어 가족으로 인정받고 있다. 동물과 함께 생활하면 심리적으로 안정되고, 반려동물과 지속적인 관계를 통해 감성이나 사회성, 공감하는 능력이 높아진다는 연구결과도 발표되었다. 뿐만 아니라 학자들은 심리적인 안정감과 자신감이 높아져 정신 건강에 큰 도움이 된다고 한다.

반려동물을 키우는 인구가 늘면서 반려동물 관련 직업군 또한 대폭 늘어났다. 용품뿐 아니라 미용이나 훈련에 이르기까지, 대학에 반려동물학과가 개설될 정도이다. 이제는 역동하는 사회 속 하나의 산업으로 정착되어가는 과정에 있다. 특히 반려동물 의료인에 관한 관심은 집중되고 있는데 가족 같던 반려동물의 치료와 진료 등 건강을 담당하기 때문이다.

이에 국가에서는 동물병원 수의사의 지도로 동물의 간호 또는 진료 보조업무를 수행하는 '동물보건사' 제도를 도입했다. 동물보건사가 되기 위해서는 농림축산식품부 장관의 평가인증을 받은 양성기관에서 일정 수준의 이론과 실습교육을 이수하고, 국가 자격시험에 응시해 자격증을 취득해야 한다. 다만 기존 동물병원에 종사하는 보조 인력에 한해서는 특례조항을 둬 소정의 실습교육을 이수하면 자격시험에 응시할 수 있도록 했다.

수의사법 개정에 따라 2022년 2월 첫 시험이 시행되는데 동물보건사 자격을 취득하면 동물에 대한 관찰, 체온·심박수 등 기초 검진 자료의 수집, 간호 판단 및 요양을 위한 간호 등 동물 간호 업무와 약물 도포, 경구 투여, 마취·수술의 보조 등 수의사의 지도 아래 수행하는 진료의 보조 등 동물의 진료 보조업무를 담당한다.

20여 년 동안 임상 수의사로 동물병원을 운영하는 필자는 동물보건사 자격 제도가 시행되는 것이 무척 반갑다. 그동안 동물간호와 진료 보조업무에 전문인력의 필요성을 절실히 느껴왔지만, 현실적으로 제도권의 이해와 인식이 부족해 법제화되지 못하는 점이 늘 안타까웠다. 반려동물의 의료와 관련된 업무를 하면서도 동물에 관심이 있으면 해볼 수 있는 일로 여기거나 단순 보조업무로 여기는 경향이 있었기 때문이다.

하지만 반려동물 양육자는 동물병원 스텝과의 소통과 의료서비스에 관심이 크다. 말을 못 하는 반려동물을 대신해 병원에 요구사항을 전달하고 상태를 설명한다. 이에 반려동물 의료인이 직접적이며 전문적으로 응대해줘야 안심한다. 반려동물 양육자의 마음을 이해하고 심적 안정까지 담당해야 한다는 책임이 따른다. 그런데도 수의사 외에는 믿을 만한 전문인력이 없었다는 것이 현실이었다. 그러나 이제 자격을 갖춘 인력으로 체계화된다니 동물 의료인에 대한 신뢰가 높아질 것으로 기대된다.

이 책은 '동물보건사' 시험 기준에 맞추어 반려동물에 관한 수의 간호학의 기초 정보를 다루었다. 간호, 보정, 수술의 내용과 반려동물의 해부, 생리, 수술실에서의 준비 등 이론과 실무를 학습할 수 있도록 집필했다. 동물병원 관련 정보와 반려동물 시장과 산업의 변화에 능동적으로 대처하는 실무 능력 배양을 핵심 목표로 하고 있다.

다시 한번 국가가 인정하는 전문인력인 '동물보건사'의 신생을 진심으로 축하한다. 이 책을 통해 '동물보건사' 자격을 취득한 뒤 전문 반려동물 의료인으로 현장에서 만나길 고대한다.

추천사

동물농장 성우 안지환입니다. 이 땅의 살아숨쉬는 모든 생명들은 존재 그 자체만으로도 숭고하며 존중받아야 마땅하다고 생각합니다. 이번에 출간하는 《한 권으로 준비하는 국가자격시험 동물보건사》로 동물보건사의 역량과 능력이 크게 향상되어 우리 주변의 반려동물은 물론 그 가족들까지 모두 행복해지길 기원합니다.

성우 안지환

급속도로 반려인들이 많아졌다. 근데 예쁘고 귀엽다고 해서 반려견을 쉽게 키우기엔 비용과 지식이 만만치 않다. 그래서 주변엔 가끔 반려동물에 관한 자격증을 취득하는 사람도 보게 된다. 나도 푸들을 키우다 보니 때로는 '미용을 공부해볼까'라는 생각을 해본 적도 있다. 동물보건사 또한 반려인들이 생각지 못했던 간호사자격증이라 생각한다. 나라면 전문가가 안 되더라도 조금은 알아보고 싶은 느낌이 들어 추천한다.

탤런트 이상아

늘 공부하고 노력하는 원상철, 최인영 수의사의 또 한 번의 도전에 박수를 보냅니다. 동물보건사 자격증을 준비하는 모든 분들께 도움되길 바랍니다.

개그우먼 **이경실**

내 생을 가장 행복하게 하는 반려동물, 그 동물을 가장 깊이 이해할 수 있는 책이 이 책이 아닐까 싶습니다. 현직 수의사가 직접 집필한 만큼 동물보건사(동물간호사) 첫 자격시험에 꼭 필요한 책이라고 생각합니다. 믿고 보고 듣는 최인영 수의사와 함께 반려동물과의 아름다운 동행에 함께하시길 바랍니다.

TV조선 세븐 메인작가 **원진주**

동물을 잘 알고 아끼고 사랑하는 원상철, 최인영 수의사님께서 동물을 잘 알고 아끼고 사랑하실 분들을 위한 책을 출간했습니다! 이 책을 통해 국가가 인정하는 아이들을 사랑으로 아껴주실 동물병원 간호사님이 되길 바라겠습니다.

개그우먼 **김영희**

추천사

우연히 접하게 된 《어서와 반려견은 처음이지?》 책을 읽고 반려견에 대해 많은 도움을 받았고 반려견의 행동을 이해하게 되었습니다. 이번에 출간되는 《한 권으로 준비하는 국가자격시험 동물보건사》는 동물보건사를 꿈꾸는 모든 분들의 꿈을 확실히 이루어드릴 것입니다. 동물보건사를 꿈꾸는 모든 분들께 이 책을 추천합니다.

개그맨 홍경준

누구보다 동물을 마음으로 보살피고 사랑하는 원상철, 최인영 원장님의 진료를 옆에서 봐왔기 때문에 이 책에 원장님들의 철학이 그대로 깃들어 있다고 믿어 의심치 않습니다. 화이팅!

개그맨 이세진

안녕하세요 개그맨 이문재입니다. 반려동물을 사랑하는 분들이라면 꼭 봐야 하는 책입니다. 이 책을 알고 있다는 것만으로도 이미 시험에 합격하신 겁니다!! 먼저 합격을 축하드립니다. 원상철, 최인영 원장님이 땀흘려 열심히 만든 책! 여러분에게 강력하게 추천합니다

개그맨 이문재

수의사계의 허준 원상철, 최인영 선생님! 수학에 정석이 있다면 동물보건사 준비에는 이 책이 있습니다!

그림왕 양치기 작가 **양경수**

처음엔 저도 방송을 통해서 알게 되었고 그 후에 직접 뵙고 이야기 나누며 정말 동물들에 진심이신 분이구나 느꼈다. 이번에 《한 권으로 준비하는 국가자격시험 동물보건사》라는 책을 출간하시네요. 이 책이 동물보건사를 준비하는 분들에게 많은 도움이 되었으면 하고 더 나아가 이 세상 많은 동물들이 더 행복하고 건강해지는 데 도움이 되었으면 합니다. 응원합니다!

개그맨 **김인석**

이 책과 마주하는 순간 1타 강사에게 쪽집게 과외를 받는 느낌이 들 것이다. 동물보건사를 공부한다면 이론과 실무 이 책 한 권으로 끝내라!

작가 **배명숙**

차례

PART 2. 동물 생리학의 개념과 이해

PART 3. 동물 간호학의 개념과 이해

1

동물 해부학의 개념과 이해

해부학은 구조를 연구하는 학문이며 생리학은 기능을 연구하는 학문이다. 과학이 기본 토대이고 의학이 그 기법인 것처럼 구조와 기능은 분리할 수 없다. 해부학을 공부하는 사람은 그 부위가 어떻게 작용하는지 이해하기 전에 그 구성요소에 대해 알아두어야 한다.

1 방향용어 Directional Terms

- 단면(Plane) : 직선으로 이을 수 있는 두 지점을 낀 실제적이거나 가상적인 면.
- 정중단면(Median plane) : 머리, 몸통 혹은 사지를 길이방향에 따라 나누어 오른쪽과 왼쪽 절반으로 똑같이 나는 단면.
- 등단면(Dorsal plane) : 정중단면과 가로단면에 직각으로 지나는 단면.
- 시상단면(Sagittal plane) : 머리, 몸통 혹은 사지를 정중단면에 평행하게 지나는 면.
- 가로단면(Transverse plane) : 긴축에 대해 직각으로 머리, 몸통 혹은 사지를 가로지르는 단면, 또는 한 장기나 부분의 긴축에 대해 직각으로 자른 단면.

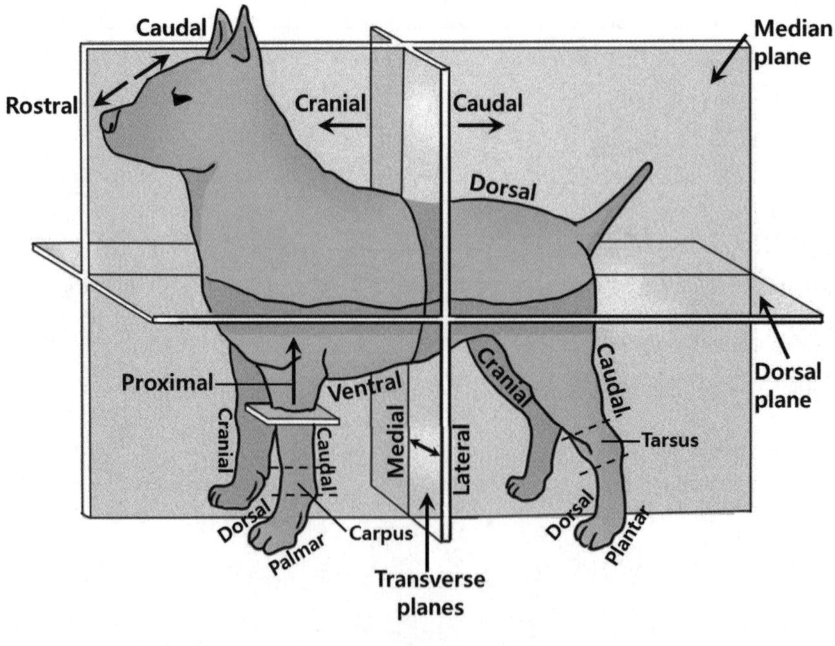

[그림 1] 방향표시 용어

- 등쪽(Dorsal) : 등을 향한 또는 등에 비교적 가까운 쪽.
- 배쪽(Ventral) : 배를 향하거나 배에 비교적 가까운 쪽이며, 사지에서는 절대로 쓰지 않는다.
- 앞쪽(Cranial) : 머리를 향한 쪽, 또는 머리에 비교적 가까운 쪽.
- 뒤쪽(Caudal) : 꼬리를 향한 쪽, 또는 꼬리에 가까운 쪽
- 주둥이쪽(Rostral) : 코를 향하거나 코에 가까운 쪽. 이 용어는 머리에서만 적용한다.
- 안쪽(Medial) : 정중단면을 향한 쪽, 또는 정중단면에 비교적 가까운 쪽.
- 가쪽(Lateral) : 정중단면에서 멀어지는 쪽, 또는 비교적 먼 쪽.
- 몸쪽(Proximal) : 주된 부위 쪽 또는 origin에 비교적 가까운 쪽.
- 먼 쪽(Distal) : 주된 부위에서 멀어지는 쪽.

실전 핵심 문제

상 중 하

01 직선으로 이을 수 있는 두 지점을 낀 실제적이거나 가상적인 면은 무엇이라고 하는가?

① 단면(Plane)
② 정중단면(Median plane)
③ 등단면(Dorsal plane)
④ 시상단면(Sagittal plane)

상 중 하

02 머리, 몸통 혹은 사지를 길이방향에 따라 나누어 오른쪽과 왼쪽 절반으로 똑같이 나는 단면을 무엇이라고 하는가?

① 단면(Plane)
② 정중단면(Median plane)
③ 등단면(Dorsal plane)
④ 시상단면(Sagittal plane)

상 중 하

03 정중단면과 가로단면에 직각으로 지나는 단면을 뜻하는 용어는?

① 단면(Plane)
② 정중단면(Median plane)
③ 등단면(Dorsal plane)
④ 시상단면(Sagittal plane)

상 중 하

04 머리, 몸통 혹은 사지를 정중단면에 평행하게 지나는 면을 의미하는 의학용어는?

① 단면(Plane)
② 정중단면(Median plane)
③ 등단면(Dorsal plane)
④ 시상단면(Sagittal plane)

실전 핵심 문제

상 중 하

05 긴축에 대해 직각으로 머리, 몸통 혹은 사지를 가로지르는 단면, 또는 한 장기나 부분의 긴축에 대해 직각으로 자른 단면을 의미하는 용어는?

① 단면(Plane) ② 정중단면(Median plane)
③ 등단면(Dorsal plane) ④ 가로단면(Transverse plane)

상 중 하

06 등을 향한 또는 등에 비교적 가까운 쪽을 나타내는 말은?

① 단면(Plane) ② 정중단면(Median plane)
③ 등쪽(Dorsal) ④ 가로단면(Transverse plane)

상 중 하

07 배를 향하거나 배에 비교적 가까운 쪽이며, 사지에서는 절대로 쓰지 않는 용어는?

① 단면(Plane) ② 정중단면(Median plane)
③ 배쪽(Ventral) ④ 가로단면(Transverse plane)

상 중 하

08 머리를 향한 쪽, 또는 머리에 비교적 가까운 쪽을 나타내는 말은?

① 단면(Plane) ② 정중단면(Median plane)
③ 앞쪽(Cranial) ④ 가로단면(Transverse plane)

상 중 하

09 꼬리를 향한 쪽, 또는 꼬리에 가까운 쪽을 나타내는 말은?

① 뒤쪽(Caudal) ② 정중단면(Median plane)
③ 앞쪽(Cranial) ④ 가로단면(Transverse plane)

실전 핵심 문제

상 중 하

10 코를 향하거나 코에 가까운 쪽. 이 용어는 머리에서만 적용한다. 다음 중 무엇일까요?

① 주둥이쪽(Rostral)
② 정중단면(Median plane)
③ 앞쪽(Cranial)
④ 가로단면(Transverse plane)

상 중 하

11 정중단면을 향한 쪽, 또는 정중단면에 비교적 가까운 쪽을 나타내는 말은?

① 주둥이쪽(Rostral)
② 안쪽(Medial)
③ 앞쪽(Cranial)
④ 가로단면(Transverse plane)

상 중 하

12 정중단면에서 멀어지는 쪽, 또는 비교적 먼 쪽을 나타내는 말은?

① 주둥이쪽(Rostral)
② 안쪽(Medial)
③ 앞쪽(Cranial)
④ 가쪽(Lateral)

상 중 하

13 주된 부위 쪽 또는 origin에 비교적 가까운 쪽을 나타내는 말은?

① 몸쪽(Proximal)
② 안쪽(Medial)
③ 앞쪽(Cranial)
④ 가쪽(Lateral)

상 중 하

14 주된 부위에서 멀어지는 쪽을 나타내는 말은?

① 몸쪽(Proximal)
② 안쪽(Medial)
③ 앞쪽(Cranial)
④ 먼 쪽(Distal)

상 중 하

15 **정중단면(Median plane) 의 설명 중 맞는 것은?**

① 주된 부위에서 멀어지는 쪽을 나타내는 말

② 머리, 몸통 혹은 사지를 길이방향에 따라 나누어 오른쪽과 왼쪽 절반으로 똑같이 나는 단면

③ 코를 향하거나 코에 가까운 쪽. 이 용어는 머리에서만 적용한다.

④ 긴축에 대해 직각으로 머리, 몸통 혹은 사지를 가로지르는 단 면, 또는 한 장기나 부분의 긴축에 대해 직각으로 자른 단면을 의미한다.

상 중 하

16 **먼 쪽(Distal) 의 설명 중 맞는 것은?**

① 주된 부위 쪽 또는 origin에 비교적 가까운 쪽을 나타내는 말이다.

② 주된 부위에서 멀어지는 쪽을 나타내는 말이다.

③ 코를 향하거나 코에 가까운 쪽. 이 용어는 머리에서만 적용한다

④ 정중단면에서 멀어지는 쪽, 또는 비교적 먼 쪽을 나타내는 말이다.

상 중 하

17 **시상단면(Sagittal plane) 의 설명 중 맞는 것은?**

① 머리, 몸통 혹은 사지를 정중단면에 평행하게 지나는 면을 의미하는 의학용어이다.

② 주된 부위에서 멀어지는 쪽을 나타내는 말이다.

③ 코를 향하거나 코에 가까운 쪽. 이 용어는 머리에서만 적용한다

④ 정중단면에서 멀어지는 쪽, 또는 비교적 먼 쪽을 나타내는 말이다.

정답

1. ① 2. ② 3. ③ 4. ④ 5. ④ 6. ③ 7. ③ 8. ③ 9. ① 10. ① 11. ② 12. ④ 13. ①
14. ④ 15. ② 16. ② 17. ①

2 두부와 경부

1) 코

코는 기관과 기관지 그리고 폐와 연결된 공기통로의 바깥쪽 장기로 바깥쪽과 안쪽으로 구성된다. 바깥쪽의 비익을 비첨이라고도 하며 비선이나 누선에서 흘러 들어오는 분비물에 의해 항상 젖어 있다. 외비공은 콤마형으로 찢긴 모양으로 외부에 노출되어 있다. 개는 혀로 코를 잘 핥을 수 있으므로 경증질환의 환자에서는 외비공을 통하여 배출되는 분비물을

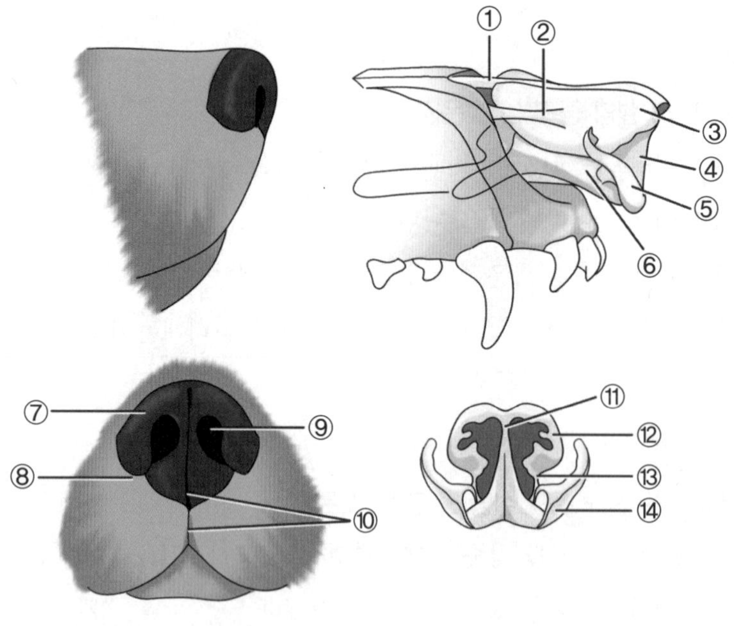

①	Dorsal nasal ligament	②	Lateral nasal ligament
③	Dorsal nasal cartilage	④	Cartilaginous septum
⑤	Accessory cartilage	⑥	Ventral lateral nasal cartilage
⑦	Nasal ala	⑧	Nasal sulcus
⑨	Nostril	⑩	Philtrum
⑪	Cartilginous septum	⑫	Dorsal lateral nasal cartilage
⑬	Ventral lateral nasal cartilage	⑭	Accessory cartilage

[그림 2] 코의 외부 형태

자주 핥아서 제거한다는 점을 고려하여야 한다. 안쪽은 점막으로 덮여 있는 비갑개와 연골로 구성되어 있으며 털은 없다.

2) 눈

안검은 피부의 변화된 구조로 눈의 전면을 보호하는 상안검과 하안검으로 구성되며 서로 만나는 안쪽 점을 내안각, 바깥쪽 점을 외안각이라 하며 표면에는 털로 덮여 있다. 속눈썹은 상안검에만 존재한다. 상안검의 안구쪽은 안검결막과 결막낭을 이루어 안구를 보호한다. 공막은 눈의 85%를 덮고 있고 흰색이다. 안구의 앞부분에는 투명한 각막으로 구성되어 있고 각막을 통해 홍채와 동공이 보인다. 개의 동공은 정상적으로 둥글다. 수정체

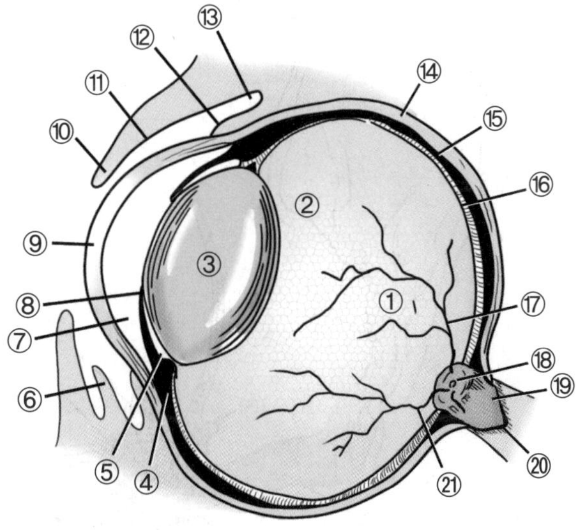

①	반사반	②	흑판	③	수정체
④	모양체/섬모체	⑤	후안방	⑥	제3안검
⑦	전안방	⑧	홍체	⑨	각막
⑩	상안검	⑪	안검결막	⑫	안구결막
⑬	결막구석	⑭	공막	⑮	맥락막
⑯	망막	⑰	위망막 정맥	⑱	시신경 원반
⑲	시신경	⑳	거미결질막	㉑	이래안쪽망막 정맥

[그림 3] 눈의 구조

는 투명하고 볼록하고 홍채에 의해 전안방과 후안방으로 나뉜다. 이마뼈의 광대돌기 배쪽에 있으며 여러 개의 배출관을 통해 결막주머니의 등가쪽으로 눈물을 분비한다. 안구를 보호하고 윤활제 역할을 하는 눈물은 눈물점으로 들어가 유루관을 통해 비강으로 배출된다.

3) 귀

외이는 피부와 연골로 구성된 깔때기 모양으로 음파를 모으는 기관이고 이개근에 의해 자유로 움직일 수 있으며, 귓바퀴와 수평이도 및 수직이도로 구성된다. 귓바퀴의 모양은 품종 또는 모양을 변화시킨 성형수술 여부에 따라 달라진다. 중이는 고막과 3개의 이소골

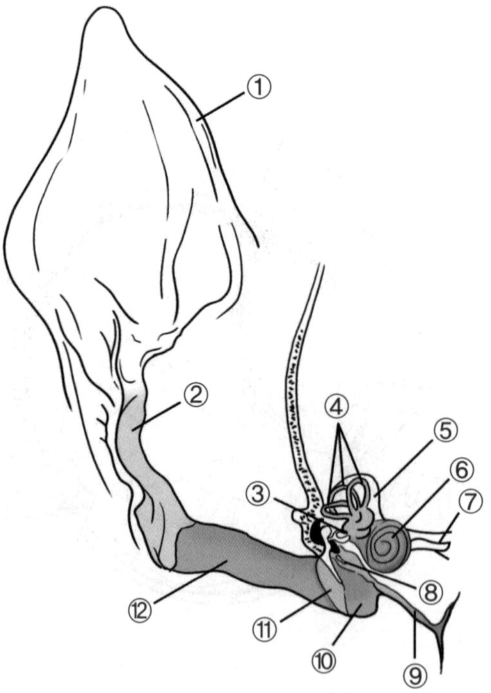

①	Pinna	②	Vertical auditory canal
③	Oval window	④	Semicircular canals
⑤	Vestibule	⑥	Cochlea
⑦	Auditory nerve	⑧	Round window
⑨	Eustachian tube (auditory)	⑩	Middle ear cavity
⑪	Tympanic membrane	⑫	Horizontal auditory canal

[그림 4] 귀의 구조

을 지닌 큰 고실로 구성되며 얇은 막인 고막을 경계로 외이도와 구분된다. 내이는 달팽이관과 반규관으로 구성되어 있다. 외이와 중이는 소리를 수집하고 전달하는 기능을 하고 내이는 듣는 것과 신체의 평형과 균형 유지에 관련된 기능을 한다.

4) 부비동

부비동은 두개골 내 공기로 채워진 공간으로 점막에 의해 둘러싸여 있다. 전두동은 두

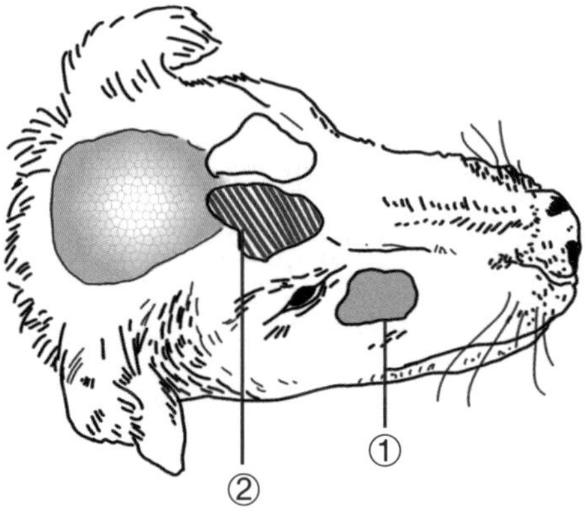

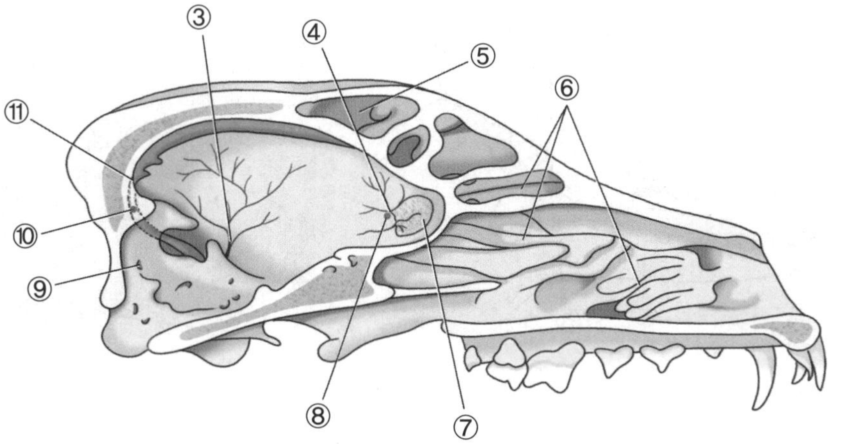

①	Maxillary recess	②	Frontal sinus	③	Middle meningeal artery
④	Ethmoidal artery	⑤	Frontal sinus	⑥	Nasal conchae
⑦	Cribriform plate	⑧	Ethmoidal foramina	⑨	Mastoid foramen
⑩	Transverse canal	⑪	Confluens sinus		

[그림 5] 부비동의 구조

개골의 등쪽 부분으로 비강, 두개골, 안와 사이에 위치한다. 개의 전두동은 앞쪽, 안쪽, 바깥쪽 전두동으로 구분된다. 개의 상악동은 제4전구치와 제1구치의 위치에서 안와의 등쪽에 위치한다.

5) 타액선

이하선과 악하선 및 설하선, 이 세 개의 타액선이 개와 고양이에서 중요하다. 악하선은 환추골의 날개 아래에서 설골 사이에 놓인 타원형의 선으로 내외악정맥을 사이에 둔 위치에서 좀 더 단단한 촉감으로 가장 쉽게 촉지할 수 있는 침샘이다. 악하선은 개의 타액선 중에 가장 크고 피막에 싸여져 있으며 설하선과 이하선이 인접해 있다. 이하선은 작고 역삼각형 모양으로 이개와 악하선 사이에 위치한다. 설하선은 악하선의 전단과 접한 부분인 대설하선과 선관을 따라 앞쪽으로 퍼져 있는 소설하선으로 나누며, 이 선은 혀의 양옆의 구강 점막 아래에 6-12개의 엽으로 구성된다.

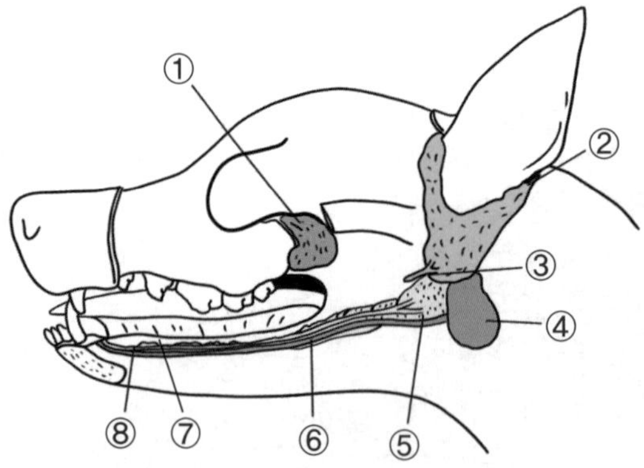

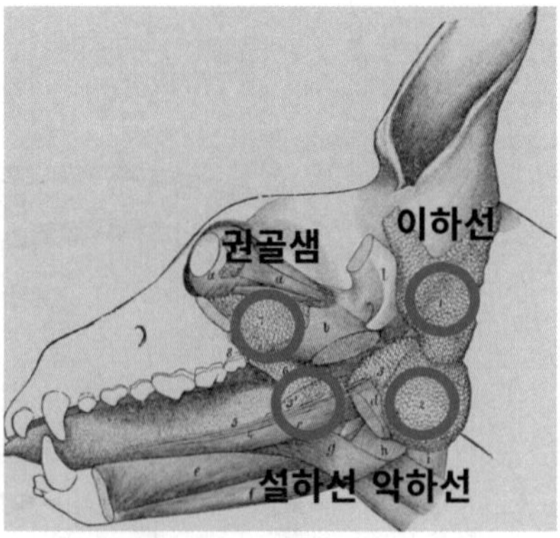

①	Zygomatic gland (광대샘)	②	Parotid gland (귀밑샘)
③	Parotid duct (귀밑샘관)	④	Mandibular gland (턱샘)
⑤	Monostomatic part of sublingual gland (홑공혀밑샘)	⑥	Mandibular duct (턱샘관)
⑦	Ploystomatic part of sublingual gland (뭇공혀밑샘)	⑧	Major sublingual duct (큰혀밑샘관)

[그림 6] 타액선의 위치

6) 입술

위쪽과 아래쪽의 입술은 점막과 피부의 연접으로 되어 있으며 구강의 경계를 표시한다. 입의 전정은 이와 잇몸의 바깥, 볼과 입술의 안쪽이다. 구강의 등쪽은 경구개, 바깥쪽은 이빨, 뒤쪽으로는 혀와 점막으로 구성되어 있다.

7) 이빨

이빨의 종류로는 먹이를 물어 자르는데 편리한 절치, 물어서 찢는데 편리한 견치, 깨물고 부수는데 편리한 전구치와 후구치가 있으며, 일정한 시기가 지나면 탈락되는 유치와 유치를 대치하는 영구치로 구별된다. 개에서 절치와 견치는 생 후 4~5주령, 전구치와 후구치는 5~6주령에 솟아난다. 이빨의 교체는 절치가 2~5개월령, 견치는 4~6개월령, 구치는 5~7개월령에 영구치로 교환된다. 개의 치식은 개의 종류에 따라 구치의 수가 다르다. 즉, 전구치와 후구치의 합계가 6/7 또는 5/7인 경우(단두형 견종)도 있고 6/7보다 많은 경우도 있으나 대체적으로 6/7이다.

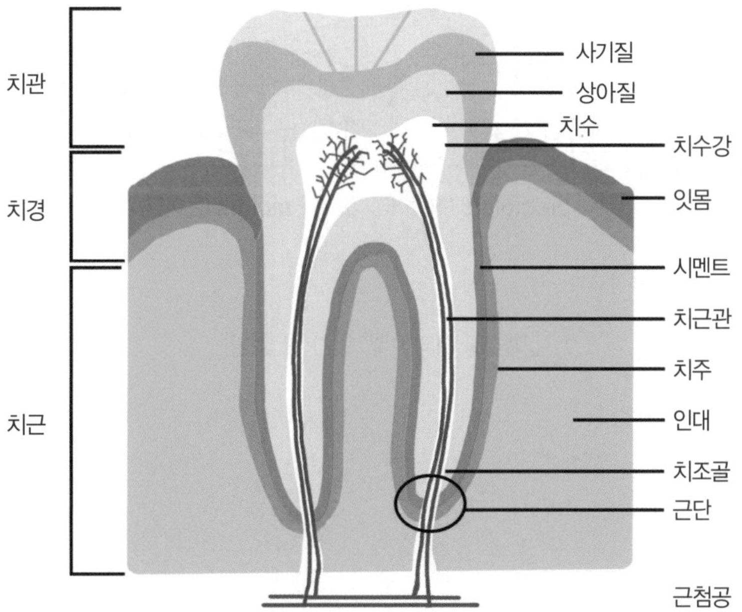

[그림 7] 이빨의 구조

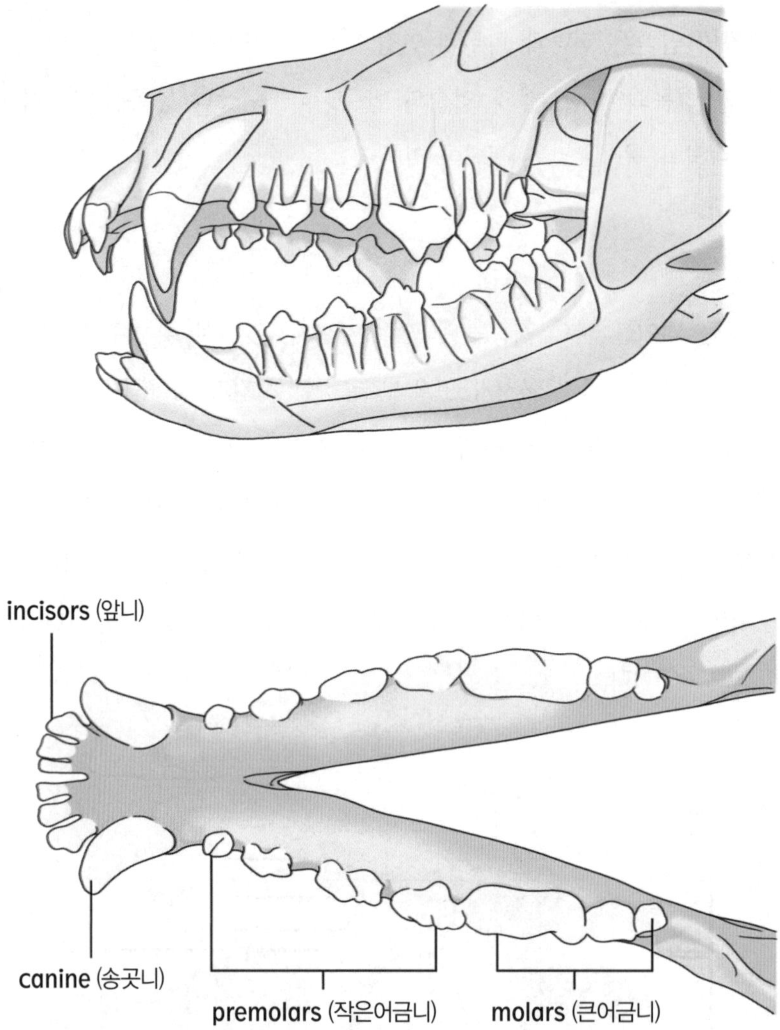

[그림 8] 개의 이빨 위치 및 명칭

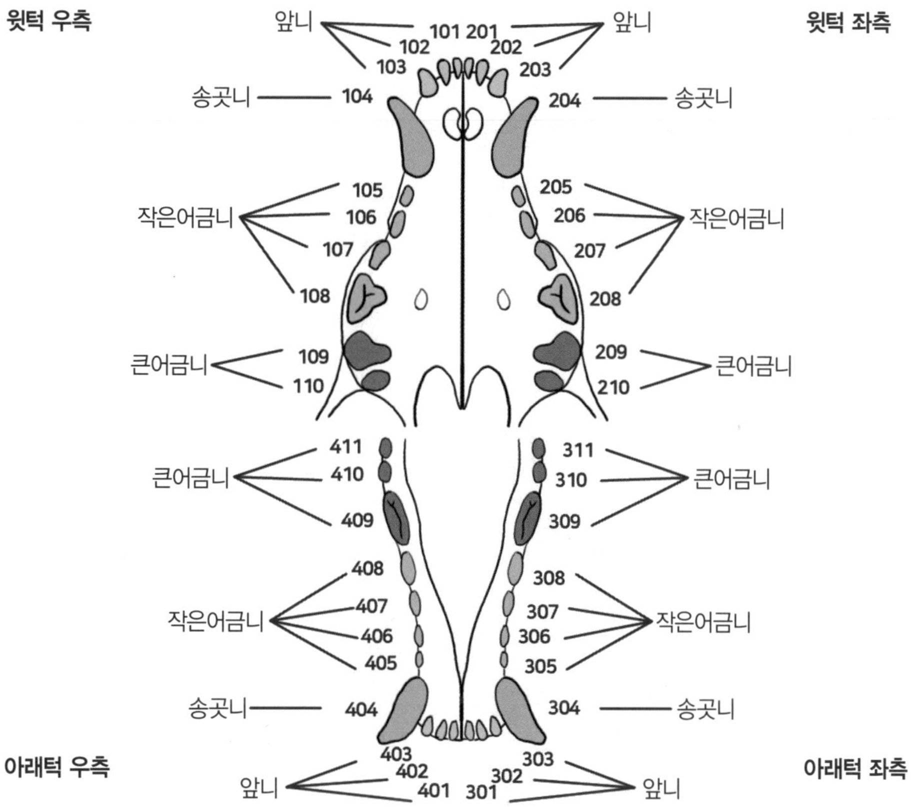

유치	전치 (앞니)	견치 (송곳니)	전구치 (작은어금니)	후구치 (큰어금니)	합	좌우합
윗니	3	1	3	0	7	28
아랫니	3	1	3	0	7	

영구치	전치 (앞니)	견치 (송곳니)	전구치 (작은어금니)	후구치 (큰어금니)	합	좌우합
윗니	3	1	4	2	10	42
아랫니	3	1	4	3	11	

[그림 9] 개의 이빨 위치 및 형태, 치식

8) 림프절

머리와 목 부위에서 촉진이 가능한 천표성 림프절은 악하림프절과 이하선림프절 그리고 천경림프절이 있다. 악하림프절은 양쪽 하악지 사이의 악요부의 피하에 있다. 이 곳은 악하선의 앞쪽이며 둥글고 평평한 모양으로 1cm 정도 크기이다. 이하선림프절은 하악지 후연에서 악관절 바로 앞에 있으며, 개에서는 잘 발달하여 일부는 이하선에 덮이고 노출부는 피하에 접한다. 천경임파절은 2개로 나뉘어져 있다.

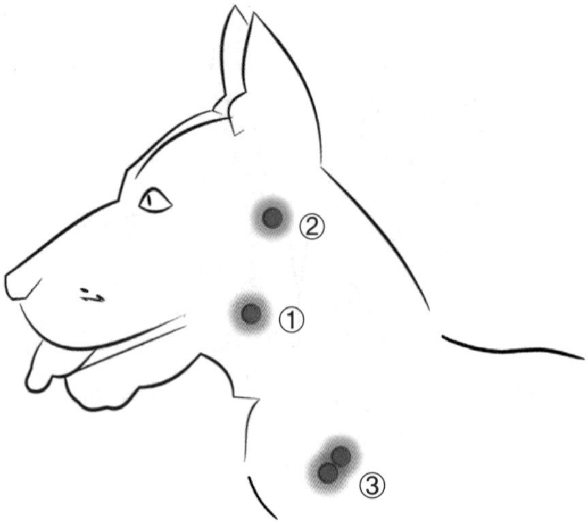

①	악하림프절	②	이하선림프절	③	천경림프절

[그림 10] 개의 천표성 림프절의 위치

실전 핵심 문제

상 중 하

01 기관과 기관지 그리고 폐와 연결된 공기통로의 바깥쪽 장기로 바깥쪽과 안쪽으로 구성되 있는 두부 쪽 부위는?

① 코 ② 두부

③ 기관 ④ 혀

상 중 하

02 바깥쪽의 비익을 비첨이라고도 하며 비선이나 누선에서 흘러 들어오는 분비물에 의해 항상 젖어 있는 두부 쪽 부위는?

① 기관 ② 두부

③ 코 ④ 혀

상 중 하

03 안쪽은 점막으로 덮여 있는 비갑개와 연골로 구성되어 있으며 털은 없는 두부쪽의 부위는?

① 기관 ② 두부

③ 코 ④ 혀

상 중 하

04 상안검과 하안검으로 구성되며 서로 만나는 안쪽 점을 내안각, 바깥쪽 점을 외안각이라 하며 표면에는 털로 덮여 있는 두부의 구조물은?

① 기관 ② 두부

③ 눈 ④ 혀

실전 핵심 문제

상 중 하

05 속눈썹은 (   )에만 존재한다. 괄호안에 알맞은 말은?

① 귀 ② 하안검

③ 혀 ④ 상안검

상 중 하

06 다음은 눈에 관련된 내용이다. 다음 중 틀린 내용을 고르세요.

① 수정체는 투명하고 볼록하고 홍채에 의해 좌안방과 우안방으로 나뉜다.

② 안검의 안구쪽은 안검결막과 결막낭을 이루어 안구를 보호한다.

③ 공막은 눈의 85%를 엎고 있고 흰색이다.

④ 안구의 앞부분에는 투명한 각막으로 구성되어 있고 각막을 통해 홍채와 동공이 보인다.

상 중 하

07 다음은 눈에 관련된 내용이다. 다음 중 틀린 내용을 고르세요.

① 개의 동공은 정상적으로 둥글다.

② 안구를 보호하고 윤활제 역할을 하는 눈물은 유루관으로 들어가 눈물샘을 통해 비강으로 배출된다.

③ 수정체는 투명하고 볼록하고 홍채에 의해 전안방과 후안방으로 나뉜다.

④ 눈물샘은 안구의 배외측에 있는 안구 주위의 결합조직 내에 위치한다.

상 중 하

08 다음은 두부의 어느 부위를 설명하는 내용이다. 맞는 것은?

개의 동공은 정상적으로 둥글다. 수정체는 투명하고 볼록하고 홍채에 의해 전안방과 후안방으로 나뉜다. 눈물샘은 안구의 배외측에 있는 안구 주위의 결합조직 내에 위치한다.

① 기관 ② 두부 ③ 눈 ④ 혀

실전 핵심 문제

상 중 하

09 다음은 두부의 어느 부위를 설명하는 내용이다. 맞는 것은?

> 외이는 피부와 연골로 구성된 깔때기 모양으로 음파를 모으는 기관이고 이개근에 의해 자유로 움직일 수 있으며, 귓바퀴와 수평이도 및 수직이도로 구성된다. 귓바퀴의 모양은 품종과 모양을 변화시킨 성형수술 여부에 따라 달라진다. 중이는 고막과 3개의 이소골을 지닌 큰 고실로 외이도와 얇은 막인 고막을 경계로 이루고 있다. 내이는 달팽이관과 반규관으로 구성되어 있다. 외이와 중이는 소리를 수집하고 전달하는 기능을 하고 내이는 듣는 것과 신체의 평형과 균형 유지에 관련된 기능을 한다.

① 귀　② 두부　③ 눈　④ 혀

상 중 하

10 다음은 귀에 관련된 내용이다. 다음 중 틀린 내용을 고르세요.

① 중이는 고막과 5개의 이소골을 지닌 큰 고실로 외이도와 얇은 막인 고막을 경계로 이루고 있다.

② 외이와 중이는 소리를 수집하고 전달하는 기능을 하고 내이는 듣는 것과 신체의 평형과 균형 유지에 관련된 기능을 한다.

③ 이개근에 의해 자유로 움직일 수 있으며, 귓바퀴와 수평이도 및 수직이도로 구성된다.

④ 내이는 달팽이관과 반규관으로 구성되어 있다.

상 중 하

11 다음은 귀에 관련된 내용이다. 다음 중 틀린 내용을 고르세요.

① 외이는 피부와 연골로 구성된 깔때기 모양으로 음파를 모으는 기관.

② 중이는 고막과 2개의 이소골을 지닌 큰 고실로 외이도와 얇은 막인 고막을 경계로 이루고 있다.

③ 바퀴의 모양은 품종과 모양을 변화시킨 성형수술 여부에 따라 달라진다.

④ 이개근에 의해 자유로 움직일 수 있으며, 귓바퀴와 수평이도 및 수직이도로 구성된다.

실전 핵심 문제

상 중 하

12 다음은 두부의 어느 부위를 설명하는 내용이다. 맞는 것은?

두개골 내 공기로 채워진 공간으로 점막에 의해 둘러싸여 있다. 전두동은 두개골의 등쪽 부분으로 비강, 두개골, 안와 사이에 위치한다. 개의 전두동은 앞쪽, 안쪽, 바깥쪽 전두동으로 구분된다. 개의 상악동은 제4전구치와 제1구치의 위치에서 안와의 등쪽에 위치한다.

① 기관 ② 두부
③ 눈 ④ 부비동

상 중 하

13 부비동을 설명하는 다음 중 잘못 설명한 것은?

① 개의 상악동은 제1전구치와 제4구치의 위치에서 안와의 배쪽에 위치한다.
② 전두동은 두개골의 등쪽 부분으로 비강, 두개골, 안와 사이에 위치한다.
③ 두개골 내 공기로 채워진 공간으로 점막에 의해 둘러싸여 있다.
④ 개의 전두동은 앞쪽, 안쪽, 바깥쪽 전두동으로 구분된다.

상 중 하

14 다음은 두부의 어느 부위를 설명하는 내용이다. 맞는 것은?

이하선과 악하선 및 설하선이 개와 고양이에서 중요하다. 악하선은 환추골의 날개 아래에서 설골 사이에 놓인 타원형의 선으로 내외악정맥을 사이에 둔 위치에서 좀 더 단단한 촉감으로 가장 쉽게 촉지 할 수 있는 침샘이다. 악하선은 개의 타액선 중에 가장 크고 피막에 싸여져 있으며 설하선과 이하선이 인접해 있다. 이하선은 작고 역삼각형 모양으로 이개와 악하선 사이에 위치한다. 설하선은 악하선의 전단과 접한 부분인 대설하선과 선관을 따라 앞쪽으로 퍼져 있는 소설하선으로 나누며, 이 선은 혀의 양옆의 구강 점막 아래에 6–12개의 엽으로 구성된다.

① 기관 ② 두부
③ 부비동 ④ 타액선

실전 핵심 문제

상 중 하

15 타액선을 설명하는 다음 중 잘못 설명한 것은?

① 이하선과 악하선 및 설하선이 개와 고양이에서 중요하다.

② 두개골 내 공기로 채워진 공간으로 점막에 의해 둘러싸여 있다.

③ 악하선은 환추골의 날개 아래에서 설골 사이에 놓인 타원형의 선이다.

④ 악하선은 개의 타액선 중에 가장 크고 피막에 싸여져 있으며 설하선과 이하선이 인접해 있다.

상 중 하

16 다음은 두부의 어느 부위를 설명하는 내용이다. 맞는 것은?

> 위쪽과 아래쪽의 입술은 점막과 피부의 연접으로 구강의 경계를 표시한다. 입의 전정은 이와 잇몸의 바깥, 볼과 입술의 안쪽이다. 구강의 등쪽은 경구개, 바깥쪽은 이빨, 뒤쪽으로는 혀와 점막으로 구성되어 있다.

① 기관　② 입술

③ 부비동　④ 타액선

상 중 하

17 개의 이빨을 설명하는 다음 중 잘못 설명한 것은?

① 개의 치식은 개의 종류에 따라 구치의 수가 전부 똑같다.

② 이빨의 종류로는 먹이를 물어 자르는데 편리한 절치, 물어서 찢는데 편리한 견치, 깨물고 부수는데 편리한 전구치와 후구치가 있다.

③ 일정한 시기가 지나면 탈락되는 유치와 유치를 대치하는 영구치로 구별된다.

④ 개에서 절치와 견치는 생 후 4~5주령, 전구치와 구치는 5~6주령에 솟아난다.

상 중 하

18 **개의 림프절을 설명하는 다음 중 잘못 설명한 것은?**

① 머리와 목 부위에서 촉진이 가능한 천표성 림프절은 악하림프절과 이하선림프절 그리고 천경림프절이 있다.

② 악하림프절은 양쪽 하악지 사이의 악요부의 피하에 있다.

③ 천경임파절은 7개로 나뉘어져 있다.

④ 이하선림프절은 하악지 후연에서 악관절 바로 앞에 있으며, 개에서는 잘 발달하여 일부는 이하선에 덮이고 노출부는 피하에 접한다.

상 중 하

19 **다음은 두부의 어느 부위를 설명하는 내용이다. 맞는 것은?**

머리와 목 부위에서 촉진이 가능한 천표성 림프절은 악하림프절과 이하선림프절 그리고 천경림프절이 있다. 악하림프절은 양쪽 하악지 사이의 악요부의 피하에 있다. 이 곳은 악하선의 앞쪽이며 둥글고 평평한 모양으로 1cm 정도 크기이다. 이하선림프절은 하악지 후연에서 악관절 바로 앞에 있으며, 개에서는 잘 발달하여 일부는 이하선에 덮이고 노출부는 피하에 접한다. 천경임파절은 2개로 나뉘어져 있다.

① 타액선 ② 입술

③ 부비동 ④ 림프절

정답

1. ① 2. ③ 3. ③ 4. ③ 5. ④ 6. ① 7. ② 8. ③ 9. ① 10. ① 11. ② 12. ④ 13. ① 14. ④ 15. ② 16. ② 17. ① 18. ③ 19. ④

3 골격계

뼈는 몸을 지지해주고, 골격근이 부착되어 있으며 비교적 단단한 기질 또는 기본 물질에 세포가 박혀 있는 형태이다. 이 세포들은 하버스계(haversian system)라 불리는 원주 형태의 층으로 배열되어 뼈를 단단하게 해준다. 대부분 뼈의 골수강에는 적색 골수가 들어있어 혈소판, 적혈구 및 백혈구를 생산한다. 뼈의 바깥 표면은 골막이라는 치밀한 섬유결합조직으로 덮여 있는데, 근육을 부착시키기 위한 힘줄과 인대가 연결된다. 뼈의 안쪽 표면은 골내막이라는 섬세한 결합조직으로 덮여 있다. 골막과 골내막 모두 파골세포를 가지고 있어 뼈가 손상되었을 때 뼈의 재구성과 복구를 돕는다. 골격계는 200개 이상의 뼈로 구성되어 있다.

1) 골격계통

(1) **몸통골** : 두개골, 척추, 늑골 및 흉골

(2) **사지골** : 앞다리 및 뒷다리

(3) **내장골** : 연부조직 내에 있는 뼈(음경골)

2) 뼈의 성장

(1) **막 내 골화** : 섬유조직으로부터 직접적으로 뼈가 형성되는 과정(두개골 등 납작한 뼈)

(2) **연골 내 골화** : 이미 형성된 연골에서 뼈가 형성되는 과정

3) 골격계의 기능

(1) 몸을 지탱한다.

(2) 근수축을 위한 지렛대 역할을 하여 운동에 관여한다.

(3) 심장, 폐, 뇌와 같은 장기를 보호한다.

(4) 체내의 칼슘과 인의 양을 조절한다.

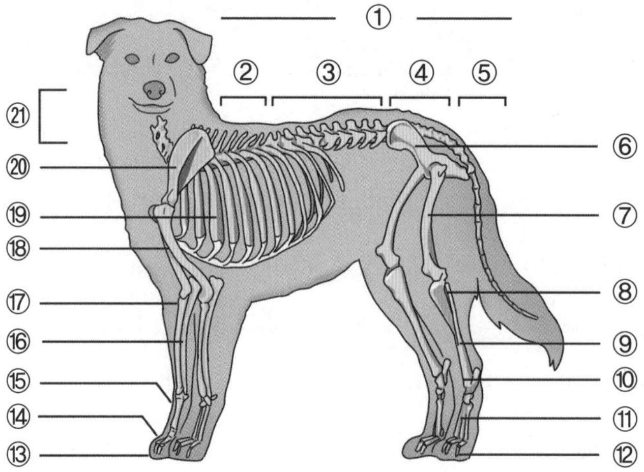

①	Vertebrae	②	Thoracic	③	Lumbar
④	Sacrum	⑤	Caudal vertebrae	⑥	Pelvis
⑦	Femur	⑧	Fibula	⑨	Tibia
⑩	Tarsus	⑪	Metatarsus	⑫	Phalange
⑬	Phalange	⑭	Metacarpus	⑮	Carpus
⑯	Ulna	⑰	Radius	⑱	Humerus
⑲	Rib	⑳	Scapula	㉑	Cervical vertebrae Scapula

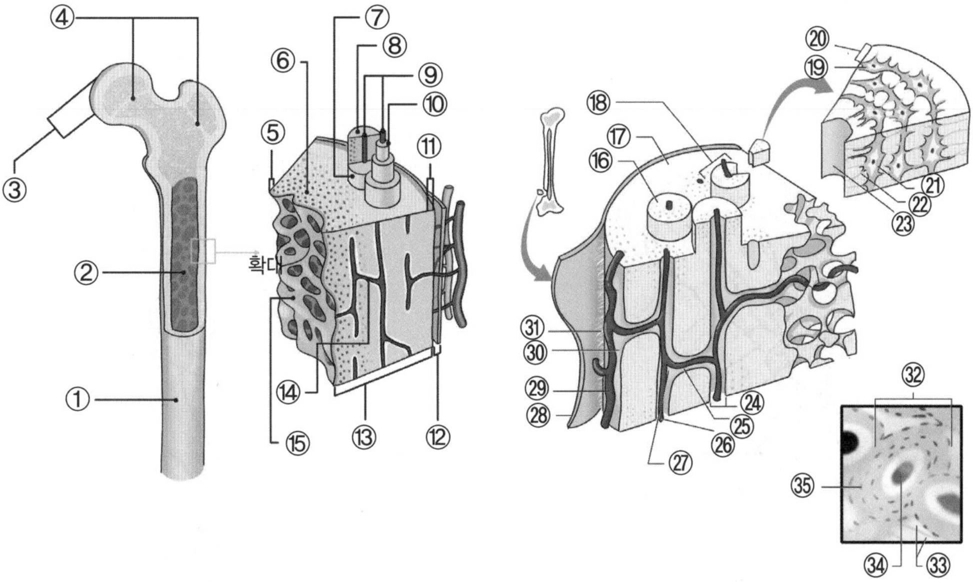

①	뼈몸통	②	뼈속질공간	③	뼈끝
④	뼈끝선	⑤	속주위층판	⑥	사이질판
⑦	뼈단위	⑧	뼈층판	⑨	혈관
⑩	하버스관	⑪	바깥주위층판	⑫	뼈막
⑬	치밀질	⑭	관통관	⑮	해면질
⑯	박막층	⑰	주위층판	⑱	골원
⑲	골세포	⑳	박막층	㉑	골소강
㉒	세관	㉓	중심관	㉔	중심관
㉕	관통관	㉖	혈관	㉗	골성관에 놓여 있고, 골지주를 덮고 있는 골내막
㉘	골막	㉙	골막의 혈관	㉚	치밀질골
㉛	관통섬유	㉜	골원	㉝	개재 막박층
㉞	중심관	㉟	골소강		

[그림 11] 뼈의 기본적인 구조 및 각 명칭

4) 전지의 골격

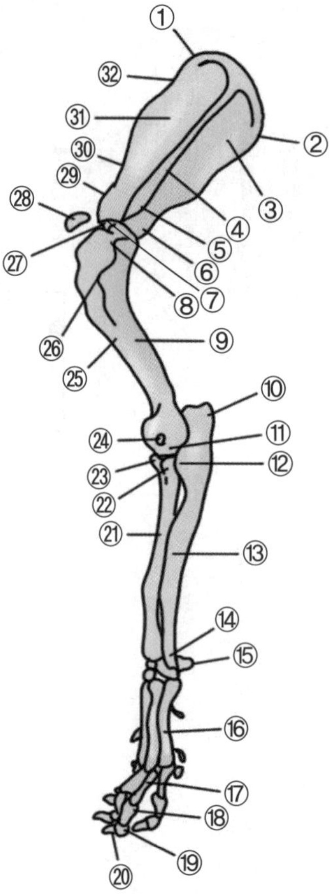
①
②
③
④
⑤
⑥
⑦
⑧
⑨
⑩
⑪
⑫
⑬
⑭
⑮
⑯
⑰
⑱
⑲
⑳
㉑
㉒
㉓
㉔
㉕
㉖
㉗
㉘
㉙
㉚
㉛
㉜

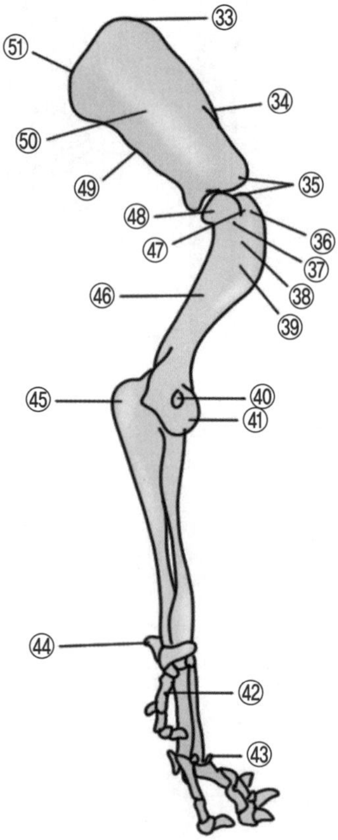
㉝
㉞
㉟
㊱
㊲
㊳
㊴
㊵
㊶
㊷
㊸
㊹
㊺
㊻
㊼
㊽
㊾
㊿
51

①	Cranial angle	②	Caudal angle	③	Infraspinous fossa
④	Spine	⑤	Acromion	⑥	Infraglenoid tubercle
⑦	Head	⑧	Neck	⑨	Body of humerus
⑩	Olecranon	⑪	Condyle	⑫	Lateral coronoid process
⑬	Body of ulna	⑭	Styloid process	⑮	Accessory carpal or pisiform
⑯	Metacarpal bone	⑰	Proximal phalanx	⑱	Middle phalanx
⑲	Distal phalanx	⑳	Ungual process	㉑	Body of radius
㉒	Head	㉓	Capitular fovea	㉔	Lateral epicondyle
㉕	Deltoid tuberosity	㉖	Tricipital line	㉗	Greater tubercle
㉘	Clavicle	㉙	Supraglenoid tubercle	㉚	Scapular notch
㉛	Supraspinous fossa	㉜	Cranial border	㉝	Cranial angle
㉞	Cranial border	㉟	Ventral angle	㊱	Greater tubercle
㊲ ㊳	Lesser tubercle and crest	㊴	Tuberosity for teres major	㊵	Medial epicondyle
㊶	Condyle	㊷	Metacarpal	㊸	Sesamoid
㊹	Accessory carpal	㊺	Olecranon	㊻	Body of humerus
㊼	Intertubercular groove	㊽	Head	㊾	Caudal border
㊿	Subscapular fossa	51	Caudal angle		

[그림 12] 전지의 골격

5) 후지의 골격

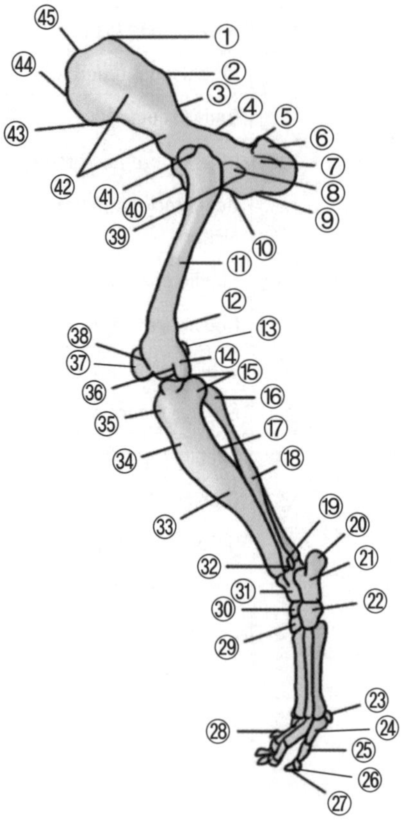

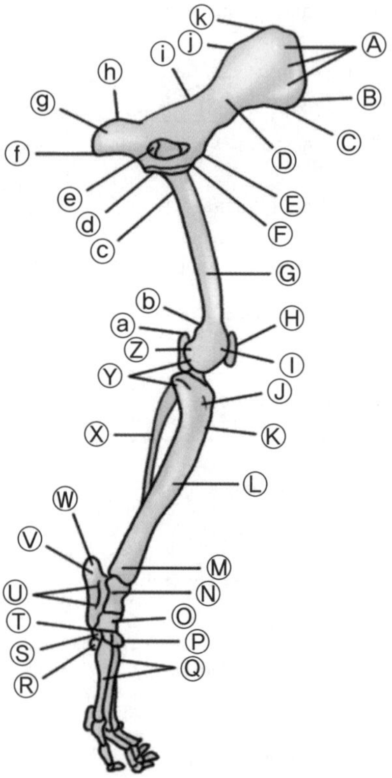

①	Cranial dorsal iliac spine	②	Caudal dorsal iliac spine	③	Greater ischiatic notch
④	Ischialtic spine	⑤	Lesser ischiatic notch	⑥	Ischiatic tuberosity
⑦	Ischium	⑧	Obturator foramen	⑨	Medial angle of ischiatic tuberosity
⑩	Pubis	⑪	Body	⑫	Lateral supracondylar tuberosity
⑬	Fabella	⑭	Lateral epicondyle	⑮	Lateral condyle
⑯	Head of fibula	⑰	Interosseous border	⑱	Body of fibula
⑲	Lateral malleolus	⑳	Calcaneal tuberosity	㉑	Calcaneus
㉒	Tarsal bone Ⅳ	㉓	Sesamoid bone	㉔	Proximal phalanx
㉕	Middle phalanx	㉖	Distal phalanx	㉗	Ungual process
㉘	Sesamoid bone	㉙	Tarsal bone Ⅲ	㉚	Central tarsal bone
㉛	Talus	㉜	Groove of lateral malleolus	㉝	Body of tibia
㉞	Cranial border	㉟	Tibial tuberosity	㊱	Extensor fossa
㊲㊳	Pastella	㊴	Leteral trochlear ridge	㊵	Third trochanter
㊶	Iliopubic eminence	㊷	Greater trochanter	㊸	Ilium
㊹	Caudal ventral iliac spine	㊺	Iliac crest		
Ⓐ	Area of sacroiliac joint	Ⓑ	Cranial ventral iliac spine	Ⓒ	Caudal ventral iliac spine
Ⓓ	Body of Ilium	Ⓔ	Iliopubic eminence	Ⓕ	Pubic tubercle
Ⓖ	Body	Ⓗ	Patella	Ⓘ	Medial trochlear ridge
Ⓙ	Tibial tuberosity	Ⓚ	Cranial border	Ⓛ	Body of tibia
Ⓜ	Medial malleolus	Ⓝ	Talus	Ⓞ	Central tarsal bone
Ⓟ	Tarsal bone Ⅲ	Ⓠ	Metatarsals Ⅱ, Ⅲ	Ⓡ	Metatarsal Ⅰ
Ⓢ	Tarsal bone Ⅰ	Ⓣ	Tasal boneⅡ	Ⓤ	Sulcus for flexors
Ⓥ	Calcaneous	Ⓦ	Calcaneal tuberosity	Ⓧ	Body of fibula
Ⓨ	Medial condyle	Ⓩ	Medial epicondyle	ⓐ	Fabella
ⓑ	Medial supracondylar tuberosity	ⓒ	Lesser trochanter	ⓓ	Symphysis pelvis
ⓔ	Obturator foramen	ⓕ	Medial angle of the ischiatic tuberosity	ⓖ	Ischiatic table
ⓗ	Ischiati luberosity	ⓘ	Greater ischiatic notch	ⓙ	Caudal dorsal iliac spine
ⓚ	Caudal dorsal iliac spine				

[그림 13] 후지의 골격

6) 경추, 흉요추의 골격

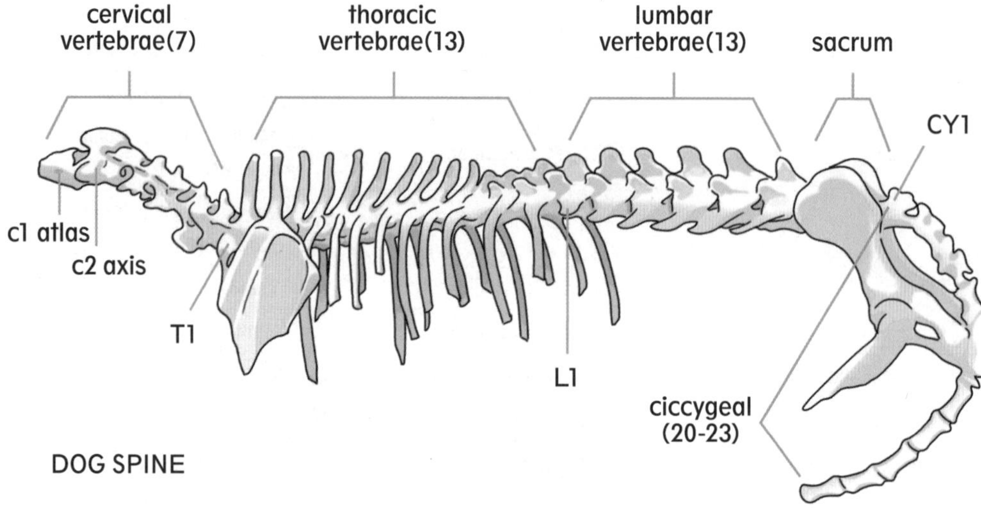

[그림 14] 경추, 흉추 및 요추의 골격

7) 관절의 구조와 기능

골의 연결 형식에는 여러 가지가 있지만 가장 중요한 관절의 연결은 연골성과 활막성 연결이 있다. 연골성 연결은 동작이 제한되어 있으며 이러한 연결형식을 부동결합이라 한다. 이에 비하여 상대적으로 골간에 미끄러운 분비물을 분비하는 활막성 연결은 대부분 자유롭게 움직이는 관절로 활액관절 또는 가동관절이라 한다.

연골성 연결은 초자연골이나 섬유연골로 두 개의 뼈가 결합되어 있으나, 활막성 연결은 상대적으로 두 뼈의 사이에 괄절강이 존재한다. 관절강 내에는 관절 활액이 충만되어 있고 바깥쪽으로 연장된 활막층은 얇고 혈관 및 신경이 많으며 끈적한 활액을 생산한다. 활액낭은 관절낭의 일부가 외부로 팽출한 작은 주머니로서 관절부를 통과하는 근육이나 건의 운동을 원활하게 해 준다. 관절낭 바깥쪽에는 가쪽인대가 있어서 낭을 보강하고 있다.

활액관절의 운동은 관절(능동운동) 또는 무게의 힘(수동운동)을 지탱하기 위해서 연결된 근육수축의 움직임이다. 굴절이란 두 골간이 180도 미만으로 움직이는 운동이며, 두 골의 움직임이 180도 방향으로 관절이 펴지는 것을 신장(extension)이라 한다. 내전(adduction)은 중앙으로 골이 움직이는 것이며 그 반대의 움직임이 외전(abduction)이다. 동물의 다리가 원뿔형으로 계속되는 움직임을 순환운동(circumduction)이라 한다. 종축부위의 골격 움직임을 회전운동(rotation)이라 한다.

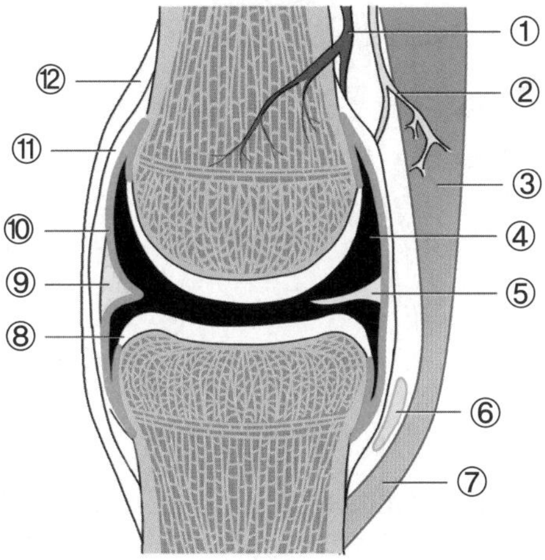

①	Blood vessel 혈관	②	Nerve 신경	③	Muscle 근육
④	Synovial fluid 윤활액	⑤	Meniscus 반달연골	⑥	Bursa 윤활주머니
⑦	Tendon 힘줄	⑧	Articular cartilage 관절연골	⑨	Fat pad 지방패드
⑩	Synovial membrane 윤활막	⑪	Joint capsule 관절주머니	⑫	Ligament 인대

[그림 15] 관절의 기본 구조

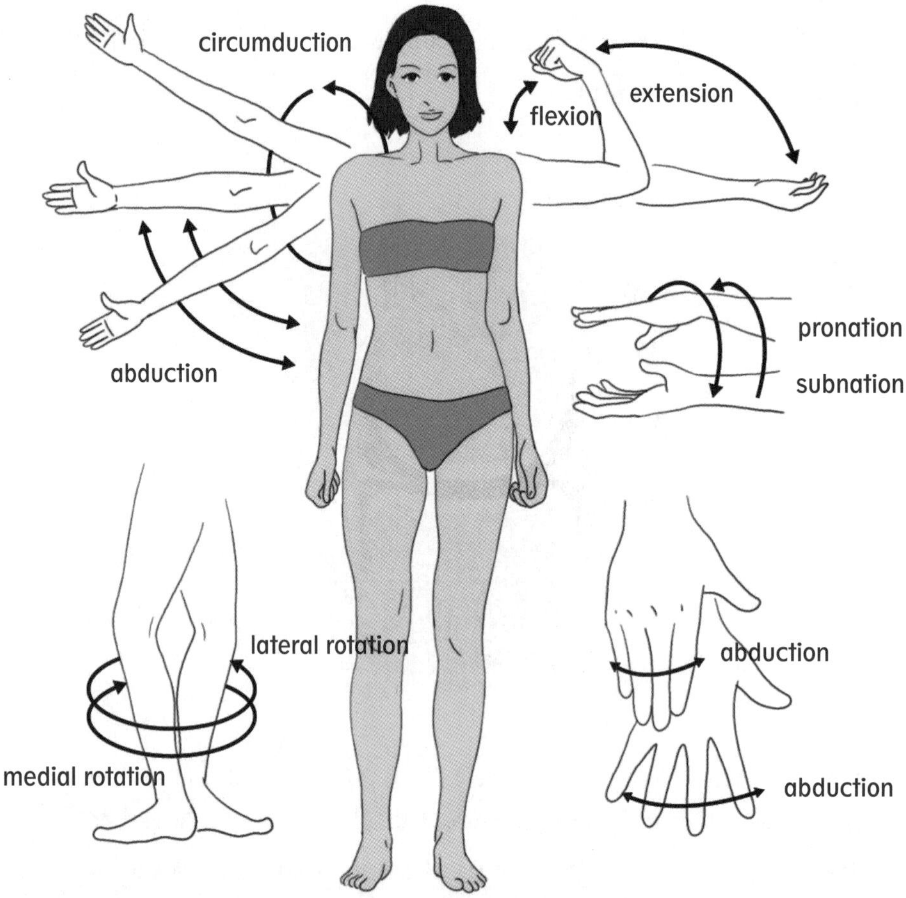

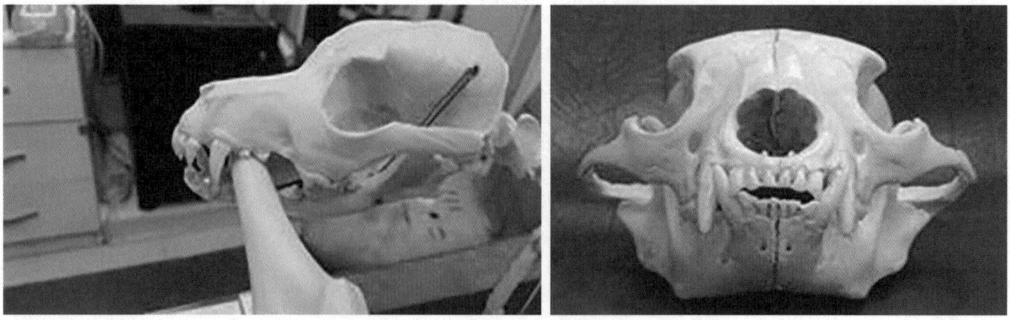

[그림 16] 관절의 기본 구조 및 기능

8) 전지의 관절

(1) 견괄절(어깨관절, Shoulder joint)

상완골두와 견갑골의 관절와 사이의 관절로 구형태이며, 어느 방향이든 운동할 수 있으나 주로 굽히고 펴는 굴신운동을 하게 된다.

(2) 주관절(앞다리 굽이관절, Elbowjoint)

상완골의 원위단과 요골의 근위단 및 척골의 반월절흔으로 이루어져 있고 체중을 지탱하는 것은 아니지만 근위요척관절이 가담하여 복합관절을 이루고 있다. 관절낭이 관절면 주변에 견고하게 붙어 있다. 관절낭의 섬유층 중에는 두꺼워진 안/바깥쪽 인대, 사인대, 윤상인대, 주두인대, 골간인대가 있으며, 탈구가 흔히 일어나며 관절을 이루는 뼈의 골절도 잘 일어난다.

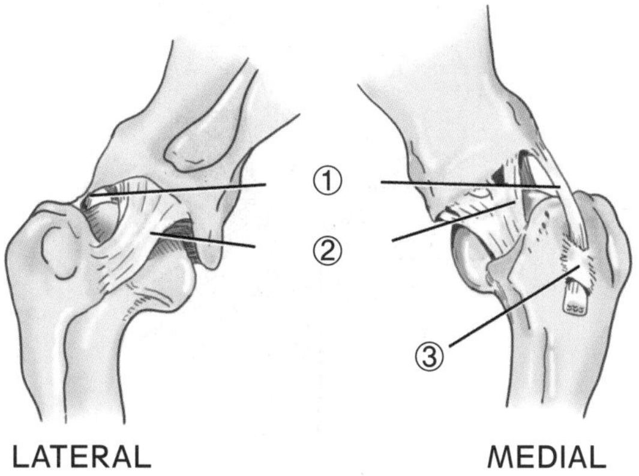

①	Biceps tendon	②	Lateral and medial glenohumeral ligaments	③	Transverse humeral retinaculum

[그림 17] 왼쪽 견관절

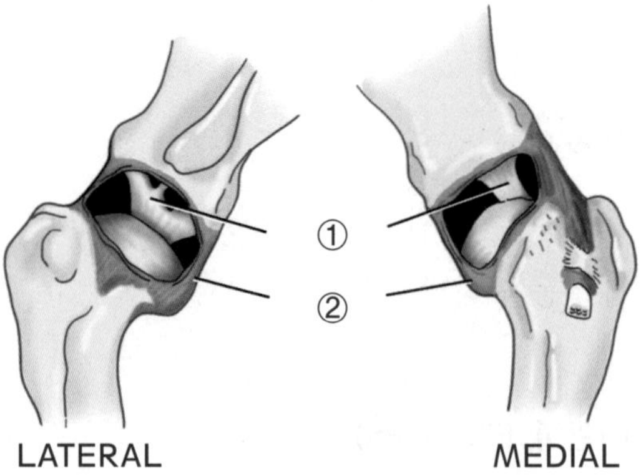

①	Medial and lateral glenohumeral ligaments	②	Joint capsule

[그림 18] 왼쪽 견관절낭

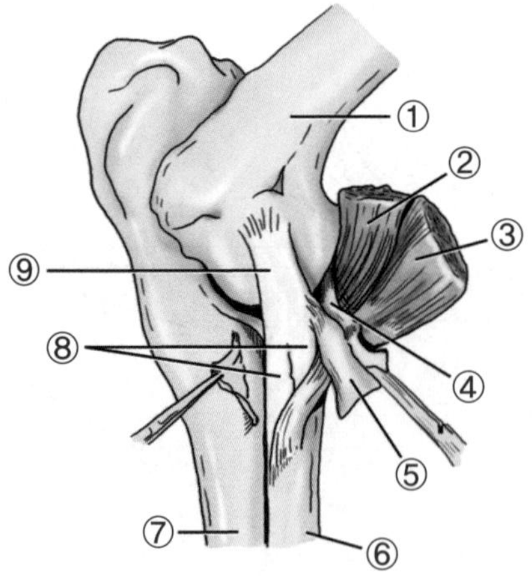

①	Humerus	②	Brachialis	③	Biceps
④	Oblique ligament	⑤	Biceps and brachialis tendon	⑥	Radius
⑦	Ulna	⑧	Caudal and cranial crura	⑨	Medial collateral ligament

[그림 19] 왼쪽 주관절의 안쪽

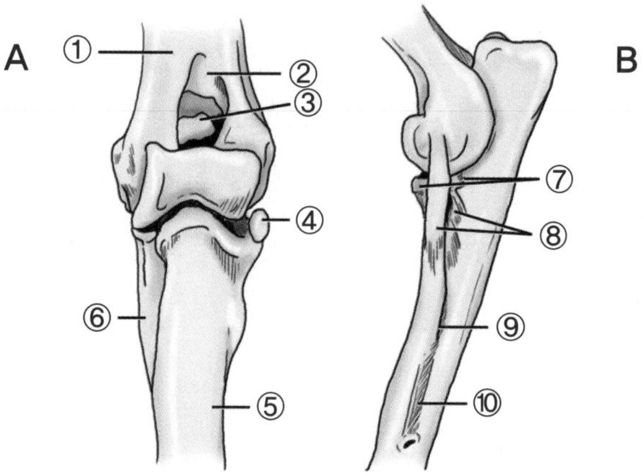

①	Humerus	②	Radial fossa	③	Anconeal process of ulna
④	Inconstant sesamoid in tendon of origin of supinator muscle	⑤	Radius	⑥	Ulna
⑦	Annular ligament	⑧	Lateral collateral ligament caudal and cranial crura	⑨	Interosseous membrane
⑩	Interosseous ligament				

[그림 20] 왼쪽 주관절의 앞면 부분(A)와 바깥면 부분(B)

(3) 완관절(앞발목관절, Carpal joint)

전완골 원위단과 완전골 근위단 그리고 그 사이에서 복잡한 완골들로 이루어진 여러 관절의 총칭이다. 주요 관절은 요골 및 척골의 원위단과 완골근위열과의 관절을 전완전 완골의 근위열과 원위열 사이의 관절을 완골정중관절, 완완전관절 등이다. 관절낭은 요척골의 원위단으로부터 완전골 근위단까지를 덮고 그 사이의 완골에 붙어서 각각의 주머니들로 칸막이가 되어 있다.

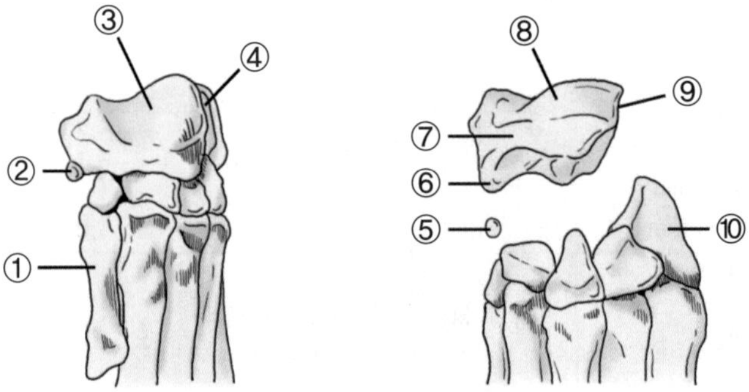

①	Imetacarpal	②	Sesamoid	③	Articular surface for radius
④	Ulnar carpal	⑤	Sesamoid bone of abductor digiti longus	⑥	Sesamoid face
⑦	Intermedioradial carpal	⑧	Articular surface for radius	⑨	Articular surface for ulnar carpal
⑩	Ulnar carpal				

[그림 21] 완관절의 구조

9) 후지의 관절

(1) 고관절(엉덩이 관절, Hip joint)

몸에서 가장 큰 뼈인 대퇴골과 골반골이 결합하여 고관절을 이룬다. 고관절의 굴각의 각도는 약 110도이고 슬관절에서는 130~135도의 굴각을 이루며 견관절과 같이 주로 굴신 운동이다.

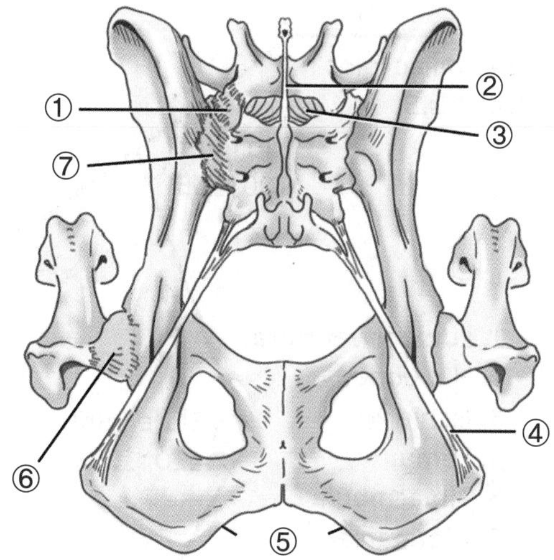

①	Articular capsule	②	Supraspinous ligament	③	Yellow ligament
④	Sacrotuberous ligament	⑤	Ischiatic arch	⑥	Articular capsule
⑦	Dorsal sacroiliac ligament				

[그림 22] 개 고관절의 등쪽

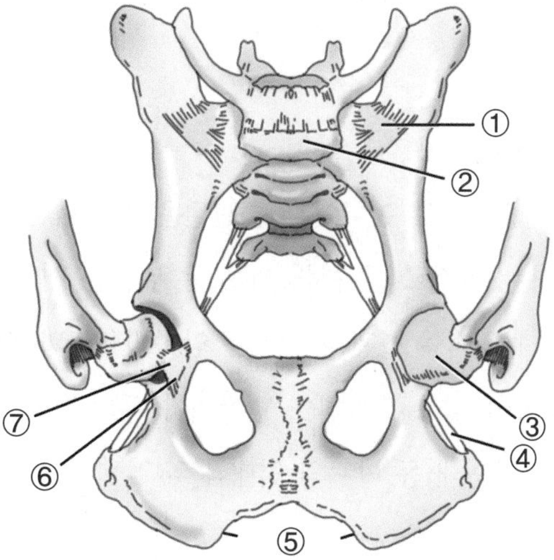

①	Ventral sacroiliac ligament	②	Intervertebral disk	③	Articular capsule
④	Sacrotuberous ligament	⑤	Ischiatic arch	⑥	Transverse acetabular ligament
⑦	Ligament of femoral head				

[그림 23] 개 고관절의 배쪽

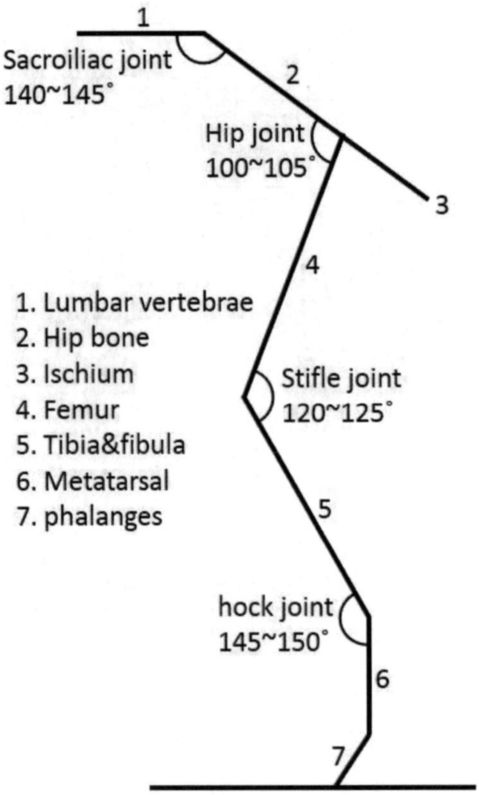

[그림 24] 개 고관절의 굴각의 각도

(2) 슬관절(무릎관절, Stifle joint)

대퇴골, 경골, 비골 및 슬개골로 이루어진 슬관절은 몸에서 가장 크고 복잡한 관절이다. 사람의 무릎에 해당하는 관절로 슬관절낭의 모든 부분은 서로 통해 있다. 대퇴골과 경골의 연결이 가장 중요한 관절이며 슬관절 내에는 안쪽반월판과 바깥쪽반월판이 있다. 이 반월판은 'C'자형이며 중앙이 얇고 오목하며 변두리가 두터워져 있다. 슬관절에는 슬개인대, 안/바깥쪽인대, 전후십자인대 등 다수의 인대가 있다.

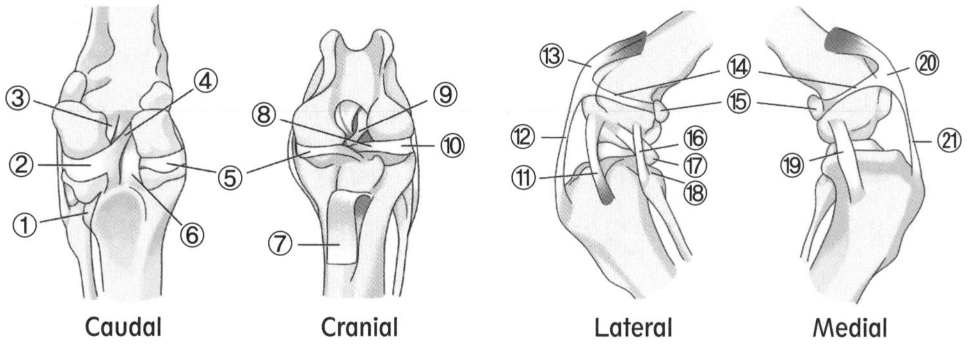

①	Caudal fibular ligament	②	Lateral meniscus	③	Cranial cruciate ligament
④	Meniscofemoral ligament	⑤	Medial meniscus	⑥	Caudal cruciate ligament
⑦	Patellar ligament	⑧	Transverse ligament	⑨	Cranial cruciate ligament
⑩	Lateral meniscus	⑪	Tendon of long digital extensor	⑫	Patellar ligament
⑬	Tendon of quadriceps	⑭	Femoropatellar ligament	⑮	Seasamoids
⑯	Lateral collateral ligament	⑰	Tendon of popliteus	⑱	Cranial ligament of fibular head
⑲	Medial collateral ligament	⑳	Tendon of quadriceps	㉑	Patellar ligament

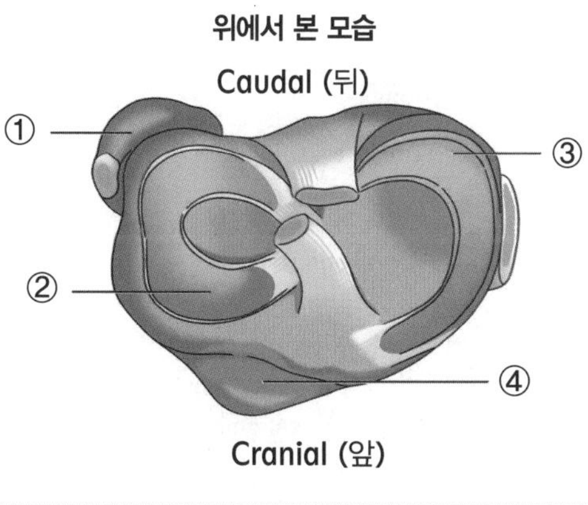

①	Fibula	②	Medial meniscus	③	Lateral meniscus
④	Tibia (shinbone)				

[그림 25] 개의 왼쪽 슬관절의 꼬리쪽, 머리쪽, 바깥쪽, 안쪽과 인대

(3) 부관절(족관절, Tarsal joint)

전지의 완관절에 해당하는 복합적인 관절이다. 관절낭의 섬유막은 등쪽보다 바깥쪽면이 더 두껍고 그 활막층은 경부골과 비골부 사이가 가장 크므로 이 관절의 운동은 여기서 일어난다. 이 부위의 관절낭과 근위부골간관절의 낭이 서로 통하며, 골열간관절의 낭과 원위부골간관절의 낭은 서로 통하고 있으나 근위와 원위의 관절낭 사이는 서로 통하지 않는다.

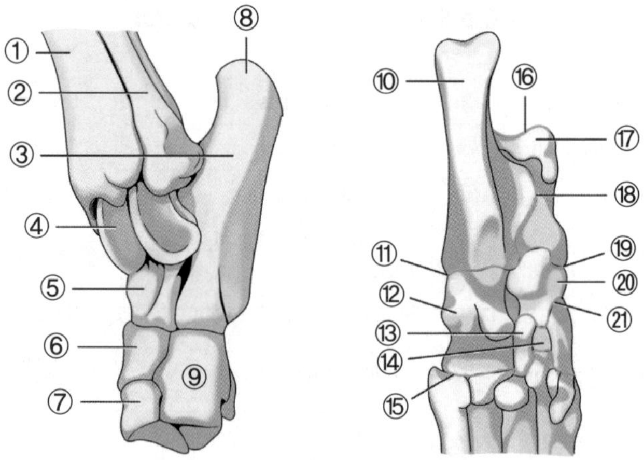

Left tarsus, articulated, lateral aspect
Figure I from Miller, et al

①	Tibia	②	Fibula	③	Fibular tarsal bone
④	Trochlea	⑤	Tibial tarsal bone	⑥	Centrol tarsal bone
⑦	III	⑧	Calcaneal tuber	⑨	IV
⑩	Calcaneus	⑪	Calcaneoquartal	⑫	IV
⑬	III	⑭	II	⑮	Tarsometatarsal
⑯	Tarsocrural	⑰	Talus	⑱	Talocalcaneal
⑲	Talocalcaneocentral	⑳	Central tarsal bone	㉑	Centrodistal (distal intertarsal)

[그림 26] 개 부관절의 구조

실전 핵심 문제

상 중 하

01 다음은 골격계를 전반적으로 설명하고 있다 내용중 틀린 것은?

① 골막과 골내막 모두 파골세포를 가지고 있어 뼈가 손상되었을 때 뼈의 재구성과 복구를 돕는다. 골격계는 1000개 이상의 뼈로 구성되어 있다.

② 뼈는 몸을 지지해주고, 골격근이 부착되어 있으며 비교적 단단한 기질 또는 기본 물질에 세포가 박혀 있는 형태이다.

③ 이 세포들은 하버스계(haversian system)라 불리는 원주 형태의 층으로 배열되어 뼈를 단단하게 해준다.

④ 대부분 뼈의 골수강에는 적색 골수가 들어있어 혈소판, 적혈구 및 백혈구를 생산한다.

상 중 하

02 다음은 두부의 어느 부위를 설명하는 내용이다. 맞는 것은?

섬유조직으로부터 직접적으로 뼈가 형성되는 과정(두개골 등 납작한 뼈)을 말한다.

① 연골 내 골화
② 하버스관(haversian system)
③ 막 내 골화
④ 골수강

상 중 하

03 다음은 두부의 어느 부위를 설명하는 내용이다. 맞는 것은?

이미 형성된 연골에서 뼈가 형성되는 과정

① 연골 내 골화
② 하버스관(haversian system)
③ 막 내 골화
④ 골수강

상 중 하

04 다음 중 골격계의 기능이 아닌 것은?

① 몸을 지탱한다.

② 근수축을 위한 지렛대 역할을 하여 운동에 관여한다.

③ 심장, 폐, 뇌와 같은 장기를 보호한다.

④ 체외의 칼슘과 인의 양을 조절한다.

상 중 하

05 다음 중 골격계의 기능이 아닌 것은?

① 심장, 폐, 뇌와 같은 장기를 보호한다.

② 몸을 지탱한다.

③ 체내의 칼슘과 인의 양을 조절한다

④ 근이완을 위한 지렛대 역할을 하여 운동에 관여한다.

상 중 하

06 관절의 구조와 기능에 대한 설명이다. 이 중 틀린 것은?

① 연골성 연결은 동작이 제한되어 있으며 이러한 연결형식을 가동관절(활액관절)이라 한다.

② 골의 연결 형식에는 여러 가지가 있지만 가장 중요한 관절은 연골성과 활막성연결이 있다.

③ 연골성 연결은 초자연골이나 섬유연골로 두 개의 뼈가 결합되어있다.

④ 활막성 연결은 상대적으로 두 뼈의 사이에 괄절강이 존재한다.

실전 핵심 문제

상 중 하

07 다음은 두부의 어느 부위를 설명하는 내용이다. 맞는 것은?

> 활액관절의 운동은 관절(능동운동) 또는 무게의 힘(수동운동)을 지탱하기 위해서 연결된 근육수축의 움직임이라고 한다. 그중 동물의 다리가 원뿔형으로 계속되는 움직임을 말한다.

① 신장(extension)
② 순환운동(circumduction)
③ 내전(adduction)
④ 외전(abduction)

상 중 하

08 다음은 두부의 어느 부위를 설명하는 내용이다. 맞는 것은?

> 활액관절의 운동은 관절(능동운동) 또는 무게의 힘(수동운동)을 지탱하기 위해서 연결된 근육수축의 움직임이라고 한다. 그중 굴절이란 두 골간이 180도 미만으로 움직이는 운동이며, 두 골의 움직임이 180도 방향으로 관절이 펴지는 것을 말한다.

① 신장(extension)
② 순환운동(circumduction)
③ 내전(adduction)
④ 외전(abduction)

상 중 하

09 다음은 두부의 어느 부위를 설명하는 내용이다. 맞는 것은?

> 활액관절의 운동은 관절(능동운동) 또는 무게의 힘(수동운동)을 지탱하기 위해서 연결된 근육수축의 움직임이라고 한다. 그 중 중앙으로 골이 움직이는 것을 말한다.

① 신장(extension)
② 순환운동(circumduction)
③ 내전(adduction)
④ 외전(abduction)

상 중 하

10 **내전은 중앙으로 골이 움직이는 것이다. 그 반대의 움직임은 무엇인가?**

① 신장(extension)
② 순환운동(circumduction)
③ 내전(adduction)
④ 외전(abduction)

상 중 하

11 **동물의 다리가 원뿔형으로 계속되는 움직임은 순환운동이다. 종축부위의 골격 움직임은 무엇인가?**

① 신장(extension)
② 회전운동(rotation)
③ 내전(adduction)
④ 외전(abduction)

상 중 하

12 **다음 중 설명에 맞는 것은?**

> 근수축을 위한 지렛대 역할을 하여 운동에 관여한다.
> 심장, 폐, 뇌와 같은 장기를 보호한다.
> 체내의 칼슘과 인의 양을 조절한다

① 백혈구
② 두부
③ 소화기계
④ 골격계

상 중 하

13 **연골성 연결은 초자연골이나 섬유연골로 두 개의 뼈가 결합되어 있으나, 활막성 연결은 상대적으로 두 뼈의 사이에 괄절강이 존재한다. 관절강 내에는 관절 활액이 충만되어 있고 바깥쪽으로 연장된 활막층은 얇고 혈관 및 신경이 많으며 끈적한 (　　　　)을 생산한다. (　　　　) 안에 알맞은 말을 고르세요.**

① 가동관절
② 활액관절
③ 활막층
④ 활액

상 중 하

14 다음 그림은 무엇인가요?

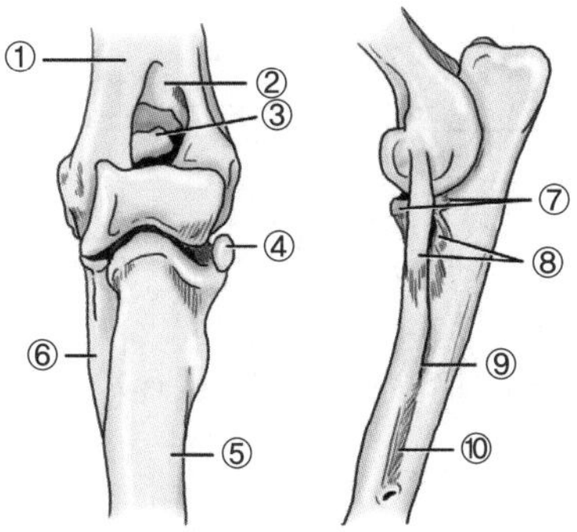

①	Humerus	②	Radial fossa
③	Anconeal process of ulna	④	Inconstant sesamoid in tendon of origin of supinator muscle
⑤	Radius	⑥	Ulna
⑦	Annular ligament	⑧	Lateral collateral ligament caudal and cranial crura
⑨	Interosseous membrane	⑩	Interosseous ligament

① 전지의 골격 ② 후지의 골격
③ 두부의 골격 ④ 흉부의 골격

상 중 하

15 다음 그림의 설명 중 맞는 것은 ?

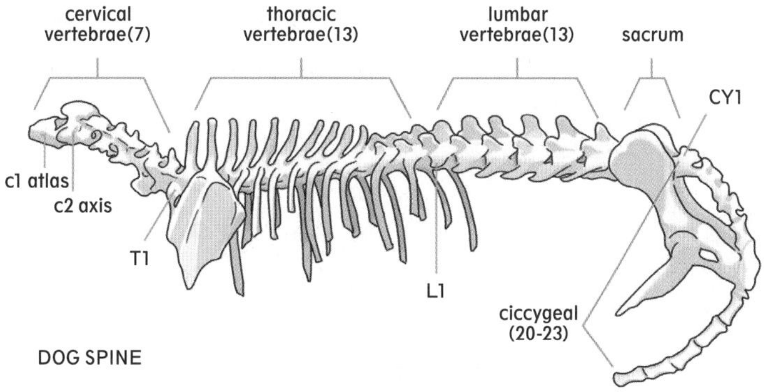

① 전지의 골격 ② 흉추, 경추의 골격
③ 두부의 골격 ④ 흉부의 골격

상 | 중 | 하

16 다음 그림을 맞는 것은?

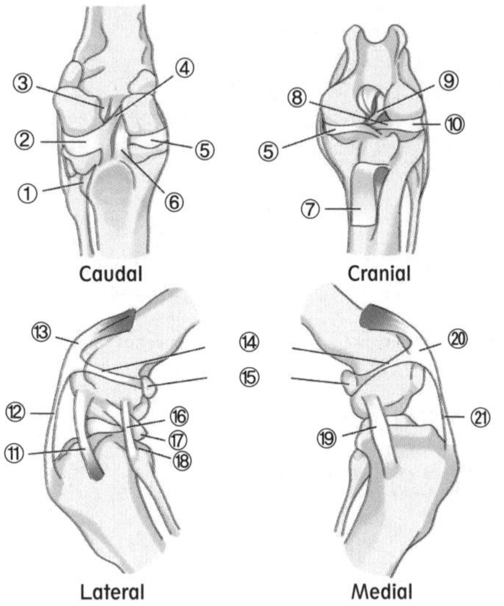

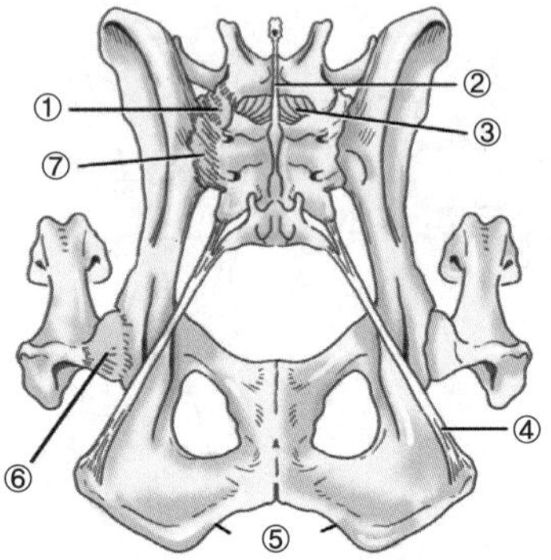

①	Articular capsule	②	Supraspinous ligament
③	Yellow ligament	④	Sacrotuberous ligament
⑤	Ischiatic arch	⑥	Articular capsule
⑦	Dorsal sacroiliac ligament		

①	Caudal fibular ligament	②	Lateral meniscus	③	Cranial cruciate ligament	④	Meniscofemoral ligament
⑤	Medial meniscus	⑥	Caudal cruciate ligament	⑦	Patellar ligament	⑧	Transverse ligament
⑨	Cranial cruciate ligament	⑩	Lateral meniscus	⑪	Tendon of long digital extensor	⑫	Patellar ligament
⑬	Tendon of quadriceps	⑭	Femoropatellar ligament	⑮	Seasamoids	⑯	Lateral collateral ligament
⑰	Tendon of popliteus	⑱	Cranial ligament of fibular head	⑲	Medial collateral ligament	⑳	Tendon of quadriceps
㉑	Patellar ligament						

① 전지의 골격 ② 후지의 골격
③ 두부의 골격 ④ 흉부의 골격

상 | 중 | 하

17 상완골두와 견갑골의 관절와 사이의 관절로 구형태이며, 어느 방향이든 운동할 수 있으나 주로 굴신운동을 하게 된다. 이 설명에 맞는 것은?

① 견관절(어깨관절) ② 주관절
③ 앞다리 굽이관절 ④ 요척관절

상 중 하

18 상완골의 원위단과 요골의 근위단 및 척골의 반월절흔으로 이루어져 있고 체중을 지탱하는 것은 아니지만 근위요척관절이 가담하여 복합관절을 이루고 있다. 이 설명에 맞는 것은?

① 견관절(어깨관절)　　② 요척관절
③ 주관절(앞다리 굽이관절)　　④ 복합관절

상 중 하

19 견관절의 설명 중 맞는 것은?

① 관절낭이 관절면 주변에 견고하게 붙어 있다.
② 상완골의 원위단과 요골의 근위단 및 척골의 반월절흔으로 이루어져 있다.
③ 체중을 지탱하는 것은 아니지만 근위요척관절이 가담하여 복합관절을 이루고 있다.
④ 상완골두와 견갑골의 관절와 사이의 관절로 구형태이며, 어느 방향이든 운동할 수 있으나 주로 굴신운동을 하게 된다.

상 중 하

20 주관절(앞다리 굽이관절)의 설명 중 틀린 것은?

① 상완골의 원위단과 요골의 근위단 및 척골의 반월절흔으로 이루어져 있다.
② 상완골두와 견갑골의 관절와 사이의 관절로 구형태이며, 어느 방향이든 운동할 수 있으나 주로 굴신운동을 하게 된다.
③ 어느 방향이든 운동할 수 있으나 주로 굴신운동을 하게 된다.
④ 관절낭이 관절면 주변에 견고하게 붙어 있다.

실전 핵심 문제

상 중 하

21 **완관절(앞발목관절)의 설명 중 맞는 것은?**

① 관절낭이 관 절면 주변에 견고하게 붙어 있다.

② 상완골의 원위단과 요골의 근위단 및 척골의 반월절흔으로 이루어져 있다.

③ 체중을 지탱하는 것은 아니지만 근위요척관절이 가담하여 복합관절을 이루고 있다.

④ 전완골 원위단과 완전골 근위단 그리고 그 사이에서 복잡한 완골들로 이루어진 여러 관절의 총칭이다.

상 중 하

22 **완관절(앞발목관절)의 설명 중 틀린 것은?**

① 전완골 원위단과 완전골 근위단 그리고 그 사이에서 복잡한 완골들로 이루어진 여러 관절의 총칭이다.

② 주요 관절은 요골 및 척골의 원위단과 완골근위열과의 관절을 전완전 완골의 근위열과 원위열 사이의 관절을 완골정중관절, 완완전관절 등이다.

③ 어느 방향이든 운동할 수 있으나 주로 굴신운동을 하게 된다.

④ 관절낭은 요척골의 원위단으로부터 완전골 근위단까지를 덮고 그 사이의 완골에 붙어서 각각의 주머니들로 칸막이가 되어 있다.

상 중 하

23 **전완골 원위단과 완전골 근위단 그리고 그 사이에서 복잡한 완골들로 이루어진 여러 관절의 총칭이다. 주요 관절은 요골 및 척골의 원위단과 완골근위열과의 관절을 전완전 완골의 근위열과 원위열 사이의 관절을 완골정중관절, 완완전관절 등이다. 관절낭은 요척골의 원위단으로부터 완전골 근위단까지를 덮고 그 사이의 완골에 붙어서 각각의 주머니들로 칸막이가 되어 있다. 이 설명과 맞는 것은?**

① 주관절 ② 견관절

③ 앞다리굽이관절 ④ 앞발목관절

상 중 하

24 **몸에서 가장 큰 뼈인 대퇴골과 골반골이 결합하여 관절을 이룬다. 그 관절의 굴각의 각도는 약 110도 이고 슬관절에서는 130~135도의 굴각을 이루며 견관절과 같이 주로 굴신운동이다. 이러한 관절 설명과 다른 것은?**

① 고관절
② 엉덩이관절
③ 주관절
④ hip joint

상 중 하

25 **고관절(엉덩이 관절, Hip joint)의 설명 중 맞는 것은?**

① 관절낭이 관 절면 주변에 견고하게 붙어 있다.
② 상완골의 원위단과 요골의 근위단 및 척골의 반월절흔으로 이루어져 있다.
③ 체중을 지탱하는 것은 아니지만 근위요척관절이 가담하여 복합관절을 이루고 있다.
④ 그 관절의 굴각의 각도는 약 110도 이고 슬관절에서는 130~135도의 굴각을 이루며 견관절과 같이 주로 굴신운동이다.

상 중 하

26 **고관절(엉덩이 관절, Hip joint)의 설명 중 틀린 것은?**

① 그 관절의 굴각의 각도는 약 110도입니다.
② 슬관절에서는 130~135도의 굴각을 이루며 견관절과 같이 주로 굴신운동이다.
③ 어느 방향이든 운동할 수 있으나 주로 굴신운동을 하게 된다.
④ 몸에서 가장 큰 뼈인 대퇴골과 골반골이 결합하여 관절을 이룬다.

상 중 하

27 슬관절의 설명 중 틀린 것은?

① 대퇴골, 경골, 비골 및 슬개골로 이루어진 슬관절은 몸에서 가장 크고 복잡한 관절이다.

② 사람의 무릎에 해당하는 관절로 슬관절낭의 모든 부분은 서로 통해 있다.

③ 대퇴골과 경골의 연결이 가장 중요한 관절이며 슬관절 내에는 안쪽반월판과 바깥쪽반월판이 있다.

④ 몸에서 가장 큰 뼈인 대퇴골과 골반골이 결합하여 관절을 이룬다.

상 중 하

28 슬관절(무릎관절, Stifle joint)의 설명 중 맞는 것은?

① 상완골의 원위단과 요골의 근위단 및 척골의 반월절흔으로 이루어져 있다.

② 상완골두와 견갑골의 관절와 사이의 관절로 구형태이며, 어느 방향이든 운동할 수 있으나 주로 굴신운동을 하게 된다.

③ 대퇴골과 경골의 연결이 가장 중요한 관절이며 슬관절 내에는 안쪽반월판과 바깥쪽반월판이 있다.

④ 관절낭이 관 절면 주변에 견고하게 붙어 있다.

상 중 하

29 부관절(족관절, Tarsal joint)의 설명 중 틀린 것은?

① 전지의 완관절에 해당하는 복합적인 관절이다.

② 관절낭의 섬유막은 등쪽보다 바깥쪽면이 더 두껍고 그 활막층은 경부골과 비골부 사이가 가장 크므로 이 관절의 운동은 여기서 일어난다.

③ 어느 방향이든 운동할 수 있으나 주로 굴신운동을 하게 된다.

④ 이 부위의 관절낭과 근위부골간관절의 낭이 서로 통하며, 골열간관절의 낭과 원위부골간관절의 낭은 서로 통하고 있으나 근위와 원위의 관절낭 사이는 서로 통하지 않는다.

상 중 하

30 다음 그림은 무엇인가?

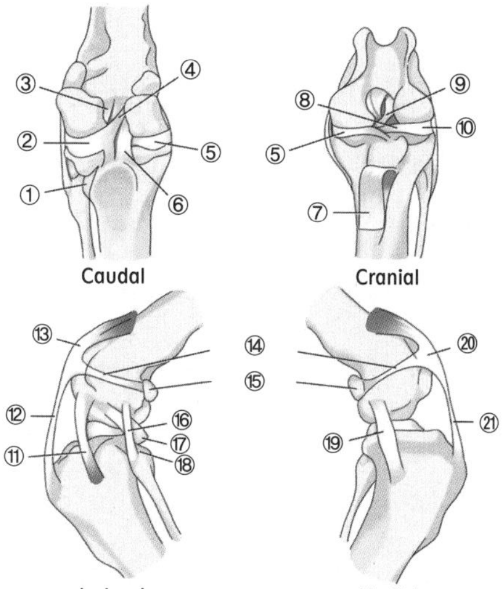

①	Caudal fibular ligament	②	Lateral meniscus	③	Cranial cruciate ligament	④	Meniscofemoral ligament
⑤	Medial meniscus	⑥	Caudal cruciate ligament	⑦	Patellar ligament	⑧	Transverse ligament
⑨	Cranial cruciate ligament	⑩	Lateral meniscus	⑪	Tendon of long digital extensor	⑫	Patellar ligament
⑬	Tendon of quadriceps	⑭	Femoropatellar ligament	⑮	Seasamoids	⑯	Lateral collateral ligament
⑰	Tendon of popliteus	⑱	Cranial ligament of fibular head	⑲	Medial collateral ligament	⑳	Tendon of quadriceps
㉑	Patellar ligament						

① 주관절
② 고관절
③ 앞다리 굽이관절
④ 슬관절

정답

1. ① 2. ③ 3. ① 4. ④ 5. ④ 6. ① 7. ② 8. ① 9. ③ 10. ④ 11. ② 12. ④ 13. ④
14. ① 15. ② 16. ② 17. ① 18. ③ 19. ④ 20. ③ 21. ④ 22. ③ 23. ④ 24. ③ 25. ④
26. ③ 27. ④ 28. ③ 29. ③ 30. ④

4 호흡기계(흉강 내 장기)

1) 폐(Lung)

왼쪽 폐는 전엽과 후엽으로 나누어진다. 전엽은 뒤쪽 부분과 앞쪽 부분으로 나누어진다. 오른쪽 폐는 전엽, 중간엽, 후엽과 부(덧)엽으로 나누어진다. 심장패임(cardiac notch)은 오른쪽 전엽과 중간엽 사이에 있고 4,5번째 늑간에 위치한다. 각 폐의 작은 부분은 첫 번째 늑골을 향하여 앞쪽으로 향해 있다. 오른쪽 폐 전엽의 끝부분은 4~6늑골 사이에 위치한다. 후엽은 6늑골부터 시작된다. 왼쪽 전엽은 대략 6늑골에서 끝나고, 후엽은 여기서 시작된다. 횡격막은 등 뒤쪽 13늑골에 붙고 앞 배쪽으로는 8, 9, 10늑골에 경사지게 부착되어 있다. 횡격막은 6늑골부위까지 돌출되어 있다. 정상 개에서 횡격막은 숨 쉬는 동안 앞뒤로 한 개 또는 한 개 반 정도의 늑간 사이를 움직인다. 기관이 주기관지로 나누어지는 기관 분기점은 4늑간 부위의 등쪽 가운데에 위치한다.

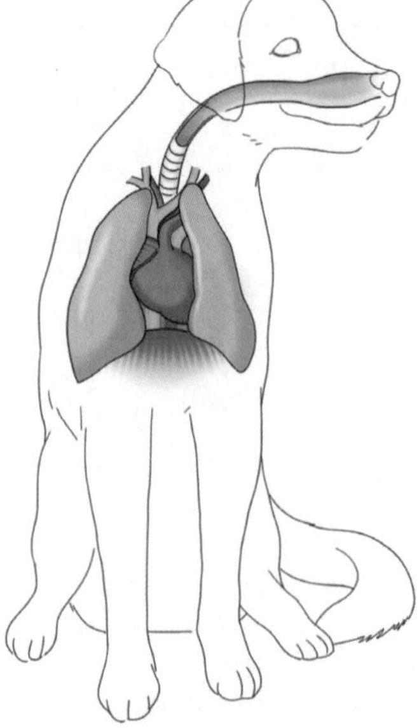

[그림 27] 개의 호흡기계

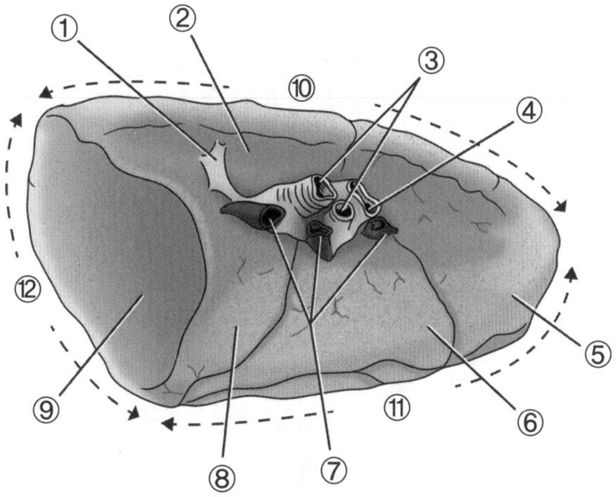

①	Pulmonary ligament	②	Aortic groove	③	Bronchi
④	Pulmonary artery	⑤	Cranial part of cranial lobe	⑥	Caudal part of cranial lobe
⑦	Pulmonary veins	⑧	Caudal lobe	⑨	Diaphragmatic surface
⑩	Dorsal margin	⑪	Ventral margin	⑫	Basal margin

[그림 28] 왼쪽 폐의 안쪽 면

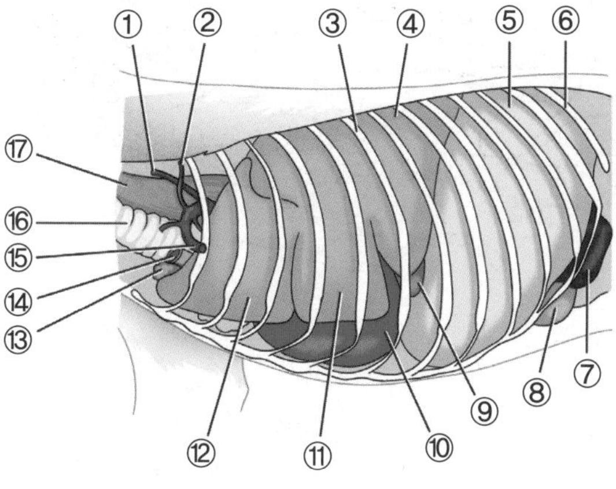

①	Vertebral artery	②	Costocervical trunk	③	6th rib
④	Lung, caudal lobe	⑤	Diaphragm	⑥	13th rib
⑦	spleen	⑧	Stomach	⑨	Accessory lobe, right lung
⑩	Heart	⑪	Lung, caudal part of cranial lobe	⑫	Lung, cranial part of cranial lobe
⑬	Thymus	⑭	Brachiocephalic vein	⑮	Axillary artery
⑯	Trachea	⑰	Esophagus		

[그림 29] 왼쪽 흉곽 내부 장기의 모습

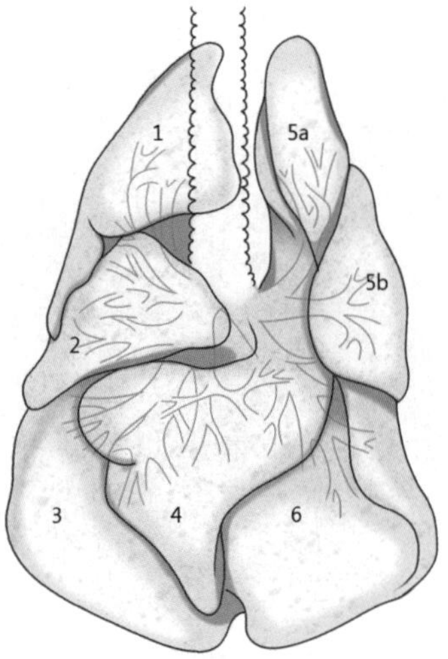

1. 우측 전엽 2. 우측 중간엽 3. 우측후엽 4. 부엽 5a,b. 좌측 전엽 6. 좌측 후엽

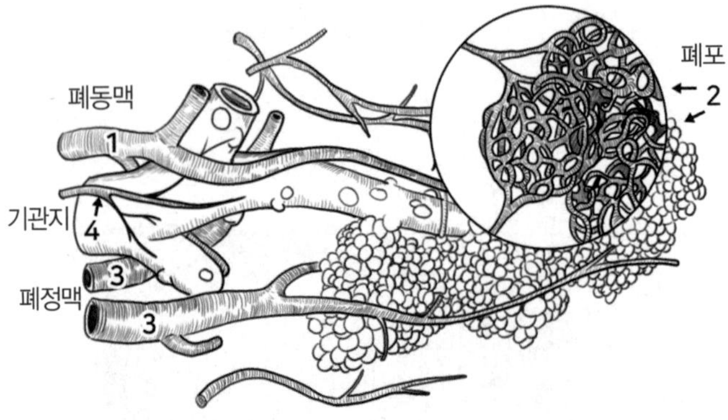

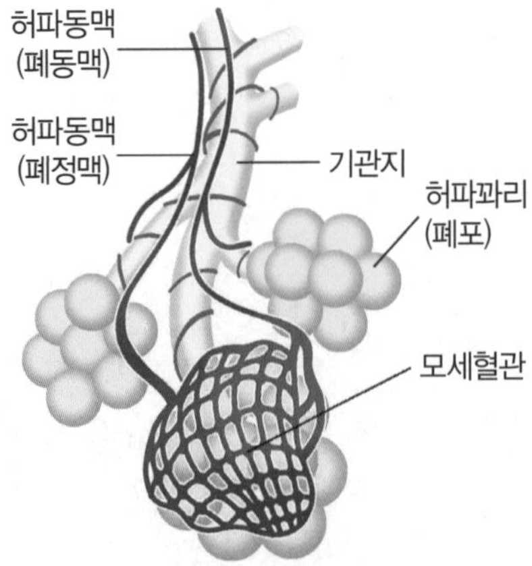

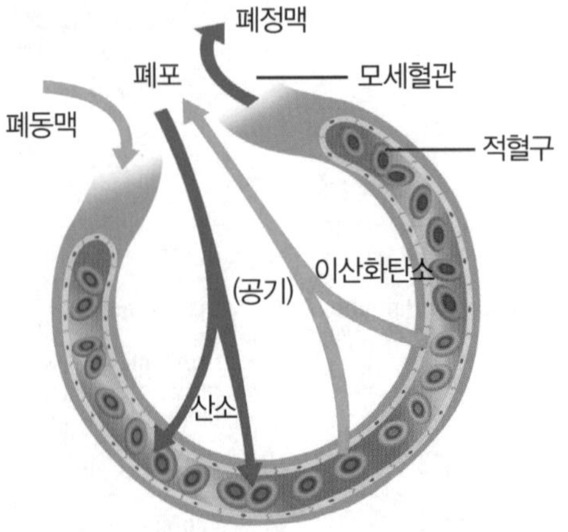

[그림 30] 폐, 기관, 기관지, 폐포의 구조

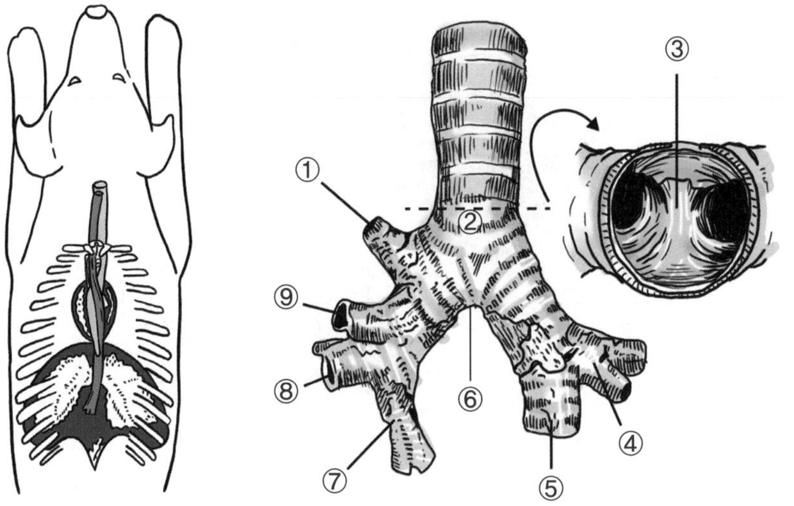

①	Right cranial lobar bronchus	②	Lobar branches	③	Principal
④	Left cranial lobar bronchus	⑤	Left caudal lobar bronchus	⑥	Principal
⑦	Accessory lobar bronchus	⑧	Right caudal lobar bronchus	⑨	Right middle lobar bronchus

[그림 31] 기관지 분지의 모식도 등쪽 면

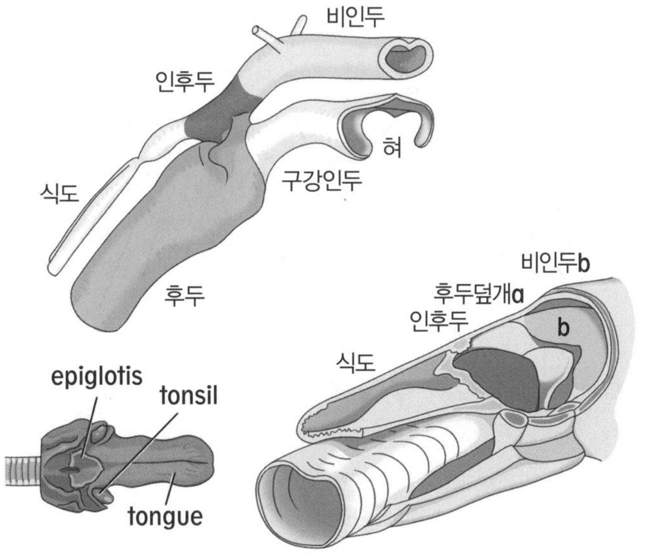

[그림 32] 인후두, 후두의 구조

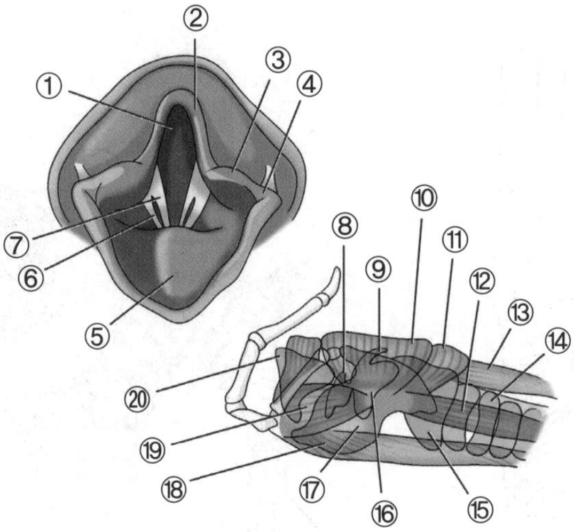

①	Laryngeal inlet	②	Corniculate process	③	Cuneiform process
④	Aryepiglottic fold	⑤	Epiglottis	⑥	Vestibular fold
⑦	Vocal fold	⑧	Cuneiform cartilage	⑨	Corniculate cartilage
⑩	Thyropharyngeus muscle	⑪	Cricopharyngeus muscle	⑫	Sternothyroideus muscle
⑬	Esophagus	⑭	Trachea	⑮	Cricoid cartilage
⑯	Arytenoid cartilage	⑰	Thyroid cartilage	⑱	Sternohyoideus muscle
⑲	Thyrohyoideus muscle	⑳	Epiglottis		

[그림 33] 후두연골의 구조

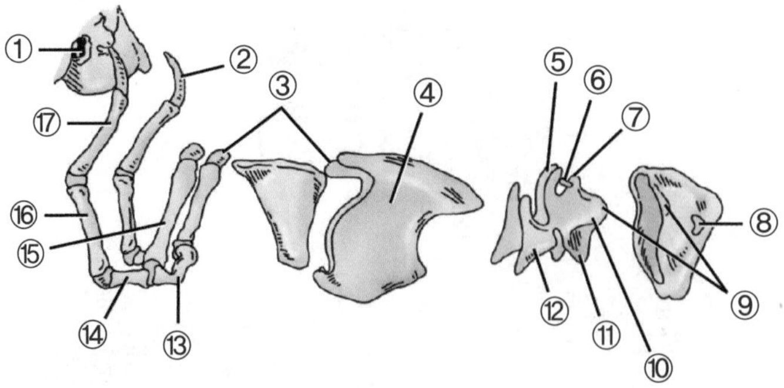

①	External acoustic meatus	②	Tympanohyid	③	Thyrohyoid articulation
④	Thyroid lamina	⑤	Comiculate process	⑥	Sesamoid cartilage
⑦	Intearytenoid cartilage	⑧	Cricothyroid articulation	⑨	Cricoarytenoid articulation
⑩	Muscular process	⑪	Vocal process	⑫	Cuneiform process
⑬	Thyroepiglottic attachment	⑭	Basihyoid	⑮	Ceratohyoid
⑯	Thyrohyoid	⑰	Epihyoid	⑱	Stylohyoid

[그림 34] 후두덮개(epiglotis), 갑상연골(thyroid cartilage), 피열연골(arytenoid cartilage), 윤상연골(crinoid carilage)

2) 심장(Heart)

개의 정상적인 심장의 해부학적 위치는 3~6늑골 사이에 위치하고 있으며, 흉벽과 심장 사이의 배쪽 흉곽 일부분을 제외하고는 폐엽으로 둘러싸여 있다. 좌심실은 심장의 왼쪽 대부분을 차지하며, 우심실의 전면, 좌심방과 폐동맥간이 흉곽의 왼쪽에 위치한다. 흉곽의 오른쪽에는 우심실이 대부분을 차치하며 좌심실의 좁은 부분이 뒤아래쪽에 위치하고, 우심방이 위쪽에 위치한다. 흉강 내 심혈관계의 주요 혈관은 대동맥, 폐동맥, 전대동맥, 후대동맥이다.

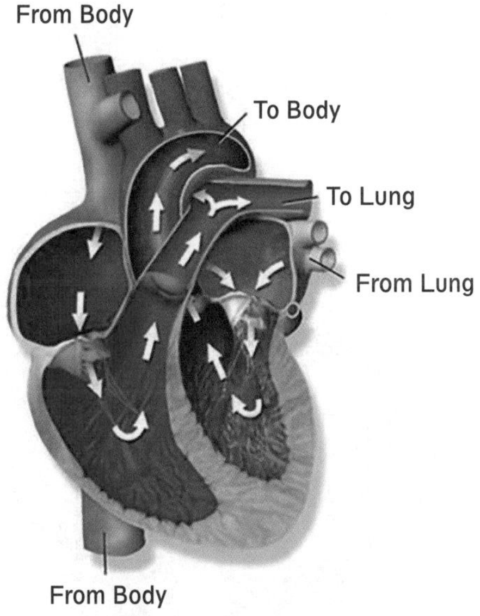

[그림 35] 심장의 구조(2심방 2심실)

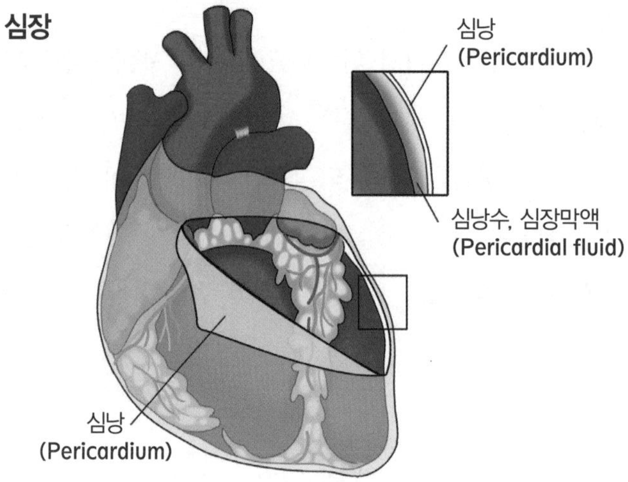

[그림 36] 심장의 구조

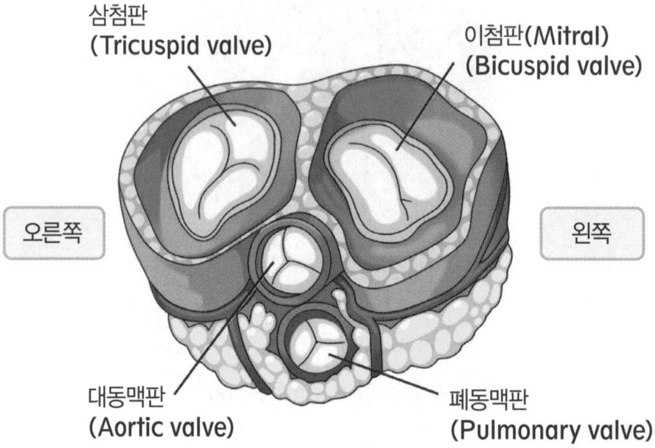

[그림 37] 심장의 구조(판막)

실전 핵심 문제

상 중 하

01 왼쪽 폐는 전엽과 후엽으로 나누어진다. 전엽은 뒤쪽 부분과 앞쪽 부분으로 나누어진다. 오른쪽 폐는 전엽, 중간엽, 후엽과 부(덧)엽으로 나누어진다. 심장패임(cardiac notch)은 오른쪽 전엽과 중간엽 사이에 있고 4,5번째 늑간에 위치한다. 위의 설명과 같은 것은?

① 호흡기계 ② 소화기계

③ 비뇨기계 ④ 골격계

상 중 하

02 각 폐의 작은 부분은 첫 번째 늑골을 향하여 앞쪽으로 향해 있다. 오른쪽 폐 전엽의 끝부분은 4~6늑골 사이에 위치한다. 후엽은 6늑골부터 시작된다. 왼쪽 전엽은 대략 6늑골에서 끝나고, 후엽은 여기서 시작된다. 횡격막은 등 뒤쪽 13늑골에 붙고 앞 배쪽으로는 8, 9, 10늑골에 경사지게 부착되어 있다. 이 설명에 맞는 부위는?

① 비뇨기계 ② 소화기계

③ 호흡기계 ④ 골격계

상 중 하

03 다음 중 호흡기계 중 폐의 기능에 대하여 틀린 것은?

① 왼쪽 폐는 전엽과 후엽으로 나누어진다.

② 전엽은 뒤쪽 부분과 앞쪽 부분으로 나누어진다.

③ 호르몬을 분비한다.

④ 오른쪽 폐는 전엽, 중간엽, 후엽과 부(덧)엽으로 나누어진다.

상 중 하

04 다음 중 호흡기계 중 폐의 기능에 대하여 틀린 것은?

① 심장패임(cardiac notch)은 오른쪽 전엽과 중간엽 사이에 있고 4,5번째 늑간에 위치한다.

② 각 폐의 작은 부분은 첫 번째 늑골을 향하여 앞쪽으로 향해 있다.

③ pH10으로 알칼리성을 유지하고 있다.

④ 오른쪽 폐 전엽의 끝부분은 4~6늑골 사이에 위치한다. 후엽은 6늑골부터 시작된다.

상 중 하

05 다음 중 호흡기계 중 폐의 기능에 대하여 틀린 것은?

① 왼쪽 전엽은 대략 6늑골에서 끝나고, 후엽은 여기서 시작된다.

② 횡격막은 등 뒤쪽 13늑골에 붙고 앞 배쪽으로는 8, 9, 10늑골에 경사지게 부착되어 있다.

③ 정상 개에서 횡격막은 숨 쉬는 동안 앞뒤로 한 개 또는 한 개 반 정도의 늑간 사이를 움직인다.

④ 횡격막은 6늑골부위까지 움푹 함몰되어 있다.

상 중 하

06 개의 정상적인 심장의 해부학적 위치는 3~6늑골 사이에 위치하고 있으며, 흉벽과 심장 사이의 배쪽 흉곽 일부분을 제외하고는 폐엽으로 둘러싸여 있다. 좌심실은 심장의 왼쪽 대부분을 차지하며, 우심실의 전면, 좌심방과 폐동맥간이 흉곽의 왼쪽에 위치한다. 이러한 부위는 어느 부위인가?

① 심장 ② 모세혈관

③ 소정맥 ④ 간

실전 핵심 문제

상 중 하

07 다음 심장(Heart)의 특징 중 틀린 설명은?

① 개의 정상적인 심장의 해부학적 위치는 3~6늑골 사이에 위치하고 있다.

② 성숙 적혈구는 유핵세포이다.

③ 흉벽과 심장 사이의 배쪽 흉곽 일부분을 제외하고는 폐엽으로 둘러싸여 있다.

④ 좌심실은 심장의 왼쪽 대부분을 차지하며, 우심실의 전면, 좌심방과 폐동맥간이 흉곽의 왼쪽에 위치한다.

상 중 하

08 다음 심장(Heart)의 특징 중 틀린 설명은?

① 흉곽의 오른쪽에는 우심실이 대부분을 차치하며 좌심실의 좁은 부분이 뒤아래쪽에 위치하고, 우심방이 위쪽에 위치한다.

② 좌심실은 심장의 왼쪽 대부분을 차지하며, 우심실의 전면, 좌심방과 폐동맥간이 흉곽의 왼쪽에 위치한다.

③ 헤모글로빈은 마그네슘을 함유하고 있어 붉은 색이다.

④ 흉강 내 심혈관계의 주요 혈관은 대동맥, 폐동맥, 전대동맥, 후대동맥이다.

상 중 하

09 다음 그림은 무엇인가?

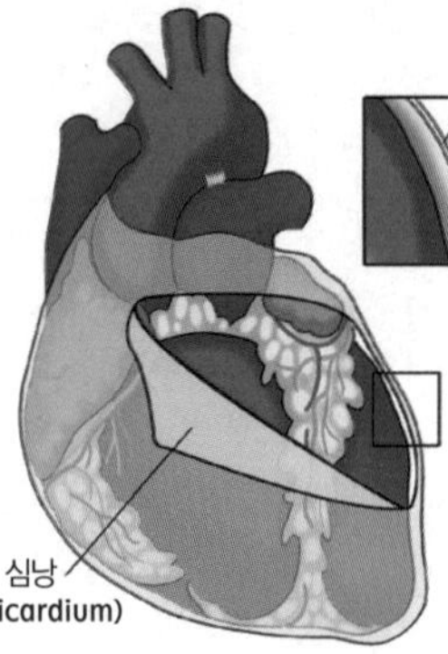

① 심장 ② 폐

③ 횡격막 ④ 신장

상 중 하

10 흉곽의 오른쪽에는 우심실이 대부분을 차치하며 좌심실의 좁은 부분이 뒤아래쪽에 위치하고, 우심방이 위쪽에 위치한다. 흉강 내 심혈관계의 주요 혈관은 대동맥, 폐동맥, 전대동맥, 후대동맥이다. 이러한 부위는 어느 부위인가?

① 심장 ② 폐

③ 횡격막 ④ 신장

상 중 하

11 다음 심장(Heart)의 특징 중 맞는 설명은?

① 탄소를 함유하고 있지 않다.

② 흉강 내 심혈관계의 주요 혈관은 대동맥, 폐동맥, 전대동맥, 후대동맥이다.

③ 에너지원으로 사용된다.

④ 체내 합성이 불가능하다.

실전 핵심 문제

상 중 하

12 다음 심장(Heart)의 특징 중 맞는 설명은?

① 심장패임(cardiac notch)은 오른쪽 전엽과 중간엽 사이에 있고 4,5번째 늑간에 위치한다.

② 각 폐의 작은 부분은 첫 번째 늑골을 향하여 앞쪽으로 향해 있다.

③ pH10으로 알칼리성을 유지하고 있다.

④ 좌심실은 심장의 왼쪽 대부분을 차지하며, 우심실의 전면, 좌심방과 폐동맥간이 흉곽의 왼쪽에 위치한다.

상 중 하

13 다음 심장(Heart)의 특징 중 맞는 설명은?

① 개의 정상적인 심장의 해부학적 위치는 3~6늑골 사이에 위치하고 있다.

② 횡격막은 등 뒤쪽 13늑골에 붙고 앞 배쪽으로는 8, 9, 10늑골에 경사지게 부착되어 있다.

③ 정상 개에서 횡격막은 숨 쉬는 동안 앞뒤로 한 개 또는 한 개 반 정도의 늑간 사이를 움직인다.

④ 횡격막은 6늑골부위까지 움푹 함몰되어 있다.

상 중 하

14 다음 중 호흡기계 중 폐의 기능에 대하여 맞는 것은?

① 흉곽의 오른쪽에는 우심실이 대부분을 차지하며 좌심실의 좁은 부분이 뒤아래쪽에 위치하고,우심방이 위쪽에 위치한다.

② 좌심실은 심장의 왼쪽 대부분을 차지하며, 우심실의 전면, 좌심방과 폐동맥간이 흉곽의 왼쪽에 위치한다.

③ 헤모글로빈은 마그네슘을 함유하고 있어 붉은 색이다.

④ 심장패임(cardiac notch)은 오른쪽 전엽과 중간엽 사이에 있고 4,5번째 늑간에 위치한다.

상 중 하

15 다음 중 호흡기계 중 폐의 기능에 대하여 맞는 것은?

① 흉곽의 오른쪽에는 우심실이 대부분을 차지하며 좌심실의 좁은 부분이 뒤아래쪽에 위치하고,우심방이 위쪽에 위치한다.

② 전엽은 뒤쪽 부분과 앞쪽 부분으로 나누어진다. 오른쪽 폐는 전엽, 중간엽, 후엽과 부(덧)엽으로 나누어진다.

③ 헤모글로빈은 마그네슘을 함유하고 있어 붉은 색이다.

④ 흉강 내 심혈관계의 주요 혈관은 대동맥, 폐동맥, 전대동맥, 후대동맥이다.

상 중 하

16 다음 중 설명하는 것은 무엇인가? 왼쪽은 전엽과 후엽으로 나누어진다. 전엽은 뒤쪽 부분과 앞쪽 부분으로 나누어진다. 오른쪽은 전엽, 중간엽, 후엽과 부(덧)엽으로 나누어진다. 심장패임(cardiac notch)은 오른쪽 전엽과 중간엽 사이에 있고 4,5번째 늑간에 위치한다.

① 호염구 ② 폐

③ 심장 ④ 횡격막

상 중 하

17 다음 중 호흡기계 중 폐의 기능에 대하여 맞는 것은?

① 각 폐의 작은 부분은 첫 번째 늑골을 향하여 앞쪽으로 향해 있다.

② 오른쪽 폐 전엽의 끝부분은 7~10늑골 사이에 위치한다.

③ 왼쪽 전엽은 대략 10늑골에서 끝나고, 후엽은 여기서 시작된다.

④ 후엽은 10늑골부터 시작된다.

상 중 하

18 다음 중 호흡기계 중 폐의 기능에 대하여 맞는 것은?

① 왼쪽 폐는 좌엽과 우엽으로 나누어진다.

② 좌엽은 뒤쪽 부분과 앞쪽 부분으로 나누어진다.

③ 오른쪽 폐는 전엽, 중간엽, 후엽과 부(덧)엽으로 나누어진다.

④ 왼쪽 전엽은 대략 10늑골에서 끝나고, 후엽은 여기서 시작된다.

상 중 하

19 다음 그림은 무엇인가?

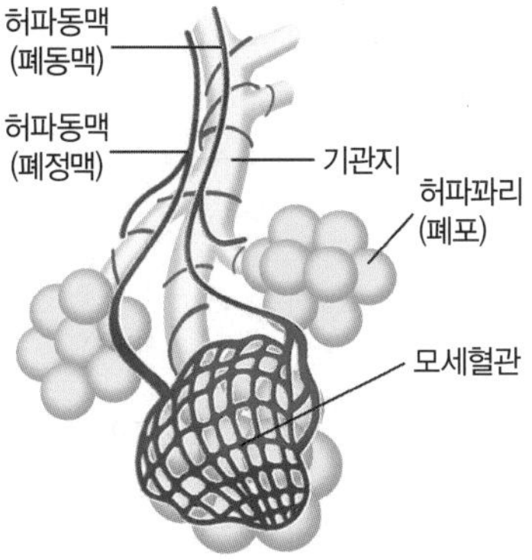

① 심장 ② 폐

③ 기관, 기관지 ④ 횡격막

상 중 하

20 왼쪽 전엽은 대략 6늑골에서 끝나고, 후엽은 여기서 시작된다. 횡격막은 등 뒤쪽 13늑골에 붙고 앞 배쪽으로는 8, 9, 10늑골에 경사지게 부착되어 있다. 횡격막은 6늑골부위까지 돌출되어 있다. 정상 개에서 횡격막은 숨 쉬는 동안 앞뒤로 한 개 또는 한 개 반 정도의 늑간 사이를 움직인다. 기관이 주기관지로 나누어지는 기관 분기점은 4늑간 부위의 등쪽 가운데에 위치한다. 다음 그림을 보고 위와 같은 설명과 같은 부위를 고르세요.

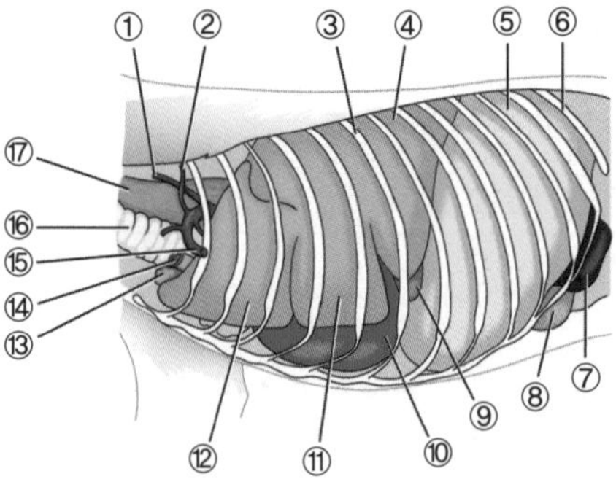

①	Vertebral artery	②	Costocervical trunk
③	6th rib	④	Lung, caudal lobe
⑤	Diaphragm	⑥	13th rib
⑦	spleen	⑧	Stomach
⑨	Accessory lobe, right lung	⑩	Heart
⑪	Lung, caudal part of cranial lobe	⑫	Lung, cranial part of cranial lobe
⑬	Thymus	⑭	Brachiocephalic vein
⑮	Axillary artery	⑯	Trachea
⑰	Esophagus		

① Spleen　　② Heart

③ Rib　　④ Lung

정답

1. ① 2. ③ 3. ③ 4. ③ 5. ④ 6. ① 7. ② 8. ③ 9. ① 10. ① 11. ② 12. ④ 13. ①
14. ④ 15. ② 16. ② 17. ① 18. ③ 19. ③ 20. ④

5 소화기계(복강 내 장기)

소화기계라 함은 일반적으로 입에서부터 항문까지 구성된 장기들이다.

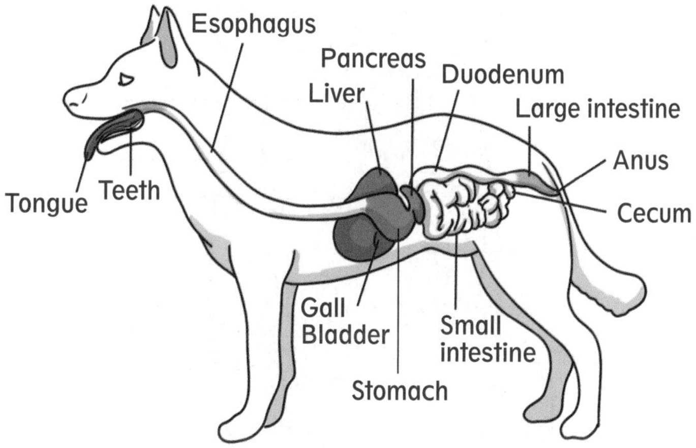

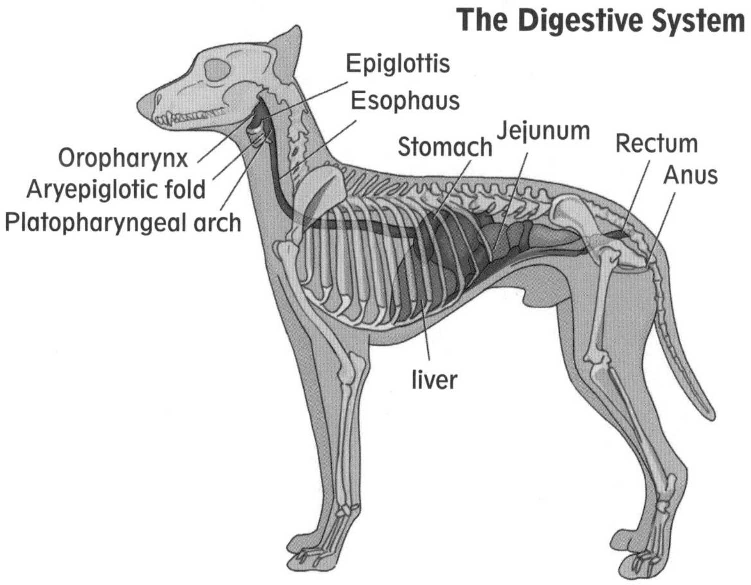

[그림 38] 흉강 및 복강 내 소화 장기의 위치

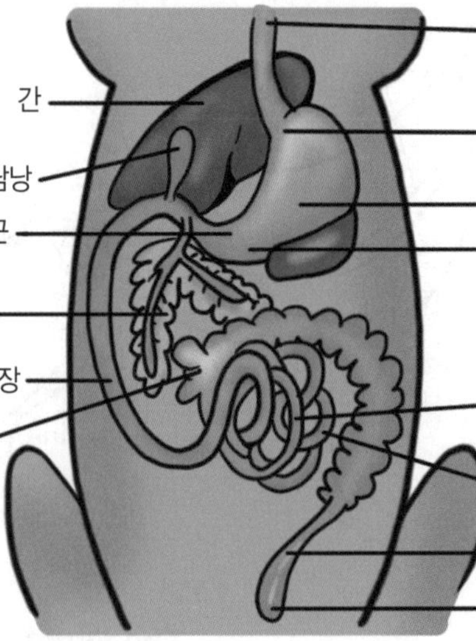

[그림 39] 복강 내 소화 장기의 위치

1) 혀(Tung)

혀는 구조적으로 용상유두, 유곽유두, 엽상유두 등으로 이루어져 있으며, 연하작용, 소화작용 및 미각탐지 작용을 한다.

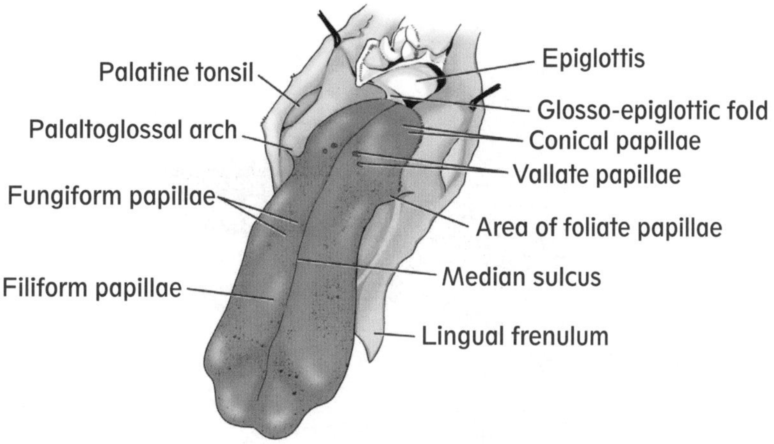

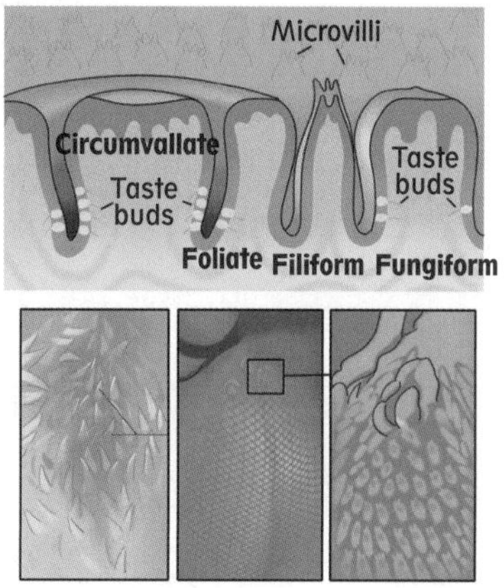

* 5가지 유두(papillae)
  - 개 혀의 등쪽(dorsal) 표면에 존재
  - 사상유두(filiform)
  - 원추유두(conical)
  - 용상유두(fungiform) : taste buds
  - 유곽(vallate) : taste buds
  - 엽상유두(folisate) : taste buds

* 고양이는 케라틴으로 구성된 사상유두가 특징

[그림 40] 혀의 해부학적 구조

2) 식도(Esophagus)

처음에는 기관의 등쪽에 위치해 이어지고 후반부에는 기관의 왼쪽을 따라 내려가 흉강에 들어간다. 흉강으로 들어간 식도는 다시 기관의 등쪽으로 돌아 기관분지부의 후방에서 기관과 떨어져 종격흉막에 끼어 뒤쪽으로 이어져 횡격막식도공을 관통한다.

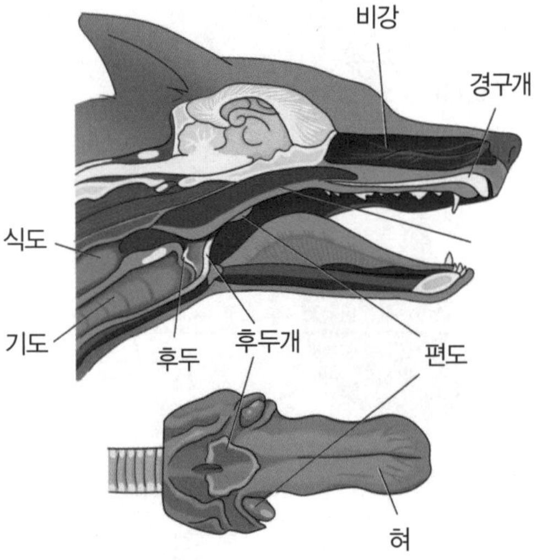

[그림 41] 식도의 해부학적 구조

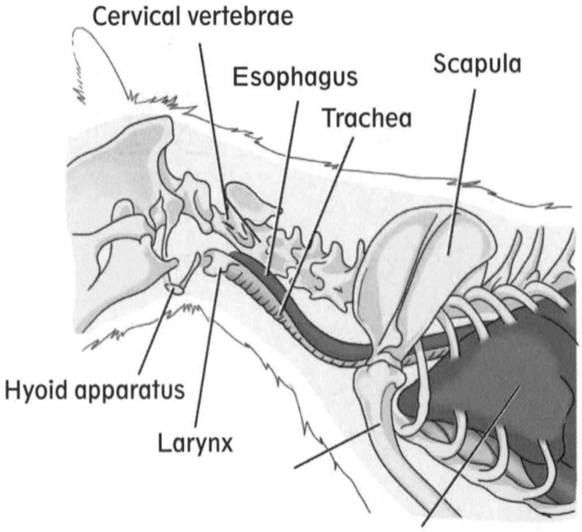

[그림 42] 식도의 해부학적 위치

3) 위(Stomach)

위는 간의 표면과 접촉한다. 위는 확장의 정도에 따라 위치가 다양하다. 비어 있는 위는 9흉추와 1요추 사이인 간의 뒤쪽에서 늑골궁 안에 제10늑간과 평행하게 위치한다. 위의 기저부는 정중선의 왼쪽에 있고 위의 체부는 정중선에 위치하며, 위의 유문부는 정중선의 오른쪽에 위치한다.

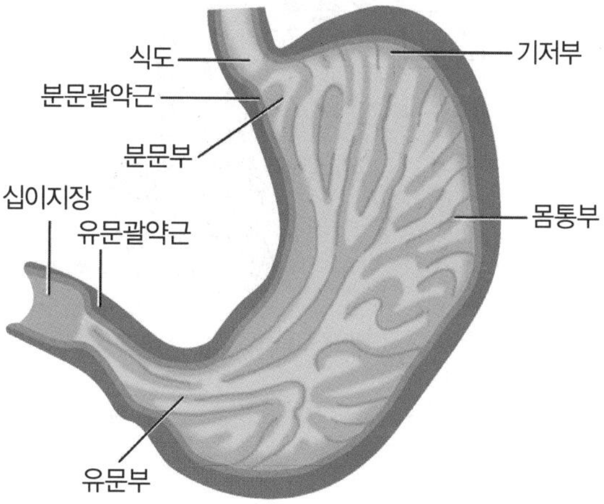

[그림 43] 위, 십이지장의 종단면 모습

4) 십이지장(Duodenum)

십이지장은 유문에서 시작되는 소장의 첫 부분이며 처음 오른쪽으로 향했다가 곧 후복방으로 구부러져 후방으로 곧게 달려 제6요추까지 가서 다시 앞쪽으로 구부러져 위를 향해 달린다. 처음 굽은 곳은 십이지장곡이며 거기서 후방으로 내려가는 부분이 하행십이지장이다.

5) 공장(Jejunum)

빈창자로 불리우는 공장은 나선을 형성하여 후복강의 배쪽에 위치한다.

6) 회장(Ileum)

회장은 소장의 마지막 부분으로 짧으며 대장부분과 잘록하게 연결되어 있으며, 공장과 회장과의 명확한 경계는 없다.

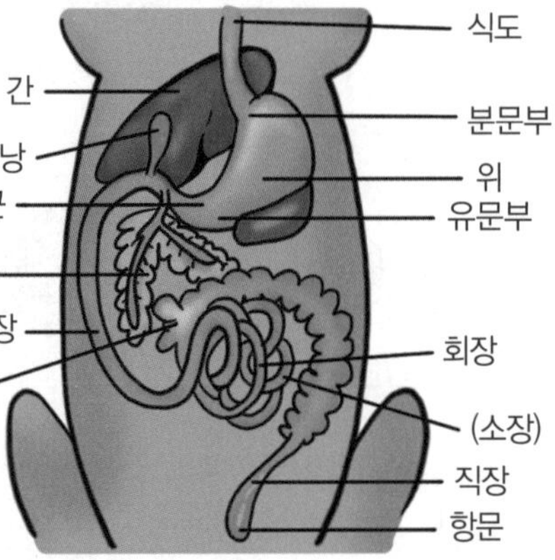

[그림 44] 소화기계의 모습

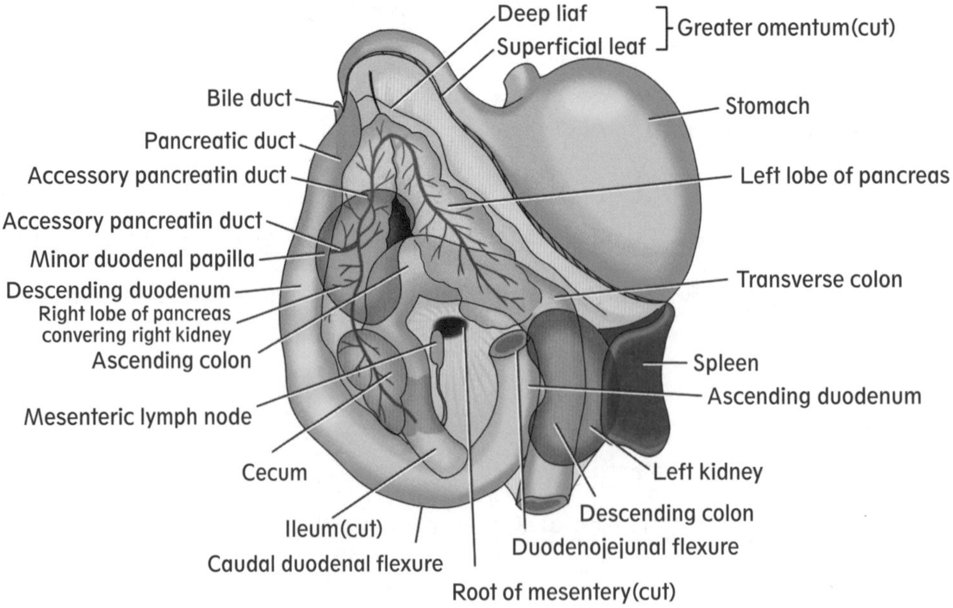

[그림 45] 위, 십이지장, 췌장, 맹장, 비장의 위치

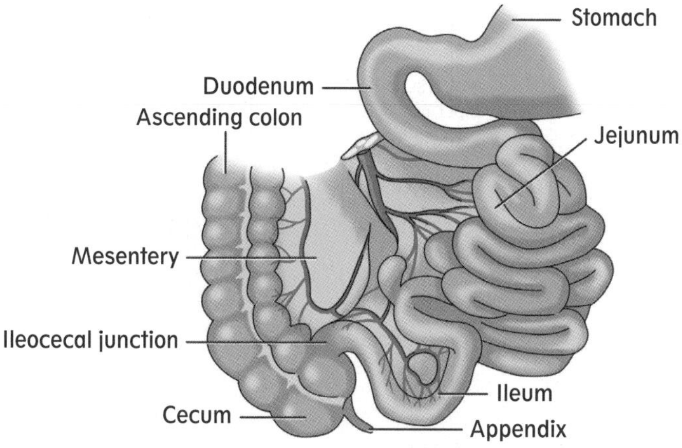

[그림 46] 소장의 위치

7) 맹장(Cecum)

대장의 일부인 맹장은 끝이 막혀 있는 'S'자 모양의 관으로 정중단면의 오른쪽에 있는 회장과 결장의 연접부에 있으며, 결장의 개구부와 연결되어 있다.

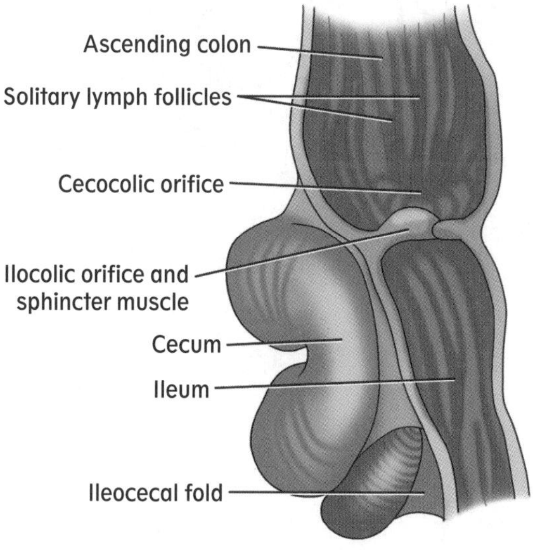

[그림 47] 회장, 맹장, 결장의 연결 부위

8) 결장(Colon)

결장은 복강 오른쪽을 따라 상행결장, 가로결장, 하행결장으로 구분된다.

9) 직장(Rectum)

하행결장은 골반입구를 지나가는 가로단면 위치에서 직장으로 이어지며, 항문으로 마무리 된다.

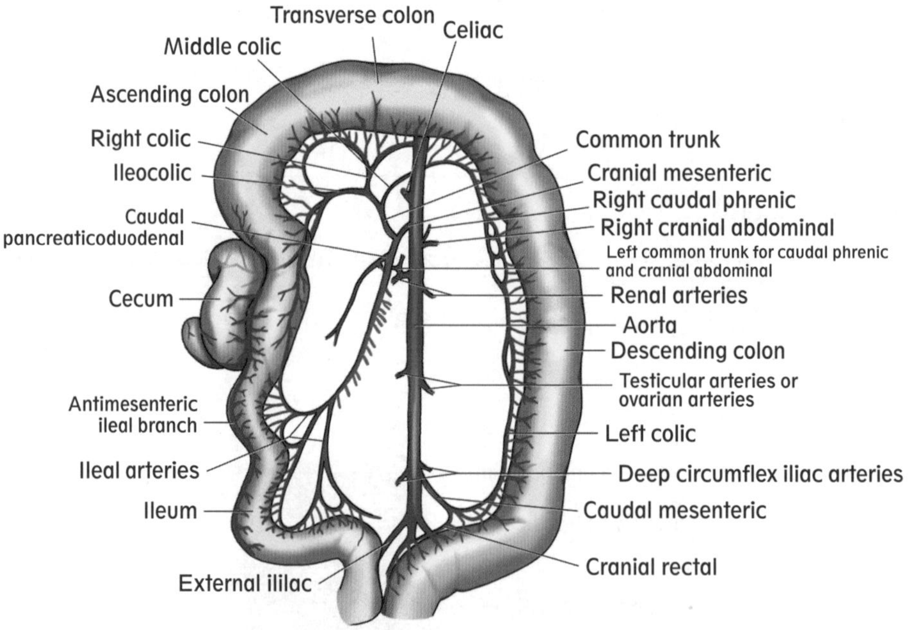

[그림 48] 대장의 연결 부위

10) 간(Liver)

간은 내부 장기 중에 가장 크며 횡격막과에 접해 있다. 간은 6개의 엽으로 되어 있으며, 내장면 왼쪽은 위, 비장과 접하고 오른쪽은 췌장, 오른쪽 신장, 십이지장 및 소장과 접해 있다. 일반적으로 간은 늑골 내에 위치하며 호흡운동에 따라 약간의 이동이 있다. 간의 오른쪽 중간엽(right medial lobe)에는 담낭이 위에 있다.

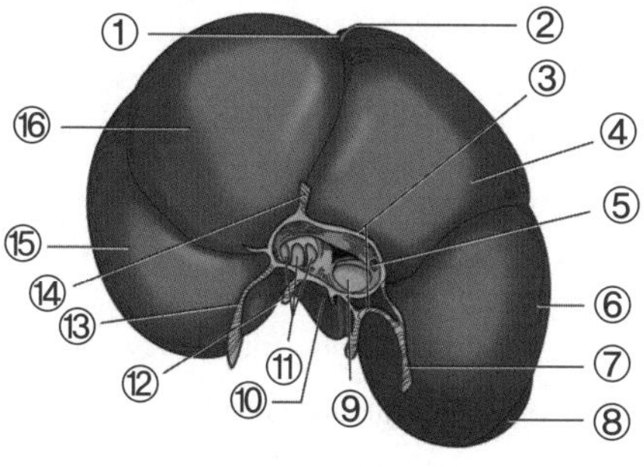

①	Quadrate lobe	②	Gallbaladder	③	Coronary ligament
④	Right medial lobe	⑤	Hepatic vein	⑥	Right lateral lobe
⑦	Right triangular ligament	⑧	Caudate process of caudate lobe	⑨	Caudal vena cava
⑩	Papillary process of caudate lobe	⑪	Hepatic veins	⑫	Lesser omentum
⑬	Left triangular ligament	⑭	Falciform ligament	⑮	Left lateral lobe
⑯	Left medial lobe				

[그림 49] 간의 횡격막 면

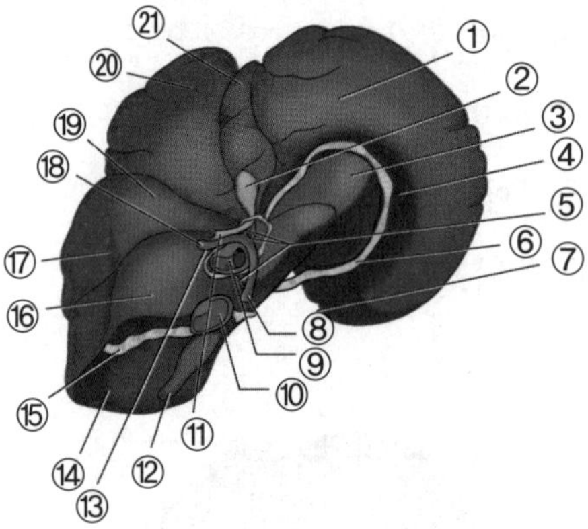

①	Left lateral lobe	②	Gallbladder	③	Papillary process of caudate lobe
④	Gastric impression	⑤	Hepatic branches	⑥	Lesser omentum
⑦	Left triangular ligament	⑧	Hepatic artery	⑨	Portal vein
⑩	Caudal vena cava	⑪	Bile duct	⑫	Right lateral lobe
⑬	Right gastric artery	⑭	Renal impression	⑮	Hepatorenal ligament
⑯	Caudate process of caudate lobe	⑰	Duodenal impression	⑱	Gastroduodenal artery
⑲	Right lateral lobe	⑳	Right medial lobe	㉑	Quadrate lobe

[그림 50] 간의 안쪽 면

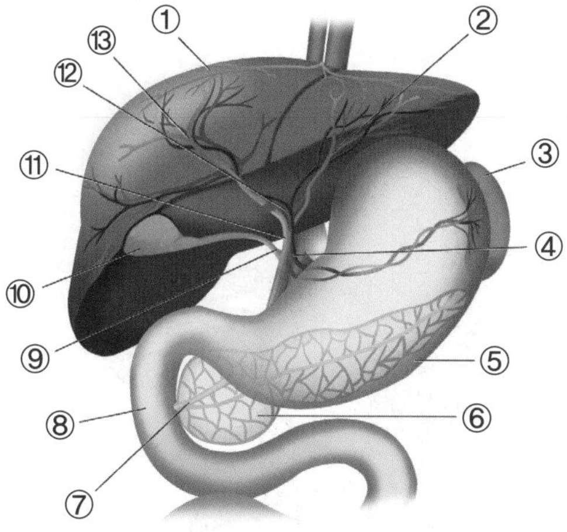

①	Liver	②	Left hepatic duct	③	Spleen
④	Hepatic artery	⑤	Stomach	⑥	Pancreas
⑦	Common bile duct	⑧	Doudenum (first past of small intestine)	⑨	Cystic duct
⑩	Gallbladder	⑪	Common hepatic duct	⑫	Hepatic portal vein
⑬	Right hepatic duct				

[그림 51] 간의 위치와 주변 장기의 명칭

11) 췌장(Pancreas)

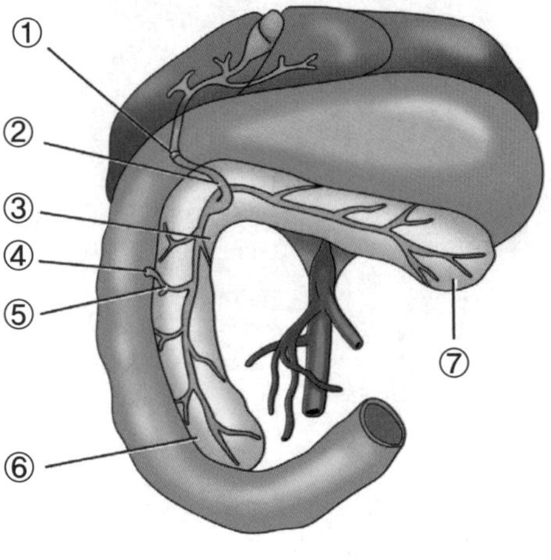

①	Major duodenal papilla	②	Pancreatic duct	③	Body of pancreas
④	Minor duodenal papilla	⑤	Accessory pancreatic duct	⑥	Right lobe of pancreas
⑦	Left lobe of pancreas				

[그림 52] 췌장의 구조와 명칭

췌장은 체부, 왼쪽 및 오른쪽엽으로 이루어져 있다. 체부는 위의 유문과 십이지장 연접부에 위치하고 왼쪽엽은 대망막낭의 등쪽 부분을 형성하는 복막층에서 위의 대만부를 따라 위치해 있다. 오른쪽엽은 십이지장간막 내의 하행십이지장 다음에 위치한다.

실전 핵심 문제

상 중 하

01 다음 중 소화기계(복강 내 장기)의 특징을 설명한 것은?

① 일반적으로 입에서부터 항문까지 구성된 장기들이다.

② 항응고 물질에 의한 지혈작용을 한다.

③ pH10으로 알칼리성을 유지하고 있다.

④ 세균에 대한 신체 방어 역할을 한다.

상 중 하

02 일반적으로 입에서부터 항문까지 구성된 장기들을 말하는 것은?

① 호흡기계 ② 생식기계

③ 소화기계 ④ 골격계

상 중 하

03 다음 중 혀(Tung)의 기능에 대하여 틀린 것은?

① 구조적으로 용상유두, 유곽유두, 엽상유두 등으로 이루어져 있다.

② 연하작용, 소화작용을 한다.

③ 호르몬을 분비한다.

④ 미각탐지 작용을 한다.

상 중 하

04 구조적으로 용상유두, 유곽유두, 엽상유두 등으로 이루어져 있으며, 연하작용, 소화작용 및 미각탐지 작용을 하는 소화기계의 구조물은?

① 식도 ② 위

③ 혀 ④ 입술

상 중 하

05 다음 식도(Esophagus)의 특징 중 맞는 것은?

① 푸른색 액상을 가지고 있다.

② 점섬을 가지고 있지 않다.

③ 산소에 의해 적색을 보인다.

④ 처음에는 기관의 등쪽에 위치해 이어지고 후반부에는 기관의 왼쪽을 따라 내려가 흉강에 들어간다.

상 중 하

06 다음 식도(Esophagus)의 특징 중 틀린 것은?

① 구조적으로 용상유두, 유곽유두, 엽상유두 등으로 이루어져 있다.

② 처음에는 기관의 등쪽에 위치해 이어진다.

③ 후반부에는 기관의 왼쪽을 따라 내려가 흉강에 들어간다.

④ 흉강으로 들어간 식도는 다시 기관의 등쪽으로 돌아 기관분지부의 후방에서 기관과 떨어져 종격흉막에 끼어 뒤쪽으로 이어져 횡격막식도공을 관통한다.

상 중 하

07 처음에는 기관의 등쪽에 위치해 이어지고 후반부에는 기관의 왼쪽을 따라 내려가 흉강에 들어간다. 위와 같은 설명 중 맞는 것은?

① 위　　② 식도

③ 혀　　④ 입술

실전 핵심 문제

상 중 하

08 **이것은 위치는 흉강으로 들어가 다시 기관의 등쪽으로 돌아 기관분지부의 후방에서 기관과 떨어져 종격흉막에 끼어 뒤쪽으로 이어져 횡격막식도공을 관통한다. 이것은 무엇인가?**

① 위　　② 혀
③ 식도　　④ 입술

상 중 하

09 **다음 위(Stomach)의 설명 중 틀린 것은?**

① 무색 투명의 무핵 세포이다.
② 위는 확장의 정도에 따라 위치가 다양하다.
③ 비어 있는 위는 9흉추와 1요추 사이인 간의 뒤쪽에서 늑골궁 안에 제10늑간과 평행하게 위치한다.
④ 위는 간의 표면과 접촉한다.

상 중 하

10 **이것은 간의 표면과 접촉한다. 확장의 정도에 따라 위치가 다양하다. 비어 있는 이것은 9흉추와 1요추 사이인 간의 뒤쪽에서 늑골궁 안에 제10늑간과 평행하게 위치한다. 이것은 무엇일까요?**

① 혀　　② 위
③ 식도　　④ 입술

상 중 하

11 **이것의 기저부는 정중선의 왼쪽에 있고 이것의 체부는 정중선에 위치하며, 이것의 유문부는 정중선의 오른쪽에 위치한다. 이것은 무엇일까요?**

① 간　　② 혀
③ 식도　　④ 위

실전 핵심 문제

상 중 하

12 다음 위(Stomach)의 설명 중 틀린 것은?

① 위는 폐와 접촉을 한다.

② 위는 확장의 정도에 따라 위치가 다양하다.

③ 비어 있는 위는 9흉추와 1요추 사이인 간의 뒤쪽에서 늑골궁 안에 제10늑간과 평행하게 위치한다.

④ 위의 기저부는 정중선의 왼쪽에 있고 위의 체부는 정중선에 위치한다.

상 중 하

13 십이지장(Duodenum)의 특징중 틀린 것은?

① 비어 있는 십이지장은 9흉추와 1요추 사이인 간의 뒤쪽에서 늑골궁 안에 제10늑간과 평행하게 위치한다.

② 처음 오른쪽으로 향했다가 곧 후복방으로 구부러져 후방으로 곧게 달려 제6요추까지 가서 다시 앞쪽으로 구부러져 위를 향해 달린다.

③ 처음 굽은 곳은 십이지장곡이며 거기서 후방으로 내려가는 부분이 하행십이지장이다.

④ 십이지장은 유문에서 시작되는 소장의 첫 부분이다.

상 중 하

14 유문에서 시작되는 소장의 첫 부분이며 처음 오른쪽으로 향했다가 곧 후복방으로 구부러져 후방으로 곧게 달려 제6요추까지 가서 다시 앞쪽으로 구부러져 위를 향해 달린다. 처음 굽은 곳은 십이지장곡이라고 한다. 이 설명의 맞는 소화기계의 장기는?

① 공장(Jejunum)

② 위(Stomach)

③ 식도(Esophagus)

④ 십이지장(Duodenum)

실전 핵심 문제

상 중 하

15 십이지장(Duodenum)의 특징 중 맞는 것은?

① 십이지장은 확장의 정도에 따라 위치가 다양하다.

② 비어 있는 십이지장은 9흉추와 1요추 사이인 간의 뒤쪽에서 늑골궁 안에 제10늑간과 평행하게 위치한다.

③ 십이지장의 기저부는 정중선의 왼쪽에 있고 위의 체부는 정중선에 위치한다.

④ 처음 굽은 곳은 십이지장곡이며 거기서 후방으로 내려가는 부분이다.

상 중 하

16 빈창자로 불리우는 이것은 나선을 형성하여 후복강의 배쪽에 위치한다. 이것은 무엇인가요?

① 공장(Jejunum)

② 위(Stomach)

③ 식도(Esophagus)

④ 십이지장(Duodenum)

상 중 하

17 공장(Jejunum)의 설명 중 맞는 것은?

① 빈창자로 불리우는 공장은 나선을 형성하여 후복강의 배쪽에 위치한다.

② 비어 있는 공장은 9흉추와 1요추 사이인 간의 뒤쪽에서 늑골궁 안에 제10늑간과 평행하게 위치한다.

③ 공장의 기저부는 정중선의 왼쪽에 있고 위의 체부는 정중선에 위치한다.

④ 처음 굽은 곳은 공장곡이며 거기서 후방으로 내려가는 부분이다.

상 중 하

18 소장의 마지막 부분으로 짧으며 대장부분과 잘록하게 연결되어 있으며, 공장의 명확한 경계는 없는 것을 고르세요.

① 공장(Jejunum)

② 위(Stomach)

③ 회장(Ileum)

④ 십이지장(Duodenum)

상 중 하

19 회장(Ileum)의 설명 중 맞는 것은?

① 회장은 소장의 마지막 부분으로 짧다.

② 빈창자로 불리우는 공장은 나선을 형성하여 후복강의 배쪽에 위치한다.

③ 비어 있는 공장은 9흉추와 1요추 사이인 간의 뒤쪽에서 늑골궁 안에 제10늑간과 평행하게 위치한다.

④ 공장의 기저부는 정중선의 왼쪽에 있고 위의 체부는 정중선에 위치한다.

상 중 하

20 회장(Ileum)의 설명 중 맞는 것은?

① 빈창자로 불리우는 공장은 나선을 형성하여 후복강의 배쪽에 위치한다.

② 비어 있는 공장은 9흉추와 1요추 사이인 간의 뒤쪽에서 늑골궁 안에 제10늑간과 평행하게 위치한다.

③ 공장의 기저부는 정중선의 왼쪽에 있고 위의 체부는 정중선에 위치한다.

④ 대장부분과 잘록하게 연결되어 있으며, 공장과의 명확한 경계는 없다.

상 중 하

21 공장(Jejunum)의 설명 중 맞는 것은?

① 빈창자로 불리우는 공장은 나선을 형성하여 후복강의 배쪽에 위치한다.

② 비어 있는 공장은 9흉추와 1요추 사이인 간의 뒤쪽에서 늑골궁 안에 제10늑간과 평행하게 위치한다.

③ 공장의 기저부는 정중선의 왼쪽에 있고 위의 체부는 정중선에 위치한다.

④ 처음 굽은 곳은 공장곡이며 거기서 후방으로 내려가는 부분이다.

실전 핵심 문제

상 중 하

22 소장의 마지막 부분으로 짧으며 대장부분과 잘록하게 연결되어 있으며, 공장의 명확한 경계는 없는 것을 고르세요.

① 공장(Jejunum) ② 위(Stomach)

③ 회장(Ileum) ④ 십이지장(Duodenum)

상 중 하

23 회장(Ileum)의 설명 중 맞는 것은?

① 회장은 소장의 마지막 부분으로 짧다.

② 빈창자로 불리우는 공장은 나선을 형성하여 후복강의 배쪽에 위치한다.

③ 비어 있는 공장은 9흉추와 1요추 사이인 간의 뒤쪽에서 늑골궁 안에 제10늑간과 평행하게 위치한다.

④ 공장의 기저부는 정중선의 왼쪽에 있고 위의 체부는 정중선에 위치한다.

상 중 하

24 회장(Ileum)의 설명 중 맞는 것은?

① 빈창자로 불리우는 공장은 나선을 형성하여 후복강의 배쪽에 위치한다.

② 비어 있는 공장은 9흉추와 1요추 사이인 간의 뒤쪽에서 늑골궁 안에 제10늑간과 평행하게 위치한다.

③ 공장의 기저부는 정중선의 왼쪽에 있고 위의 체부는 정중선에 위치한다.

④ 대장부분과 잘록하게 연결되어 있으며, 공장과의 명확한 경계는 없다.

상 중 하

25 대장의 일부인 이것은 끝이 막혀 있는 'S'자 모양의 관으로 정중단면의 오른쪽에 있는 회장과 결장의 연접부에 있으며, 결장의 개구부와 연결되어 있다. 이것은 무엇일까요?

① 맹장(Cecum) ② 위(Stomach)

③ 회장(Ileum) ④ 십이지장(Duodenum)

상 중 하

26 맹장(Cecum)의 설명 중 맞는 것은?

① 대장의 일부인 맹장은 끝이 막혀 있는 'S'자 모양의 관이다.

② 비어 있는 공장은 9흉추와 1요추 사이인 간의 뒤쪽에서 늑골궁 안에 제10늑간과 평행하게 위치한다.

③ 공장의 기저부는 정중선의 왼쪽에 있고 위의 체부는 정중선에 위치한다.

④ 처음 굽은 곳은 공장곡이며 거기서 후방으로 내려가는 부분이다.

상 중 하

27 맹장(Cecum)의 설명 중 맞는 것은?

① 빈창자로 불리우는 공장은 나선을 형성하여 후복강의 배쪽에 위치한다.

② 비어 있는 공장은 9흉추와 1요추 사이인 간의 뒤쪽에서 늑골궁 안에 제10늑간과 평행하게 위치한다.

③ 공장의 기저부는 정중선의 왼쪽에 있고 위의 체부는 정중선에 위치한다.

④ 정중단면의 오른쪽에 있는 회장과 결장의 연접부에 있으며, 결장의 개구부와 연결되어 있다.

상 중 하

28 결장(Colon)의 설명 중 맞는 것은?

① 정중단면의 오른쪽에 있는 회장과 결장의 연접부에 있다.

② 대장의 일부인 맹장은 끝이 막혀 있는 'S'자 모양의 관이다.

③ 결장의 개구부와 연결되어 있다.

④ 복강 오른쪽을 따라 상행결장, 가로결장, 하행결장으로 구분된다.

상 중 하

29 이것은 복강 오른쪽을 따라 상행결장, 가로결장, 하행결장으로 구분된다. 이것은 무엇일까요?

① 결장(Colon) ② 맹장(Cecum)

③ 회장(Ileum) ④ 십이지장(Duodenum)

상 중 하

30 하행결장은 골반입구를 지나가는 가로단면 위치에서 이것으로 이어지며, 항문으로 마무리 된다. 이것은 무엇일까요?

① 결장(Colon) ② 맹장(Cecum)

③ 회장(Ileum) ④ 직장(Rectum)

상 중 하

31 직장(Rectum)의 대한 설명 중 맞는 것은?

① 하행결장은 골반입구를 지나가는 가로단면 위치에서 직장으로 이어지며, 항문으로 마무리 된다.

② 대장의 일부인 직장은 끝이 막혀 있는 'S'자 모양의 관이다.

③ 결장의 개구부와 연결되어 있다.

④ 대장부분과 잘록하게 연결되어 있으며, 공장과의 명확한 경계는 없다.

상 중 하

32 직장의 대한 설명 중 틀린 것은?

① 의학용어로 Rectum이라고 한다.

② 소화기계의 마지막에 해당한다.

③ 하행결장은 골반입구를 지나가는 가로단면 위치에서 직장으로 이어지며, 항문으로 마무리 된다.

④ 대장부분과 잘록하게 연결되어 있으며, 공장과의 명확한 경계는 없다.

실전 핵심 문제

상 중 하

33 결장(Colon)의 설명 중 맞는 것은?

① 정중단면의 오른쪽에 있는 회장과 결장의 연접부에 있다.

② 대장의 일부인 맹장은 끝이 막혀 있는 'S'자 모양의 관이다.

③ 결장의 개구부와 연결되어 있다.

④ 복강 오른쪽을 따라 상행결장, 가로결장, 하행결장으로 구분된다.

상 중 하

34 이것은 복강 오른쪽을 따라 상행결장, 가로결장, 하행결장으로 구분된다. 이것은 무엇일까요?

① 결장(Colon)   ② 맹장(Cecum)

③ 회장(Ileum)   ④ 십이지장(Duodenum)

상 중 하

35 하행결장은 골반입구를 지나가는 가로단면 위치에서 이것으로 이어지며, 항문으로 마무리 된다. 이것은 무엇일까요?

① 결장(Colon)   ② 맹장(Cecum)

③ 회장(Ileum)   ④ 직장(Rectum)

상 중 하

36 직장(Rectum)의 대한 설명 중 맞는 것은?

① 하행결장은 골반입구를 지나가는 가로단면 위치에서 직장으로 이어지며, 항문으로 마무리 된다.

② 대장의 일부인 직장은 끝이 막혀 있는 'S'자 모양의 관이다.

③ 결장의 개구부와 연결되어 있다.

④ 대장부분과 잘록하게 연결되어 있으며, 공장과의 명확한 경계는 없다.

실전 핵심 문제

상 중 하

37 직장의 대한 설명 중 틀린 것은?

① 의학용어로 Rectum이라고 한다.

② 소화기계의 마지막에 해당한다.

③ 하행결장은 골반입구를 지나가는 가로단면 위치에서 직장으로 이어지며, 항문으로 마무리 된다.

④ 대장부분과 잘록하게 연결되어 있으며, 공장과의 명확한 경계는 없다.

상 중 하

38 간(Liver)의 설명 중 틀린 것은?

① 내부 장기 중에 가장 크며 횡격막과에 접해 있다.

② 6개의 엽으로 되어 있으며, 내장면 왼쪽은 위, 비장과 접하고 오른쪽은 췌장, 오른쪽 신장, 십이지장 및 소장과 접해 있다.

③ 일반적으로 간은 늑골 내에 위치하며 호흡운동에 따라 약간의 이동이 있다.

④ 복강 오른쪽을 따라 상행결장, 가로결장, 하행결장으로 구분된다.

상 중 하

39 간(Liver)의 설명 중 틀린 것은?

① 간의 왼쪽쪽 우측엽(right medial lobe)에는 담낭이 위에 있다.

② 내부 장기 중에 가장 크며 횡격막과에 접해 있다.

③ 6개의 엽으로 되어 있으며, 내장면 왼쪽은 위, 비장과 접하고 오른쪽은 췌장, 오른쪽 신장, 십이지장 및 소장과 접해 있다.

④ 일반적으로 간은 늑골 내에 위치하며 호흡운동에 따라 약간의 이동이 있다.

실전 핵심 문제

상 중 하

40 6개의 엽으로 되어 있으며, 내장면 왼쪽은 위, 비장과 접하고 오른쪽은 췌장, 오른쪽 신장, 십이지장 및 소장과 접해 있다. 이것은 소화기계의 장기 중 무엇일까요?

① 결장(Colon) ② 맹장(Cecum)

③ 회장(Ileum) ④ 간(Liver)

상 중 하

41 이것은 내부 장기 중에 가장 크며 횡격막과에 접해 있다. 일반적으로 이것은 늑골 내에 위치하며 호흡운동에 따라 약간의 이동이 있다. 이것의 오른쪽 중간엽(right medial lobe)에는 담낭이 위에 있다. 이것은 무엇일까요?

① 간(Liver) ② 맹장(Cecum)

③ 회장(Ileum) ④ 직장(Rectum)

상 중 하

42 간(Liver)의 설명 중 맞는 것은?

① 간의 왼쪽쪽 우측엽(right medial lobe)에는 담낭이 위에 있다.

② 복강 오른쪽을 따라 상행결장, 가로결장, 하행결장으로 구분된다.

③ 하행결장은 골반입구를 지나가는 가로단면 위치에서 직장으로 이어지며, 항문으로 마무리 된다.

④ 일반적으로 늑골 내에 위치하며 호흡운동에 따라 약간의 이동이 있다.

상 중 하

43 이것은 체부, 왼쪽 및 오른쪽엽으로 이루어져 있다. 체부는 위의 유문과 십이지장 연접부에 위치하고 있다. 이것은 무엇인가요?

① 간 ② 위

③ 식도 ④ 췌장

상 중 하

44 다음 췌장(Pancreas)의 설명 중 틀린 것은?

① 췌장은 체부, 왼쪽 및 오른쪽엽으로 이루어져 있다.

② 체부는 위의 유문과 십이지장 연접부에 위치한다.

③ 왼쪽엽은 대망막낭의 등쪽 부분을 형성하는 복막층에서 위의 대만부를 따라 위치해 있다.

④ 췌장은 간의 표면과 접촉한다.

상 중 하

45 다음 췌장(Pancreas)의 설명 중 틀린 것은?

① 일반적으로 늑골 내에 위치하며 호흡운동에 따라 약간의 이동이 있다.

② 췌장은 체부, 왼쪽 및 오른쪽엽으로 이루어져 있다.

③ 체부는 위의 유문과 십이지장 연접부에 위치한다.

④ 왼쪽엽은 대망막낭의 등쪽 부분을 형성하는 복막층에서 위의 대만부를 따라 위치해 있다.

상 중 하

46 다음 췌장(Pancreas)의 설명 중 틀린 것은?

① 체부는 위의 유문과 십이지장 연접부에 위치한다.

② 췌장은 유문에서 시작되는 소장의 첫 부분이다.

③ 왼쪽엽은 대망막낭의 등쪽 부분을 형성하는 복막층에서 위의 대만부를 따라 위치해 있다.

④ 오른쪽엽은 십이지장간막 내에 하행십이지장 다음에 위치한다.

상 중 하

47 다음 췌장(Pancreas)의 설명 중 맞는 것은?

① 췌장은 체부, 왼쪽 및 오른쪽엽으로 이루어져 있다.

② 처음 오른쪽으로 향했다가 곧 후복방으로 구부러져 후방으로 곧게 달려 제6요추까지 가서 다시 앞쪽으로 구부러져 위를 향해 달린다.

③ 일반적으로 늑골 내에 위치하며 호흡운동에 따라 약간의 이동이 있다.

④ 십이지장은 유문에서 시작되는 소장의 첫 부분이다.

상 중 하

48 이것은 왼쪽엽은 대망막낭의 등쪽 부분을 형성하는 복막층에서 위의 대만부를 따라 위치해 있다. 오른쪽엽은 십이지장간막 내에 하행십이지장 다음에 위치한다. 이것은 무엇일까요?

① 간 ② 위

③ 식도 ④ 췌장

정답

1. ① 2. ③ 3. ③ 4. ③ 5. ④ 6. ① 7. ② 8. ③ 9. ① 10. ② 11. ④ 12. ① 13. ①
14. ④ 15. ④ 16. ① 17. ① 18. ③ 19. ① 20. ④ 21. ① 22. ③ 23. ① 24. ④ 25. ①
26. ① 27. ④ 28. ④ 29. ① 30. ④ 31. ① 32. ④ 33. ④ 34. ① 35. ④ 36. ① 37. ④
38. ④ 39. ① 40. ④ 41. ① 42. ④ 43. ④ 44. ④ 45. ① 46. ② 47. ① 48. ④

6 비뇨생식기계

1) 암(Female)

암컷의 비뇨생식기관은 신장, 요관, 방광, 요도, 난소, 난관, 자궁, 질, 질전정 및 부속생식샘으로 이루어져있다. 오른쪽 신장은 열두 번째 흉추골과 두 번째 요추골 사이의 등쪽면에 위치한다. 왼쪽 신장은 약간 뒤쪽인 열세 번째 흉추골과 셋째 요추골 사이의 배쪽면에 자리잡고 있다. 고양이의 신장은 제2~4 요추골 사이에 있다. 요관에 의해 신장과 연결된 방광은 팽창성이 많은 요저장 기관이다. 방광은 요가 비워진 상태에서는 골반강에, 충만된 상태에서는 복강의 정중선에 위치한다. 요관은 방광경에 요관구를 만들고 방광의 평활근은 요관에 대하여 생리적인 괄약근과 같은 작용을 한다. 방광삼각은 방광의 등쪽면에 개

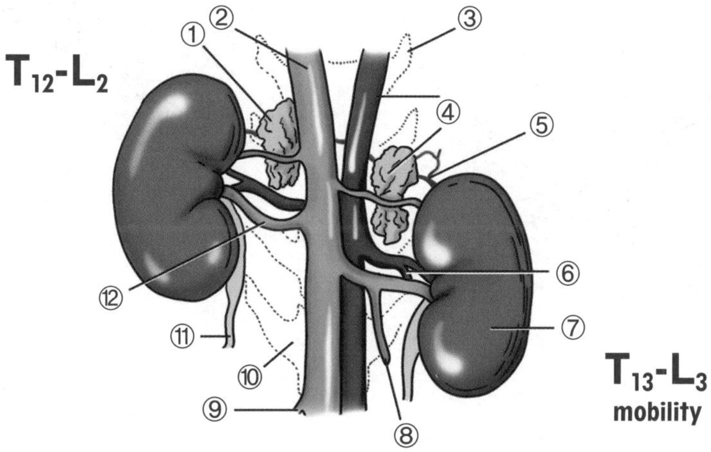

①	Adrenal gland	②	Caudal vena cava	③	1st lumbar transverse process
④	Aorta	⑤	Common trunk : caudal phrenic artery, cranial abdominal artery	⑥	Renal artery
⑦	Left kidney	⑧	Testicular vein	⑨	Testicular vein
⑩	4th lumbar vertebra	⑪	Ureter	⑫	Renal vein

[그림 53] 양쪽 신장과 부신의 모식도

구된 요관구 주변에서 융기된 요도능을 포함한 융기조직간 영역이다. 요도는 방광에서 질까지의 도관이며 요도의 평활근은 기능적인 괄약근이다.

두 개의 음순을 개방하면 음문 사이가 질전정이며 질전정의 배쪽 바닥에는 음핵을 포함하는 음핵와가 있다. 요도결절은 질전정과 질의 연접부의 바닥에 위치한다. 좌골궁 위치에 개구되어 있는 요도를 지나면 큰 세로로 된 점막주름의 질은 자궁경과 연결된다.

자궁경은 질의 앞쪽 범위와 자궁체와 연결되는 관으로 연골상의 조직으로 형성되어 있고 축소된 작은 관이다. 경관은 외부로부터 이물의 침입을 방지하기 위하여 발정 시 이외에는 굳게 폐쇄되어 있으나 발정시에는 이완되어 정자의 상행을 유도한다.

자궁체는 다시 좌우 두 개의 자궁각으로 갈라져 각각 독립된 난소를 갖는다.

요도는 골반강을 거쳐 요도결절에 있는 외부 입구로부터 방광으로 통과한다.

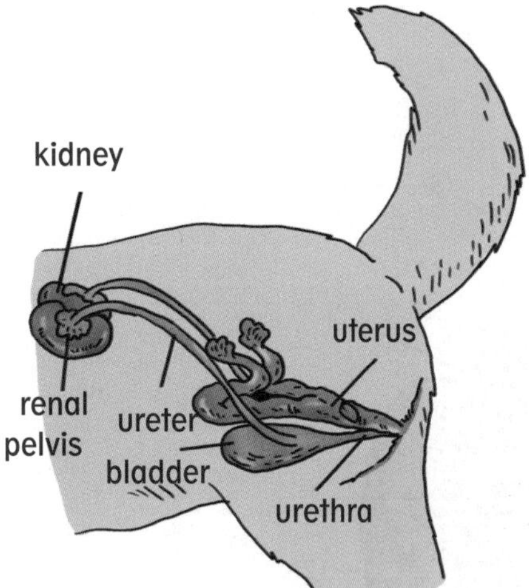

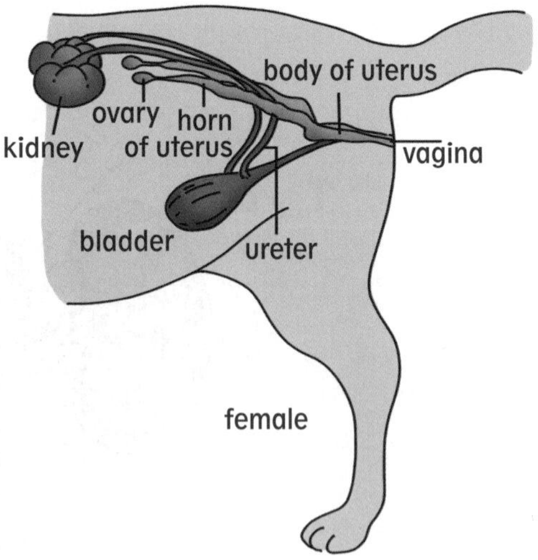

[그림 54] 암컷 비뇨기계의 구성(좌: 개, 우: 고양이)

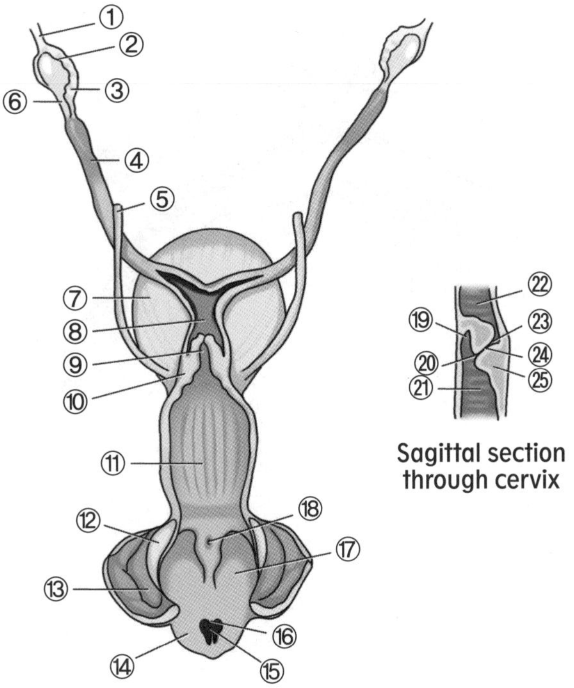

①	Suspensory ligament of ovary	②	Uterine tube	③	Mesosalpinx
④	Left uterine horn	⑤	Ureter	⑥	Proper ligament of ovary
⑦	Bladder	⑧	Body of uterus	⑨	Cervical canal
⑩	Cervix	⑪	Vagina	⑫	Vestibular bulb
⑬	Constrictor vestibuli	⑭	Labium	⑮	Fossa clitoridis
⑯	Clitoris	⑰	Vestibule	⑱	Urethral opening
⑲	Fornix	⑳	External uterine orifice	㉑	Vagina
㉒	Body of uterus	㉓	Internal uterine orifice	㉔	Cervical canal
㉕	Cervix				

[그림 55] 암컷 생식기의 절개 모식도

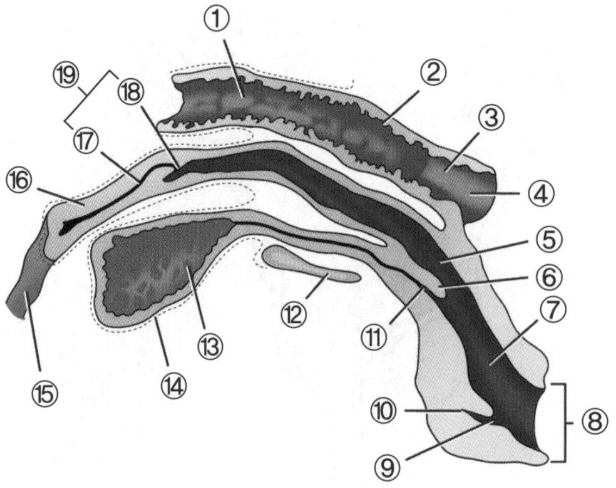

①	Colon	②	Rectum	③	Anal canal
④	Opening of paranal sinus	⑤	Vagina	⑥	Urethral tubercle
⑦	Vestibule	⑧	Vulva	⑨	Fossa for clitoris
⑩	Clitoris	⑪	Urethra	⑫	Pelvic symphysis
⑬	Bladder	⑭	Visceral penitoneum	⑮	Right hom of uterus
⑯	Body of uterus	⑰	Internal uterine ostium	⑱	External uterine ostium
⑲	Cervix				

[그림 56] 암컷 골반능 위치의 종단면 모식도

2) 수컷(Male)

수컷의 비뇨생식기관은 포피, 음경, 요도, 음경골, 음낭, 정소, 정소상체, 정삭, 정관, 전립선, 방광 및 신장을 포함한다.

요도는 골반부와 해면체부로 구분되며 골반부는 전립선부이고 해면체부는 골반강 외부에 위치한 부분이다. 특히 수컷의 음경은 음경골을 가지고 있다.

음낭은 정중 중격에 의해 두 개의 공간으로 나누어지며 각각의 공간에 고환, 정소상체, 정관 위치해 있다.

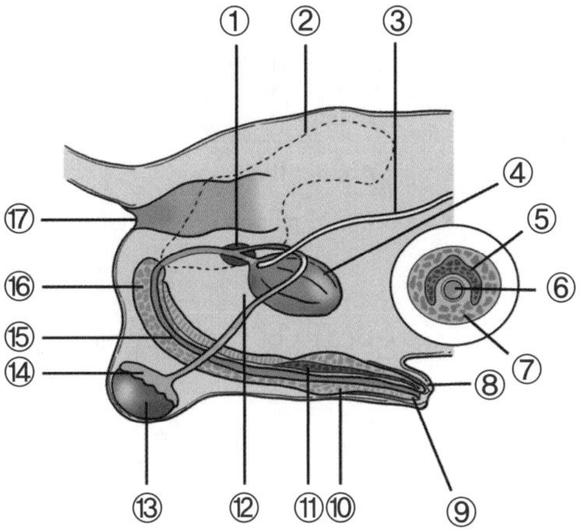

①	Prostate	②	Outline of pelvic girdle	③	Ureter
④	Bladder	⑤	Os penis	⑥	Urethra
⑦	Glans penis	⑧	Prepuce	⑨	Glans penis
⑩	Bulb of glans penis	⑪	Os penis	⑫	Deferent duct
⑬	Testis in scrotum	⑭	Epiddymis	⑮	Urethra
⑯	Root of penis	⑰	Anus		

[그림 57] 수컷 골반능 위치의 종단면 모식도

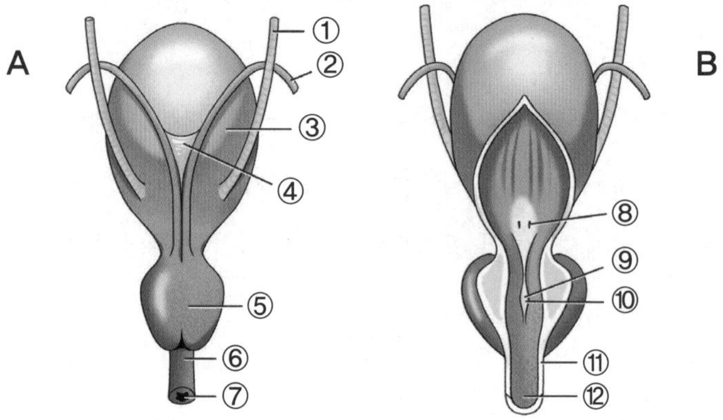

①	Ureter	②	Ductus deferens	③	Bladder
④	Genital fold	⑤	Prostate	⑥	Urethral muscle
⑦	Urethra	⑧	Ureteral orifice	⑨	Orifices of deferent ducts
⑩	Colliculus seminalis	⑪	Urethral muscle	⑫	Urethra
⑬	Trigone				

[그림 58] 방광, 전립선의 구조와 위치. 등쪽면(A), 배쪽면(B)

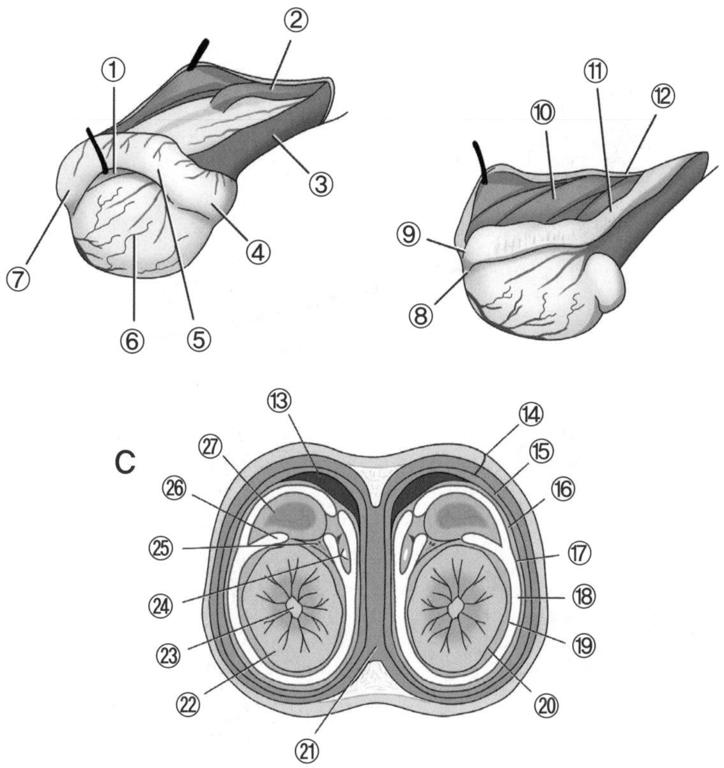

①	Testicular bursa	②	Cremaster	③	Pampiniform plexus of veins
④	Head of epididymis	⑤	Body of epididymis	⑥	Testis
⑦	Tail of epididymis	⑧	Proper ligament of testis	⑨	Ligament of tail of epididymis
⑩	Cremaster	⑪	Ductus deferens	⑫	Parietal vaginal tunic
⑬	Cremaster	⑭	Skin and dartos	⑮	External spermatic fascia
⑯	Internal spermatic fascia	⑰	Parietal vaginal tunic	⑱	Vaginal cavity
⑲	Visceral vaginal tunic	⑳	Tunica albuginea	㉑	Scrotal septum
㉒	Testis	㉓	Mediastinum of testis	㉔	Ductus deferens and deferential artery and vein
㉕	Blood vessels nerves, and lymphatics	㉖	Testicular bursa	㉗	Epididymis

[그림 59] 고환과 주변의 구조물 및 횡단면(C)

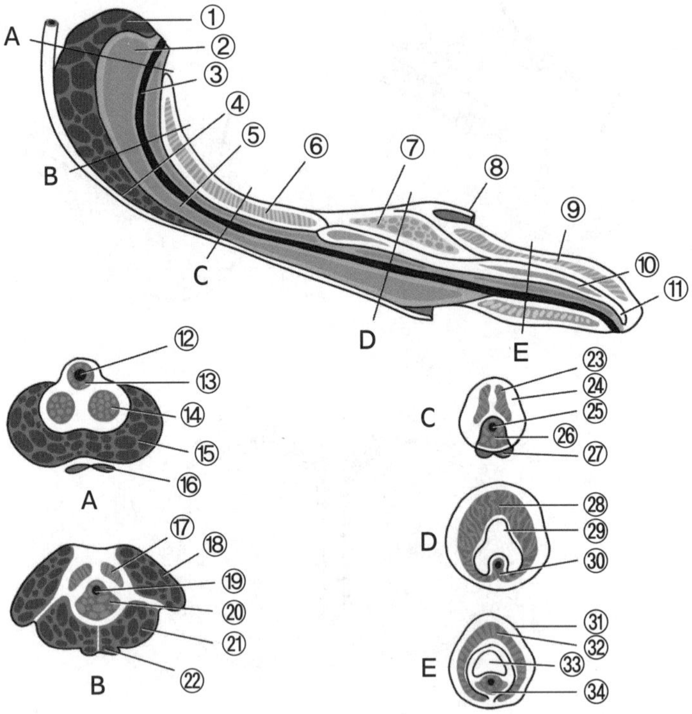

①	Bulbospongiosus	②	Bulb of penis	③	Urethra
④	Retractor penis	⑤	Corpus spongiosum penis	⑥	Corpus cavernosum penis
⑦	Bulus glandis	⑧	Prepuce	⑨	Pars longa glandis
⑩	Os penis	⑪	Fibrocartilaginous end of os penis	⑫	Urethra
⑬	Corpus spongiosum	⑭	Bulb of penis	⑮	Bulbospongiosus
⑯	Retractor penis	⑰	Crus of corpus cavernosum	⑱	Ischiocavernosus
⑲	Urethra	⑳	Corpus spongiosum	㉑	Bulbospongiosus
㉒	Retractor penis	㉓	Corpus cavernosum	㉔	Tunica albuginea
㉕	Urethra	㉖	Corpus spongiosum	㉗	Retractor penis
㉘	Bulbus glandis	㉙	Os penis	㉚	Anastomosis of bulbus glandis and corpus spongiosum
㉛	Squamous epithelium	㉜	Pars longa glandis	㉝	Os penis
㉞	Corpus spongiosum				

[그림 60] 음경의 종단면 및 위치별 횡단면

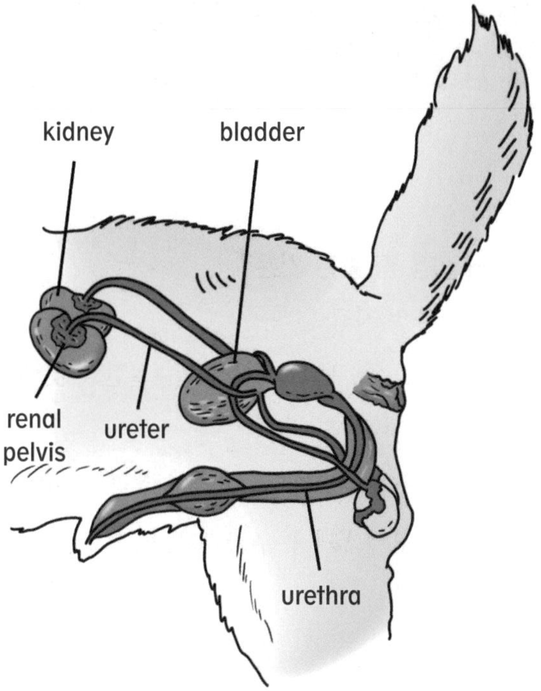

[그림 61] 개의 요도구멍

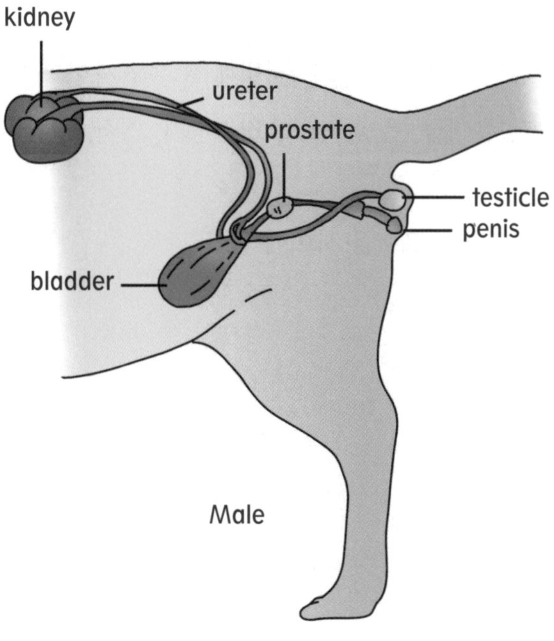

[그림 62] 고양이의 요도구멍

상 중 하

01 암컷의 비뇨생식기관의 설명 중 틀린 것은?

① 수컷의 음경은 음경골을 가지고 있다.

② 신장, 요관, 방광, 요도, 난소, 난관, 자궁, 질, 질전정 및 부속생식샘으로 이루어져 있다.

③ 오른쪽 신장은 열두 번째 흉추골과 두 번째 요추골 사이의 등쪽면에 위치한다.

④ 왼쪽 신장은 약간 뒤쪽인 열셋째 흉추골과 셋째 요추골 사이의 배쪽면에 자리잡고 있다.

상 중 하

02 암컷의 비뇨생식기관의 설명 중 틀린 것은?

① 신장, 요관, 방광, 요도, 난소, 난관, 자궁, 질, 질전정 및 부속생식샘으로 이루어져 있다.

② 오른쪽 신장은 열두 번째 흉추골과 두 번째 요추골 사이의 등쪽면에 위치한다.

③ 포피, 음경, 요도, 음경골, 음낭, 정소, 정소상체, 정삭, 정관, 전립선, 방광 및 신장을 포함한다.

④ 고양이의 신장은 제2~4 요추골 사이에 있다.

실전 핵심 문제

상 중 하

03 암컷의 비뇨생식기관의 설명 중 틀린 것은?

① 오른쪽 신장은 열두 번째 흉추골과 두 번째 요추골 사이의 등쪽면에 위치한다.

② 왼쪽 신장은 약간 뒤쪽인 열셋째 흉추골과 셋째 요추골 사이의 배쪽면에 자리잡고 있다.

③ 음낭은 정중 중격에 의해 두 개의 공간으로 나누어지며 각각의 공간에 고환, 정소상체, 정관 위치해 있다.

④ 두 개의 음순을 개방하면 음문 사이가 질전정이며 질전정의 배쪽 바닥에는 음핵을 포함하는 음핵와가 있다.

상 중 하

04 암컷의 비뇨생식기관의 설명 중 틀린 것은?

① 좌골궁 위치에 개구되어 있는 요도를 지나면 큰 세로로 된 점막주름의 질은 자궁경과 연결된다.

② 신장, 요관, 방광, 요도, 난소, 난관, 자궁, 질, 질전정 및 부속생식샘으로 이루어져 있다.

③ 요도는 골반부와 해면체부로 구분되며 골반부는 전립선부이고 해면체부는 골반강 외부에 위치한 부분이다.

④ 요도는 방광에서 질까지의 도관으로 요도의 평활근은 기능적인 괄약근이다.

상 중 하

05 오른쪽 이것은 열두 번째 흉추골과 두 번째 요추골 사이의 등쪽면에 위치한다. 왼쪽 이것은 약간 뒤쪽인 열셋째 흉추골과 셋째 요추골 사이의 배쪽면에 자리잡고 있다. 고양이의 이것은 제2~4 요추골 사이에 있다. 이것은 무엇일까요?

① 요관 ② 방광

③ 자궁 ④ 신장

상 중 하

06 두 개의 음순을 개방하면 음문 사이가 질전정이며 질전정의 배쪽 바닥에는 음핵을 포함하는 음핵와가 있다. 요도결절은 질전정과 질의 연접부의 바닥에 위치한다. 좌골궁 위치에 개구되어 있는 요도를 지나면 큰 세로로 된 점막주름의 질은 자궁경과 연결된다. 이것은 무엇을 설명하는 것일까요?

① 소화기계　　② 호흡기계
③ 비뇨기계　　④ 골격계

상 중 하

07 암컷의 비뇨생식기관을 이루는 것이 아닌 것은?

① 난관　　② 요관
③ 질전정　　④ 음경골

상 중 하

08 수컷의 비뇨생식기관의 설명 중 틀린 것은?

① 수컷의 음경은 음경골을 가지고 있다.
② 포피, 음경, 요도, 음경골, 음낭, 정소, 정소상체, 정삭, 정관, 전립선, 방광 및 신장을 포함한다.
③ 요도는 골반부와 해면체부로 구분되며 골반부는 전립선부이고 해면체부는 골반강 외부에 위치한 부분이다.
④ 요도는 방광에서 질까지의 도관으로 요도의 평활근은 기능적인 괄약근이다.

상 중 하

09 수컷의 비뇨생식기관의 설명 중 틀린 것은?

① 신장, 요관, 방광, 요도, 난소, 난관, 자궁, 질, 질전정 및 부속생식샘으로 이루어져 있다.

② 음낭은 정중 중격에 의해 두 개의 공간으로 나누어지며 각각의 공간에 고환, 정소상체, 정관 위치해 있다.

③ 수컷의 음경은 음경골을 가지고 있다.

④ 포피, 음경, 요도, 음경골, 음낭, 정소, 정소상체, 정삭, 정관, 전립선, 방광 및 신장을 포함한다.

상 중 하

10 수컷의 비뇨생식기관을 이루는 것이 아닌 것은?

① 음경골　　② 정소

③ 정삭　　④ 난관

상 중 하

11 포피, 음경, 요도, 음경골, 음낭, 정소, 정소상체, 정삭, 정관, 전립선, 방광 및 신장을 포함한다. 요도는 골반부와 해면체부로 구분되며 골반부는 전립선부이고 해면체부는 골반강 외부에 위치한 부분이다. 특히 음경은 음경골을 가지고 있다. 이것을 무엇을 설명하는 것일까요?

① 암컷의 소화기계　　② 수컷의 호흡기계

③ 암컷의 비뇨기계　　④ 수컷의 비뇨기계

상 중 하

12 수컷의 비뇨생식기관을 이루는 것이 아닌 것은?

① 전립선 ② 자궁각

③ 음낭 ④ 정소

상 중 하

13 이것은 정중 중격에 의해 두 개의 공간으로 나누어지며 각각의 공간에 고환, 정소상체, 정관 위치해 있다. 이것은 무엇일까요?

① 음낭 ② 음경골

③ 정소 ④ 정소상체

상 중 하

14 수컷의 비뇨생식기관 설명이 아닌 것은?

① 포피, 음경, 요도, 음경골, 음낭, 정소, 정소상체, 정삭, 정관, 전립선, 방광 및 신장을 포함한다.

② 요도는 골반부와 해면체부로 구분되며 골반부는 전립선부이고 해면체부는 골반강 외부에 위치한 부분이다. 특히 수컷의 음경은 음경골을 가지고 있다.

③ 음낭은 정중 중격에 의해 두 개의 공간으로 나누어지며 각각의 공간에 고환, 정소상체, 정관 위치해 있다.

④ 자궁체는 다시 좌우 두 개의 자궁각으로 갈라져 각각 독립된 난소를 갖는다.

실전 핵심 문제

상 중 하

15 수컷의 비뇨생식기관 설명이 맞는 것은?

① 자궁체는 다시 좌우 두 개의 자궁각으로 갈라져 각각 독립된 난소를 갖는다.

② 요도는 골반부와 해면체부로 구분되며 골반부는 전립선부이고 해면체부는 골반강 외부에 위치한 부분이다. 특히 수컷의 음경은 음경골을 가지고 있다.

③ 신장, 요관, 방광, 요도, 난소, 난관, 자궁, 질, 질전정 및 부속생식샘으로 이루어져 있다.

④ 요도결절은 질전정과 질의 연접부의 바닥에 위치한다.

상 중 하

16 자궁경은 질의 앞쪽 범위와 자궁체와 연결되는 관으로 연골상의 조직으로 형성되고 축소된 작은 관이다. 경관은 외부로부터 이물의 침입을 방지하기 위하여 발정 시 이외에는 굳게 폐쇄되어 있으나 발정시에는 이완되어 정자의 상행을 유도한다. 다음 설명하는 것은 무엇인가?

① 암컷의 소화기계
② 수컷의 호흡기계
③ 암컷의 비뇨기계
④ 수컷의 비뇨기계

상 중 하

17 이것은 다시 좌우 두 개의 자궁각으로 갈라져 각각 독립된 난소를 갖는다.

① 자궁체
② 요도능
③ 음순
④ 요도결절

상 중 하

18 두 개의 음순을 개방하면 음문 사이가 질전정이며 질전정의 배쪽 바닥에는 음핵을 포함하는 이것이 있다. 이것은 무엇일까요?

① 자궁체
② 요도능
③ 요관
④ 음핵와

실전 핵심 문제

상 중 하

19 음낭은 이것에 의해 두 개의 공간으로 나누어지며 각각의 공간에 고환, 정소상체, 정관 위치해 있다. 이것은 무엇일까요? 다음 중 고르세요.

① 전립선 ② 음경골

③ 정삭 ④ 정중중격

상 중 하

20 다음 그림에 맞는 것은?

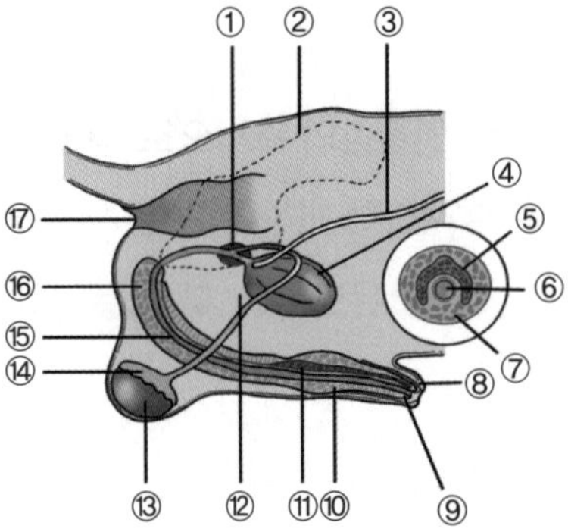

①	Prostate	②	Outline of pelvic girdle
③	Ureter	④	Bladder
⑤	Os penis	⑥	Urethra
⑦	Glans penis	⑧	Prepuce
⑨	Glans penis	⑩	Bulb of glans penis
⑪	Os penis	⑫	Deferent duct
⑬	Testis in scrotum	⑭	Epiddymis
⑮	Urethra	⑯	Root of penis
⑰	Anus		

① 암컷의 소화기계 ② 수컷의 호흡기계

③ 암컷의 비뇨기계 ④ 수컷의 비뇨기계

상 중 하

21 다음 그림에 맞는 것은?

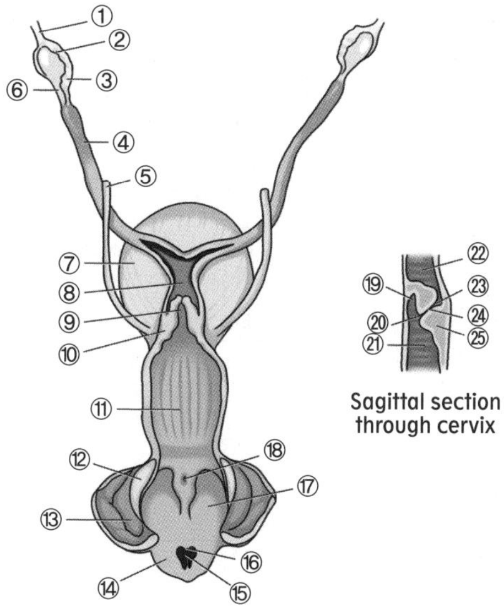

①	Suspensory ligament of ovary	②	Uterine tube
③	Mesosalpinx	④	Left uterine horn
⑤	Ureter	⑥	Proper ligament of ovary
⑦	Bladder	⑧	Body of uterus
⑨	Cervical canal	⑩	Cervix
⑪	Vagina	⑫	Vestibular bulb
⑬	Constrictor vestibuli	⑭	Labium
⑮	Fossa clitoridis	⑯	Clitoris
⑰	Vestibule	⑱	Urethral opening
⑲	Fornix	⑳	External uterine orifice
㉑	Vagina	㉒	Body of uterus
㉓	Internal uterine orifice	㉔	Cervical canal
㉕	Cervix		

① 암컷의 소화기계 ② 수컷의 호흡기계

③ 암컷의 비뇨기계 ④ 수컷의 비뇨기계

상 중 하

22 다음 그림은 암컷 비뇨기에 관한 그림이다. 이 그림에 맞는 명칭은?

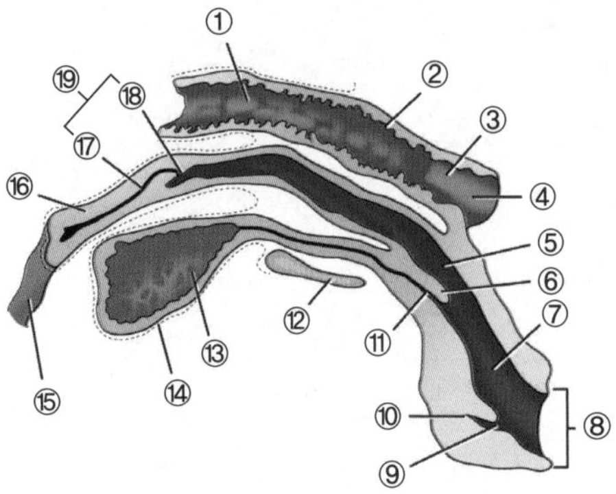

①	Colon	②	Rectum
③	Anal canal	④	Opening of paranal sinus
⑤	Vagina	⑥	Urethral tubercle
⑦	Vestibule	⑧	Vulva
⑨	Fossa for clitoris	⑩	Clitoris
⑪	Urethra	⑫	Pelvic symphysis
⑬	Bladder	⑭	Visceral penitoneum
⑮	Right hom of uterus	⑯	Body of uterus
⑰	Internal uterine ostium	⑱	External uterine ostium
⑲	Cervix		

① 자궁 ② 음경골
③ 정삭 ④ 정중중격

상 중 하

23 다음 그림은 수컷 비뇨기에 관한 그림이다. 이 그림에 맞는 명칭은?

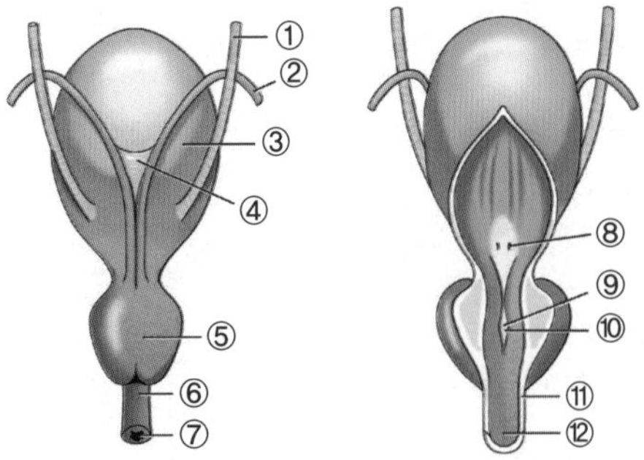

①	Ureter	②	Ductus deferens
③	Bladder	④	Genital fold
⑤	Prostate	⑥	Urethral muscle
⑦	Urethra	⑧	Ureteral orifice
⑨	Orifices of deferent ducts	⑩	Colliculus seminalis
⑪	Urethral muscle	⑫	Urethra
⑬	Trigone		

① 전립선 ② 자궁체
③ 질전정 ④ 음순

실전 핵심 문제

상 중 하

24 다음 그림은 수컷 비뇨기에 관한 그림이다. 이 그림에 맞는 명칭은?

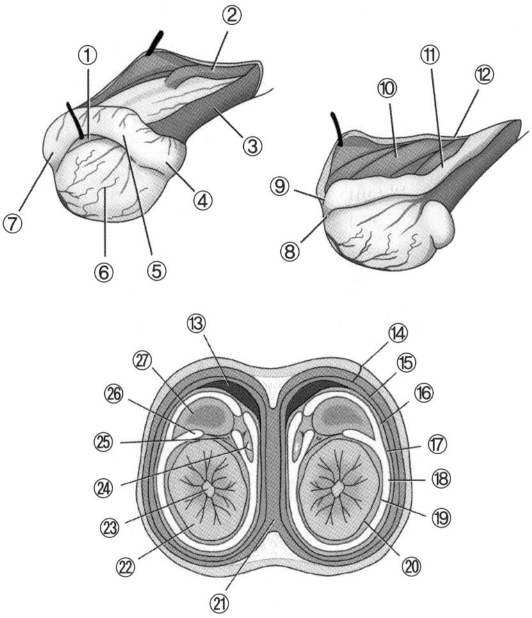

①	Testicular bursa	②	Cremaster
③	Pampiniform plexus of veins	④	Head of epididymis
⑤	Body of epididymis	⑥	Testis
⑦	Tail of epididymis	⑧	Proper ligament of testis
⑨	Ligament of tail of epididymis	⑩	Cremaster
⑪	Ductus deferens	⑫	Parietal vaginal tunic
⑬	Cremaster	⑭	Skin and dartos
⑮	External spermatic fascia	⑯	Internal spermatic fascia
⑰	Parietal vaginal tunic	⑱	Vaginal cavity
⑲	Visceral vaginal tunic	⑳	Tunica albuginea
㉑	Scrotal septum	㉒	Testis
㉓	Mediastinum of testis	㉔	Ductus deferens and deferential artery and vein
㉕	Blood vessels nerves, and lymphatics	㉖	Testicular bursa
㉗	Epididymis		

① 고환　　② 자궁체

③ 음경골　　④ 음순

상 중 하

25 다음 그림은 수컷 비뇨기에 관한 그림이다. 이것에 맞는 명칭은?

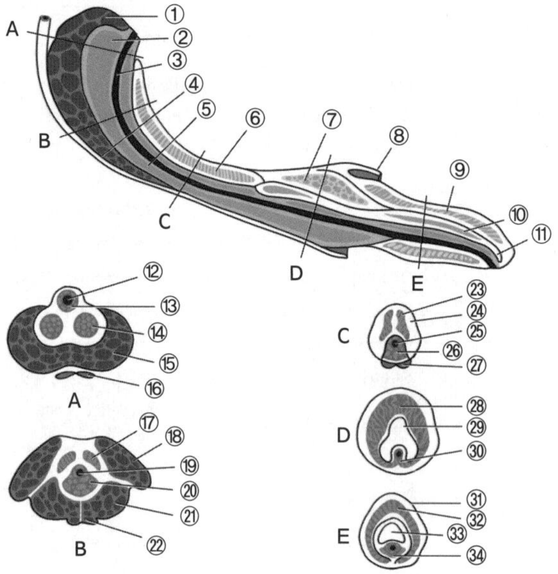

①	Bulbospongiosus	②	Bulb of penis
③	Urethra	④	Retractor penis
⑤	Corpus spongiosum penis	⑥	Corpus cavernosum penis
⑦	Bulus glandis	⑧	Prepuce
⑨	Pars longa glandis	⑩	Os penis
⑪	Fibrocartilaginous end of os penis	⑫	Urethra
⑬	Corpus spongiosum	⑭	Bulb of penis
⑮	Bulbospongiosus	⑯	Retractor penis
⑰	Crus of corpus cavernosum	⑱	Ischiocavernosus
⑲	Urethra	⑳	Corpus spongiosum
㉑	Bulbospongiosus	㉒	Retractor penis
㉓	Corpus cavernosum	㉔	Tunica albuginea
㉕	Urethra	㉖	Corpus spongiosum
㉗	Retractor penis	㉘	Bulbus glandis
㉙	Os penis	㉚	Anastomosis of bulbus glandis and corpus spongiosum
㉛	Squamous epithelium	㉜	Pars longa glandis
㉝	Os penis	㉞	Corpus spongiosum

① 고환　　② 자궁체

③ 음경골　　④ 음순

정답

1. ① 2. ③ 3. ③ 4. ③ 5. ④ 6. ③ 7. ④ 8. ④ 9. ① 10. ④ 11. ④ 12. ② 13. ①
14. ④ 15. ② 16. ③ 17. ① 18. ④ 19. ④ 20. ④ 21. ③ 22. ① 23. ① 24. ① 25. ③

7 외피계

외피라는 용어는 피부, 피모, 피부선, 유선, 발톱 등을 포함하며 피부는 몸의 외부표면에서 각종의 형태로 신체를 보호한다. 피부는 표피와 진피 및 피하직으로 구성된다. 표피는 기저층, 유극층, 과립층, 투명층, 각질층으로 구성된다.

진피는 모낭과 피지선, 한선, 혈관, 림프관, 신경 가지로 구성된다. 피하 조직은 피부에 공급하는 신경과 혈액, 지방으로 구성된다. 모낭과 몇 개의 분비선도 이 곳에 있다. 이들 층 모두가 피부의 모든 곳에 있는 것이 아니다. 예를 들어 투명층은 개와 고양이의 발바닥에서만 볼 수 있다. 표피의 두께는 신체부위에 따라 차이가 있다. 가장 많이 움직이는 어깨부위는 매우 두껍다. 진피는 점액피부 연접부에서 점액과 혼합되어 있다. 털이 많은 부위의 피부는 진피가 두꺼운 반면 표피는 얇다. 매우 얇은 피부에서의 두께 감소는 진피가 얇기 때문이다. 피부에는 운동신경과 자율신경이 분포한다.

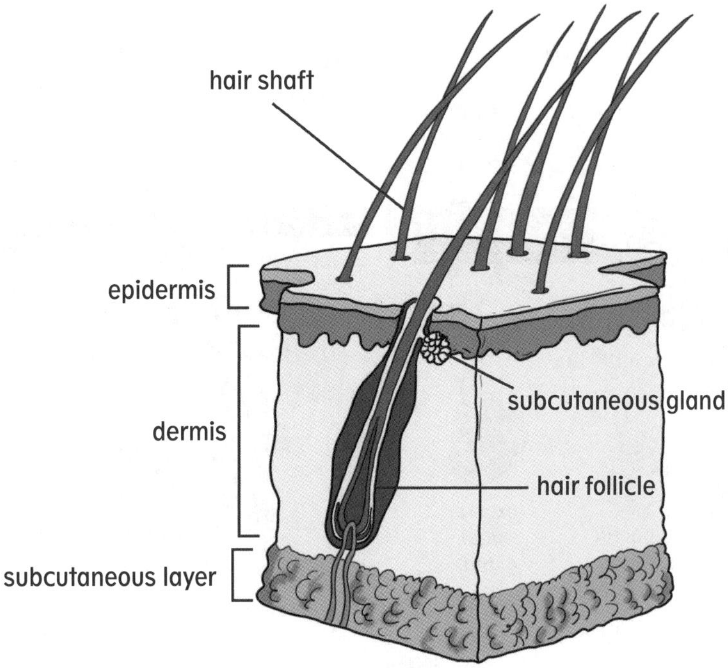

[그림 63] 개의 피부 구조

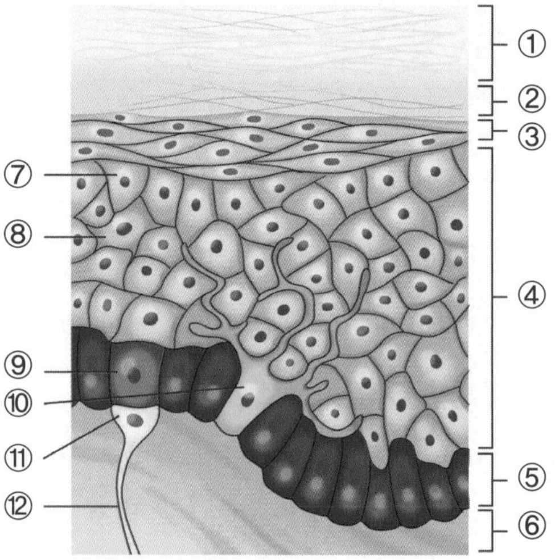

①	각질층	②	투명층	③	과립층
④	유극층	⑤	기저층	⑥	진피
⑦	각실세포(케라틴세포)	⑧	랑게르한스 세포	⑨	메르켈 세포
⑩	멜라닌 세포	⑪	촉각 세포	⑫	감각신경 세포

[그림 64] 개의 피부층의 구조

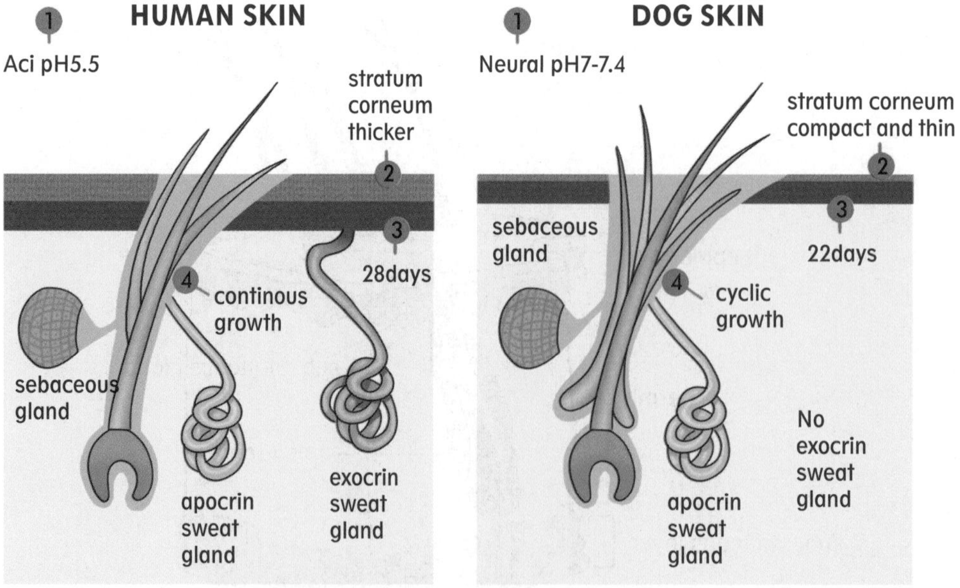

[그림 65] 사람과 개의 피부 비교

털은 진피유두세포의 유사분열에 의해 생산되며, 일반적으로 출생 후에는 새로운 모낭이 형성되지 않는다. 개와 고양이의 피부 대부분은 털로 덮여 있고 털은 체온 유지, 감각 감지 및 외부로 부터의 보호 역할을 한다. 털을 세우면 피모의 두께가 증가하게 되므로 절연 효과가 더 높아진다. 개와 고양이의 털은 주모와 부모로 분류되며 고양이에서는 부모가 훨씬 많다. 개의 모낭 대부분은 주모와 부모 그리고 피지선이 하나의 개구부를 가지고 있다. 모근부에서 표피 쪽으로 뻗어있는 입모근은 주위 환경의 온도 저하 또는 신경작용에 의해 수축하게 되므로 털이 직립하게 되어 보온효과를 나타낸다.

정상 피부의 색깔은 개나 고양이의 품종에 따라 다르며, 이는 멜라닌세포 내에 있는 멜라닌색소 과립의 수나 크기 그리고 색소침착 정도 뿐만 아니라 멜라닌세포의 수에 따라 달라진다. 피부는 대게 창백한 색깔이지만 갈색에서 검정색의 점박 무늬를 가질 수도 있고 모두 갈색일 수도 있다.

개와 고양이의 피부에는 특별한 기능을 하는 털이 있다. 코 끝의 촉각털과 속눈썹 등이 이에 포함된다.

코에는 피모가 없으며 움직일 수 있는 좌우 두 개의 비익은 피부가 변형된 구조로 비단과 외비공을 구성한다. 코의 표피나 내피에는 대개 고농도의 색소가 침착되어 있고, 피부는 두껍다. 표피는 육안적으로 불규칙한 망상 모양의 틈처럼 보이는 주름이 있는 것이 특징이다.

개와 고양이의 발볼록살은 몸에서 가장 두꺼운 표피이다. 이는 많은 유두들이 모여 고도로 각질화된 표피로서 거칠다. 두꺼운 표피는 기계적 외상으로부터 보호하며 이 곳 진피 내면에는 결합조직과 피하지방으로 구성된 발바닥 받침이 충격을 흡수하는 탄력성을 가지고 있다. 많은 신경의 분포가 있어 중요한 감각기능을 가지고 있으며, 표면의 내피와 외피까지 뻗어 있는 수많은 에크린 한선은 달리기와 오르기에서 발바닥과 지면의 접지를 개선시키고 체취표시의 분비물을 생산한다. 갈고리 모양의 발톱은 피부의 구조체로서 지골의 원위부를 싸고 밖으로 뻗어서 자라나는 피부의 확장이다. 배쪽 표피보다 등쪽과 바깥쪽의 표피가 더욱 딱딱하고 각질화된 세포로 이루어져 있다. 갈고리 모양의 발톱 진피는 원위지절의 결합조직의 연속이며 짧게 자르게 되면 진피 내에 신경과 혈관이 분포되어 있으므로 출혈이 생긴다.

두 개의 항문낭은 항문을 중심으로 좌우 8시, 4시 방향으로 외항문괄약근 내에 존재하며 같은 방향에 각각 개구부가 있다.

유선은 변형된 피부의 선으로 복측의 양 옆으로 중앙부위에 대칭적으로 배열되어 있다. 유선은 동물의 크기에 따라 수가 8개에서 12개까지 있다. 수컷은 흔적뿐이지만 암컷의 유선은 임신기나 수유기에 확실하게 변한다. 선조직은 유선동을 따라 젖을 분비한다. 이 곳에서부터 젖은 유두동을 따라 유두관으로 흐르고 유두 밖으로 나오게 된다. 개에서는 산발적으로 흩어진 여러 개의 유두구가 있다.

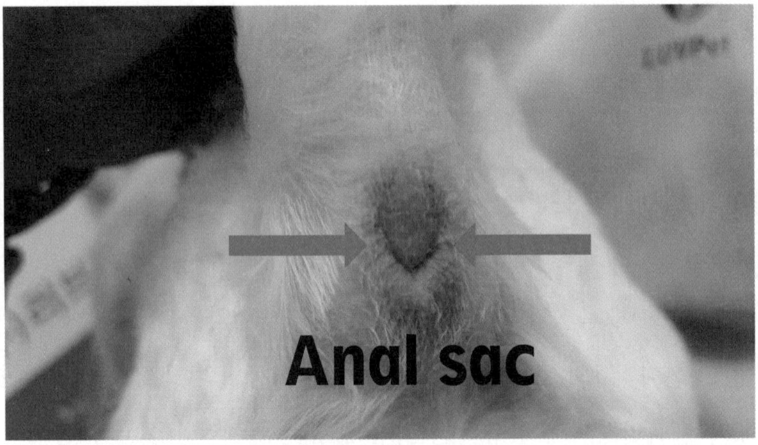

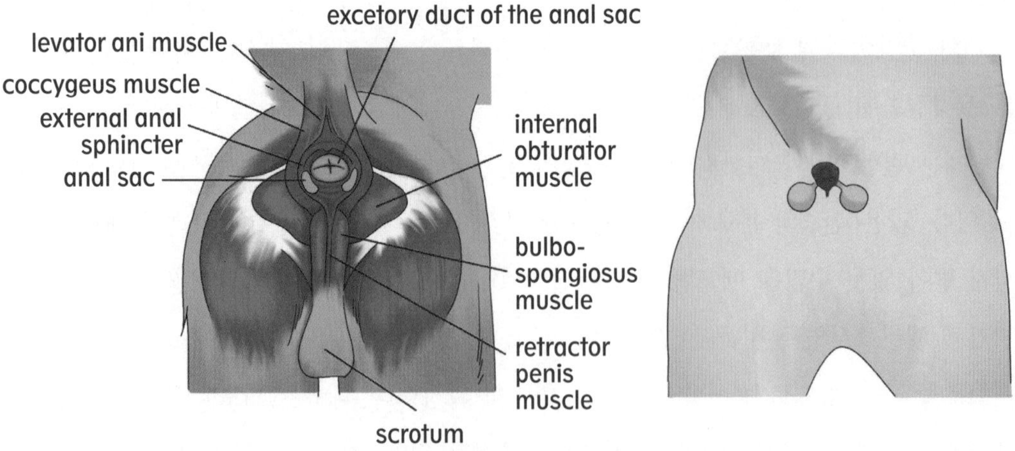

[그림 66] 개의 항문낭 위치

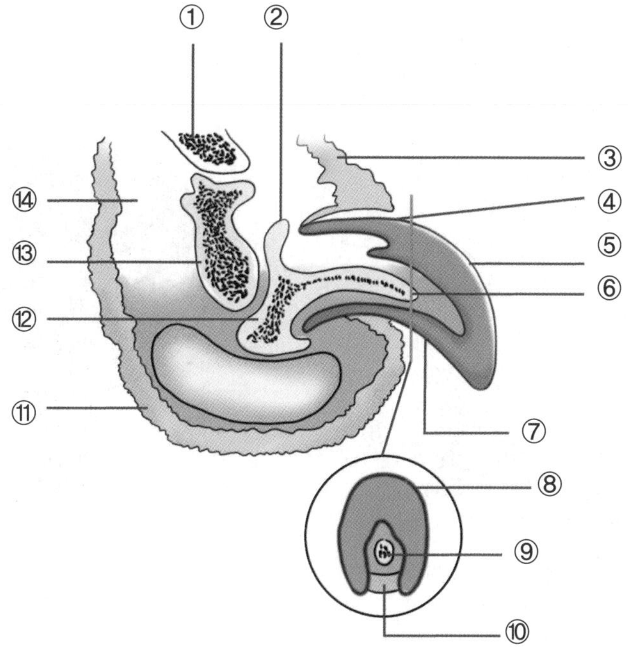

①	Proximal phalanx	②	Ungual crest	③	Claw fold
④	Coronary border	⑤	Wall	⑥	Ungual process
⑦	Sole	⑧	Wall	⑨	Distal phalanx
⑩	Sole	⑪	Epidermis	⑫	Distal phalanx
⑬	Middle phalanx	⑭	Dermis		

[그림 67] 개의 발바닥 구조와 발톱의 단면

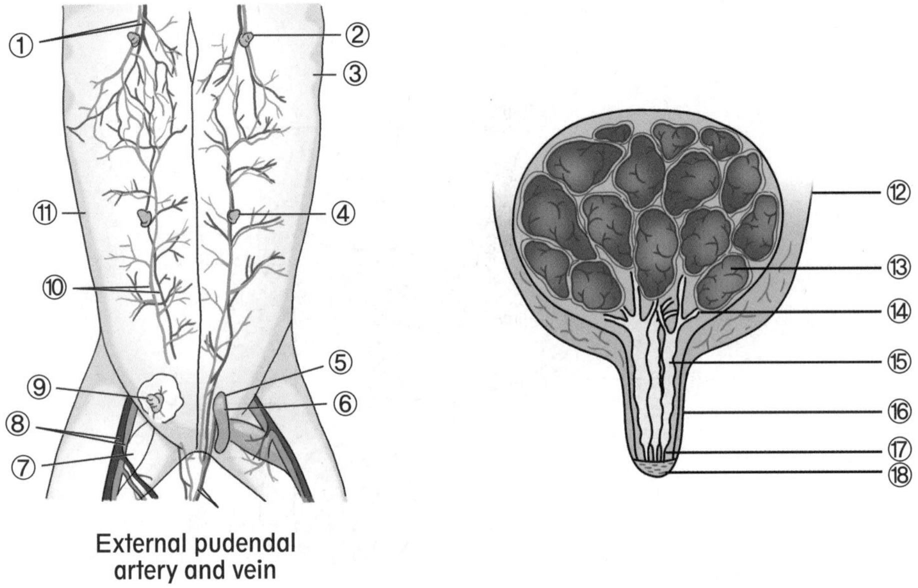

①	Cranial superficial epigastric artery and vein	②	Cranial abdominal papilla	③	13th rib
④	Caudal abdominal papilla	⑤	Superficial inguinal ring	⑥	Vaginal process
⑦	Pectineus	⑧	Femoral artery and vein	⑨	Inguinal mamma and papilla
⑩	Caudal superficial epigastric artery and vein	⑪	External abdominal oblique	⑫	Mammary gland
⑬	Secretory tissue	⑭	Gland sinus	⑮	Teat sinus
⑯	Teat	⑰	Teat canal	⑱	Teat orifices

[그림 68] 개의 유선의 위치와 구조

실전 핵심 문제

상 중 하

01 피부, 피모, 피부선, 유선, 발톱 등을 포함하며 피부는 몸의 외부표면에서 각종의 형태로 신체를 보호하는 용어는?

① 외피계 ② 생식기계
③ 소화기계 ④ 골격계

상 중 하

02 피부는 표피와 진피 및 피하직으로 구성된다. 표피는 기저층, 유극층, 과립층, 투명층, 각질층으로 구성된다. 이러한 신체 기관은?

① 소화기계 ② 생식기계
③ 외피계 ④ 골격계

상 중 하

03 다음 중 외피계의 기능에 대하여 틀린 것은?

① 외피라는 용어는 피부, 피모, 피부선, 유선, 발톱 등을 포함한다.
② 피부는 몸의 외부표면에서 각종의 형태로 신체를 보호한다.
③ 호르몬을 만들고 분비한다.
④ 피부는 표피와 진피 및 피하직으로 구성된다.

상 중 하

04 외피계에서 기저층, 유극층, 과립층, 투명층, 각질층으로 구성되는 것은?

① 유선 ② 발톱
③ 표피 ④ 피부선

상 중 하

05 외피계에서 모낭과 피지선, 한선, 혈관, 림프관, 신경 가지로 구성되는 것은?

① 유선 ② 발톱

③ 표피 ④ 진피

상 중 하

06 다음 중 외피계의 기능에 대하여 틀린 것은?

① 산소와 이산화탄소의 운반 역할을 한다.

② 진피는 모낭과 피지선, 한선, 혈관, 림프관, 신경 가지로 구성된다.

③ 표피는 기저층, 유극층, 과립층, 투명층, 각질층으로 구성된다.

④ 피하 조직은 피부에 공급하는 신경과 혈액, 지방으로 구성된다.

상 중 하

07 이것은 피부에 공급하는 신경과 혈액, 지방으로 구성된다. 이것은 무엇인가?

① 유선 ② 피하조직

③ 표피 ④ 진피

상 중 하

08 개와 고양이의 발바닥에서만 볼 수 있는 표피의 구성물은?

① 유극층 ② 과립층

③ 투명층 ④ 각질층

실전 핵심 문제

상 중 하

09 다음 표피의 대한 설명 중 틀린 것은?

① 무색 투명의 무핵 세포이다.

② 표피는 기저층, 유극층, 과립층, 투명층, 각질층으로 구성된다.

③ 표피의 두께는 신체부위에 따라 차이가 있다.

④ 가장 많이 움직이는 어깨부위는 매우 두껍다.

상 중 하

10 외피계의 투명층은 특수한 동물에서만 볼 수 있다. 볼수 있는 동물은?

① 개 ② 소

③ 돼지 ④ 말

상 중 하

11 다음 중 외피계의 기능에 대하여 틀린 것은?

① 진피는 모낭과 피지선, 한선, 혈관, 림프관, 신경 가지로 구성된다.

② 에너지원으로 사용된다.

③ 피하 조직은 피부에 공급하는 신경과 혈액, 지방으로 구성된다.

④ 표피의 두께는 신체부위에 따라 차이가 있다.

상 중 하

12 외피계에서 진피에 대한 설명 중 틀린 것은?

① 진피는 모낭과 피지선, 한선, 혈관, 림프관, 신경 가지로 구성된다

② 진피는 점액피부 연접부에서 점액과 혼합되어 있다.

③ 털이 많은 부위의 피부는 진피가 두꺼운 반면 표피는 얇다.

④ 기저층, 유극층, 과립층, 투명층, 각질층으로 구성된다.

실전 핵심 문제

상 중 하

13 다음 중 외피계의 기능에 대하여 맞는 것은?

① 피부에는 운동신경과 자율신경이 분포한다.

② 흉강 내 심혈관계의 주요 혈관은 대동맥, 폐동맥, 전대동맥, 후대동맥이다.

③ 에너지원으로 사용된다.

④ 체내 합성이 불가능하다.

상 중 하

14 다음 중 외피계의 기능에 대하여 맞는 것은?

① 관절낭이 관 절면 주변에 견고하게 붙어 있다.

② 상완골의 원위단과 요골의 근위단 및 척골의 반월절흔으로 이루어져 있다.

③ 체중을 지탱하는 것은 아니지만 근위요척관절이 가담하여 복합관절을 이루고 있다.

④ 피하 조직은 피부에 공급하는 신경과 혈액, 지방으로 구성된다.

상 중 하

15 털이 많은 부위의 피부는 이것이 더 두꺼운 반면 표피는 얇다. 매우 얇은 피부에서의 두께 감소는 이것이 얇기 때문이다. 여기서 이것은 무엇인가?

① 골수 ② 진피

③ 헤모글로빈 ④ 림프절

상 중 하

16 이것은 진피유두세포의 유사분열에 의해 생산되며, 일반적으로 출생 후에는 새로운 모낭이 형성되지 않는다. 개와 고양이의 피부 대부분은 이것으로 덮여 있고 이것은 체온 유지, 감각 감지 및 외부로 부터의 보호 역할을 한다. 이것은 무엇일까요?

① 털 ② 표피

③ 내피 ④ 진피

실전 핵심 문제

상 중 하

17 피부는 이것과 진피 및 피하직으로 구성된다. 이것은 기저층, 유극층, 과립층, 투명층, 각질층으로 구성된다. 여기서 이것은 무엇인가?

① 피지선
② 표피
③ 피하조직
④ 림프관

상 중 하

18 이것을 세우면 피모의 두께가 증가하게 되므로 절연 효과가 더 높아진다. 개와 고양이의 이것은 주모와 부모로 분류되며 고양이에서는 부모가 훨씬 많다. 개의 모낭 대부분은 주모와 부모 그리고 피지선이 하나의 개구부를 가지고 있다.

① 털
② 표피
③ 내피
④ 진피

상 중 하

19 외피계의 털에 대한 설명 중 틀린 것은?

① 털은 진피유두세포의 유사분열에 의해 생산된다.
② 일반적으로 출생 후에는 새로운 모낭이 형성되지 않는다.
③ 개와 고양이의 피부 대부분은 털로 덮여 있고 털은 체온 유지, 감각 감지 및 외부로 부터의 보호 역할을 한다.
④ 운동신경과 자율신경이 분포한다.

상 중 하

20 외피계의 털에 대한 설명 중 틀린 것은?

① 개와 고양이의 털은 주모와 부모로 분류되며 고양이에서는 부모가 훨씬 많다.
② 개의 모낭 대부분은 주모와 부모 그리고 피지선이 하나의 개구부를 가지고 있다.
③ 체중을 지탱하는 것은 아니지만 근위요척관절이 가담하여 복합관절을 이루고 있다.
④ 털을 세우면 피모의 두께가 증가하게 되므로 절연 효과가 더 높아진다.

상 중 하

21 다음 중 개와 고양이의 피부 설명 중 틀린 것은?

① 정상 피부의 색깔은 개나 고양이의 품종에 따라 다르다.

② pH10으로 알칼리성을 유지하고 있다.

③ 피부는 대개 창백한 색깔이지만 갈색에서 검정색의 점박 무늬를 가질 수도 있고 모두 갈색일 수도 있다.

④ 개와 고양이의 피부에는 특별한 기능을 하는 털이 있다.

상 중 하

22 다음 중 개와 고양이의 피부중 코에 대한 설명 중 틀린 것은?

① 코의 표피는 육안적으로 매우 규칙적인 망상 모양의 틈처럼 보이는 주름이 있는 것이 특징이다.

② 코에는 피모가 없으며 움직일 수 있는 좌우 두 개의 비익으로 되어 있다.

③ 좌우 두 개의 비익은 피부가 변형된 구조로 비단과 외비공을 구성한다.

④ 코의 표피나 내피에는 대개 고농도의 색소가 침착되어 있고, 피부는 두껍다.

상 중 하

23 이것에는 피모가 없으며 움직일 수 있는 좌우 두 개의 비익은 피부가 변형된 구조로 비단과 외비공을 구성한다. 이것의 표피나 내피에는 대개 고농도의 색소가 침착되어 있고, 피부는 두껍다. 표피는 육안적으로 불규칙한 망상 모양의 틈처럼 보이는 주름이 있는 것이 특징이다. 이것은 무엇일까요?

① 코 ② 털

③ 발톱 ④ 진피

상 중 하

24 **정상 이것의 색깔은 개나 고양이의 품종에 따라 다르며, 이는 멜라닌세포 내에 있는 멜라닌 색소 과립의 수나 크기 그리고 색소침착 정도 뿐만 아니라 멜라닌 세포의 수에 따라 달라진다. 이것은 대게 창백한 색깔이지만 갈색에서 검정색의 점박 무늬를 가질 수도 있고 모두 갈색일 수도 있다. 이것은 무엇일까요?**

① 코 ② 털
③ 발톱 ④ 피부

상 중 하

25 **외피계에서 표피에 관한 설명 중 틀린 것은?**

① 개와 고양이의 발볼록살은 몸에서 가장 두꺼운 표피이다.
② 변형된 피부의 선으로 복측의 양 옆으로 중앙부위에 대칭적으로 배열되어 있다.
③ 두꺼운 표피는 기계적 외상으로부터 보호한다.
④ 진피 내면에는 결합조직과 피하지방으로 구성된 발바닥 받침이 충격을 흡수하는 탄력성을 가지고 있다.

상 중 하

26 **갈고리 모양의 이것은 피부의 구조체로서 지골의 원위부를 싸고 밖으로 뻗어서 자라나는 피부의 확장이다. 배쪽 표피보다 등쪽과 바깥쪽의 표피가 더욱 딱딱하고 각질화된 세포로 이루어져 있다. 갈고리 모양의 발이것의 진피는 원위 지절의 결합조직의 연속이며 짧게 자르게 되면 진피 내에 신경과 혈관이 분포되어 있으므로 출혈이 생긴다. 여기서 이것은 무엇인지 고르세요.**

① 코 ② 털
③ 발볼록살 ④ 발톱

실전 핵심 문제

상 중 하

27 몸에서 가장 두꺼운 표피인 것은?

① 코 ② 털

③ 발볼록살 ④ 발톱

상 중 하

28 발톱에 대한 설명이다. 설명 중 틀린 것은 고르세요.

① 짧게 자르게 되도 진피 내에 혈관이 없어서 출혈이 생기지 않는다.

② 골의 원위부를 싸고 밖으로 뻗어서 자라나는 피부의 확장이다.

③ 갈고리 모양의 발톱은 피부의 구조체이다.

④ 배쪽 표피보다 등쪽과 바깥쪽의 표피가 더욱 딱딱하고 각질화된 세포로 이루어져 있다.

상 중 하

29 두 개의 이것은 항문을 중심으로 좌우 8시, 4시 방향으로 외항문괄약근 내에 존재하며 같은 방향에 각각 개구부가 있다. 이것은 무엇인지 아래에서 고르세요.

① 괄약근 ② 발볼록살

③ 발톱 ④ 항문낭

상 중 하

30 항문낭에 대한 설명 중 맞는 것을 고르세요.

① 항문을 중심으로 좌우 8시, 4시 방향으로 외항문관략근 내에 존재하며 같은 방향에 각각 개구부가 있다.

② 골의 원위부를 싸고 밖으로 뻗어서 자라나는 피부의 확장이다.

③ 갈고리 모양의 발톱은 피부의 구조체이다.

④ 배쪽 표피보다 등쪽과 바깥쪽의 표피가 더욱 딱딱하고 각질화된 세포로 이루어져 있다.

실전 핵심 문제

상 중 하

31 이것은 변형된 피부의 선으로 복측의 양 옆으로 중앙부위에 대칭적으로 배열되어 있다. 이것은 동물의 크기에 따라 수가 8개에서 12개까지 있다. 이것은 무엇인지 아래에서 고르세요.

① 괄약근 ② 발볼록살

③ 유선 ④ 항문낭

상 중 하

32 외피계에서 유선에 관한 설명 중 틀린 것은?

① 유선은 변형된 피부의 선으로 복측의 양 옆으로 중앙부위에 대칭적으로 배열되어 있다.

② 유선은 동물의 크기에 따라 수가 8개에서 12개까지 있다.

③ 선조직은 유선동을 따라 젖을 분비한다.

④ 배쪽 표피보다 등쪽과 바깥쪽의 표피가 더욱 딱딱하고 각질화된 세포로 이루어져 있다.

상 중 하

33 외피계에서 유선에 관한 설명 중 틀린 것은?

① 개에서는 산발적으로 흩어진 여러 개의 유두구가 있다.

② 수컷은 흔적분이지만 암컷의 유선은 임신기나 수유기에 확실하게 변한다.

③ 유선은 동물의 크기에 따라 수가 사람처럼 2개만 있다.

④ 유선은 변형된 피부의 선으로 복츨의 양 옆으로 중앙부위에 대칭적으로 배열되어 있다.

정답

1. ① 2. ③ 3. ③ 4. ③ 5. ④ 6. ① 7. ② 8. ③ 9. ① 10. ① 11. ② 12. ④ 13. ①
14. ④ 15. ② 16. ① 17. ② 18. ① 19. ④ 20. ③ 21. ② 22. ① 23. ① 24. ④ 25. ②
26. ④ 27. ③ 28. ① 29. ① 30. ① 31. ③ 32. ④ 33. ③

2

동물 생리학의 개념과 이해

생리학이란 넓은 의미로 생물에 나타나는 생명현상을 자연과학의 입장에서 연구하는 학문이다. 생명이란 생물만이 갖는 특성이며 생물은 생명현상을 발현시키면서 생존하고 있다. 생물로서의 특성에는 성장, 증식, 자극에 대한 반응, 물질 대사, 단백질 소유, 환경에의 적응, 운동 등이다. 이러한 동물의 생리학적 특징을 이해함으로써 정상과 비정상적 기능을 판단할 수 있어야 한다.

1 혈액

혈액은 액체성분인 혈장과 그 속에 함유되어 있는 혈구로 구성되어 있다. 혈구는 적혈구와 백혈구 그리고 혈소판으로 나누어진다. 혈액이 혈관 밖으로 유출되면 액체의 성질을 잃고 응고하는데, 이렇게 응고된 것을 혈병이라 하며, 혈병은 혈장중의 섬유소원이 섬유소로 되어 혈구와 엉켜진 것으로 이를 잠시 동안 방치해두면 혈청을 얻을 수 있다. 즉, 혈청은 혈액이 응고한 후의 액상 부분이며, 혈장은 응고가 일어나기 전의 액상부분이다.

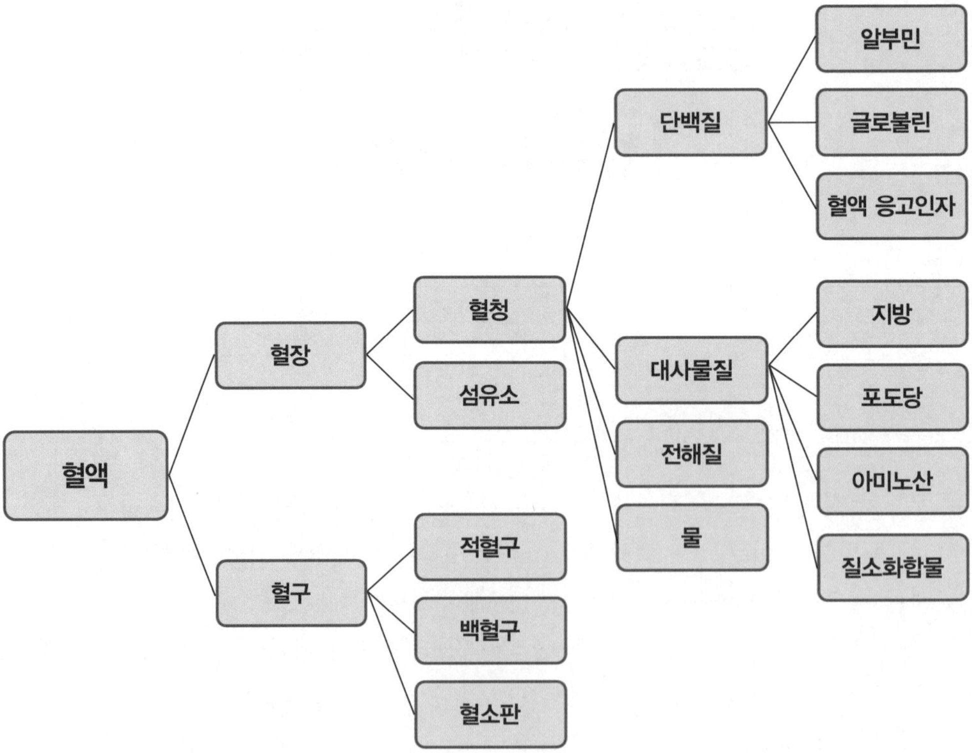

[그림 69] 혈액의 구분

1) 혈액의 기능

① 소화기관으로부터 영양물질을 신체 조직에 공급하고 체내에서 생긴 대사산물을 배설기관으로 운반한다.

② 폐에서 조직으로 산소를 운반하여 에너지 생성을 위한 산화작용을 하게하고 이 과정에서 생성된 이산화탄소를 폐로 운반하여 체외로 방출하게 한다.

③ 내분비선에서 분비되는 호르몬을 받아 표적기관에 운반하고, 여러 자극물질을 뇌로 운반하여 호흡 및 체온 조절 등에 관여한다.

④ 혈액 속에 용해되어 있는 전해질과 혈장단백질의 작용으로 수분 평형의 조절, 체액 삼투압의 유지 및 체액의 pH를 일정하게 유지한다.

⑤ 열 운반 작용으로 체내 각 부위의 온도를 일정하게 유지하게 한다.

⑥ 여러 가지 면역물질을 함유하여 신체를 보호하고, 백혈구는 세균의 침입에 대항해서 신체를 방어한다.

⑦ 항응고 물질에 의한 지혈작용으로 혈액의 소실을 방지한다.

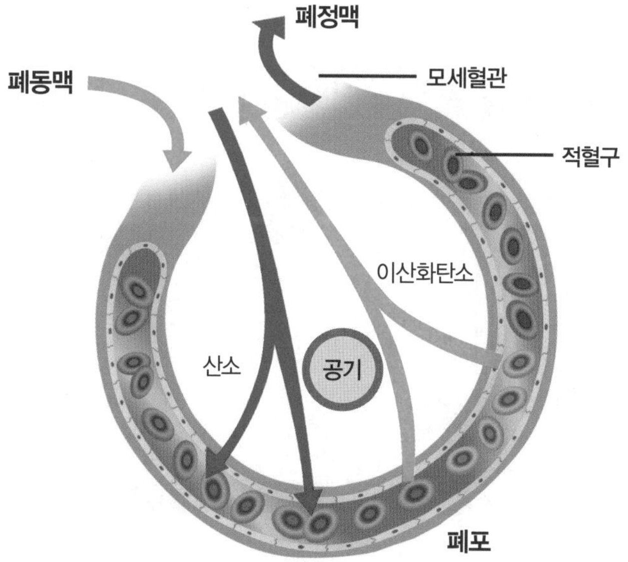

[그림 70] 혈구의 산소와 이산화탄소의 운반

2) 혈액의 일반 성상

혈액은 적색의 액상으로 점성을 가지고 있으며 특이한 냄새를 갖는다. 색이 적색으로 나타나는 것은 적혈구 중 혈색소에 의한 것으로, 혈색소에 결합되는 산소함량의 차이에 따라 동맥혈은 선홍색, 정맥혈은 적자색이다.

혈장

- 혈액의 응고가 일어나기 전의 액상 부분
  – 항응고제 처리
- 혈장 = 혈청 + 섬유소(응고인자)

혈청

- 혈액이 응고한 후의 액상 부분

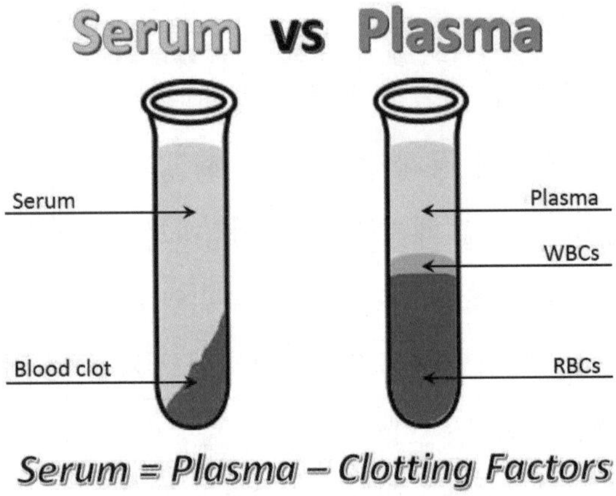

[그림 71] 혈액의 일반 성상

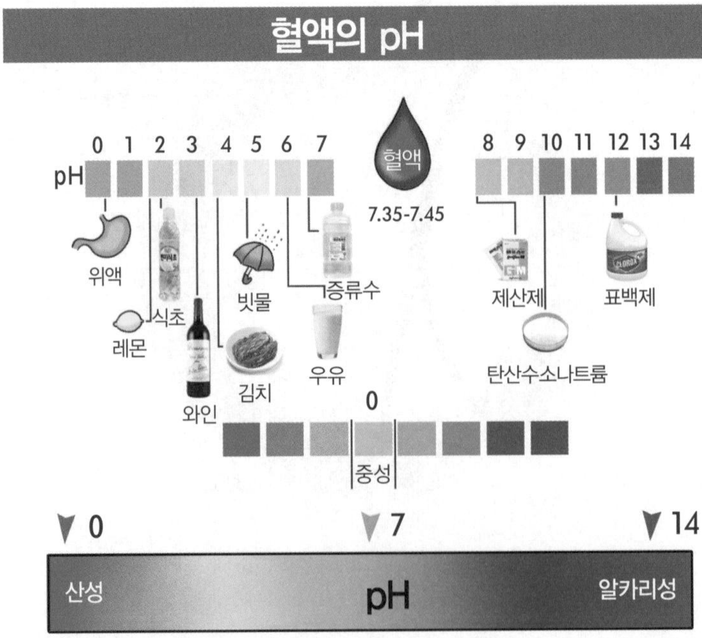

[그림 72] 혈액의 pH

3) 혈액량

체내에 있는 혈액 모두를 총 혈액량이라 하는데, 이는 혈관계를 순환하고 있는 순환 혈액량과 각 장기 내에 머무르고 있는 저장혈액량으로 구분된다. 모세혈관, 소정맥 등도 혈액저장소의 역할을 한다.

- 체내에 있는 모든 혈액
  - 순환 혈액량
    - 혈관계를 순환하고 혈액량
  - 저장혈액량
    - 각 장기 내에 머무르고 있는 혈액량
    - 모세혈관, 소정맥 등도 혈액저장소의 역할

[그림 73] 혈액량

4) 적혈구(Red blood cell)

적혈구는 산소와 이산화탄소의 운반에 매우 중요한 역할을 하는 세포이다. 포유류의 적혈구는 동물의 종류에 따라 형태가 다르다. 포유동물의 성숙적혈구는 핵이 없는 것이 특징이며, 형태적으로 사람과 개의 적혈구는 양면의 가운데가 오목하게 들어간 원판상을 이루고, 말고 고양이는 약간 들어간 상태, 반추동물은 원반상이다. 적혈구의 수는 동물의 종류는 물론 연령, 성별, 운동성, 영양상태, 비유, 임신, 흥분, 성주기, 환경, 품종 등에 따라 다르며 일반적으로 수컷이 암컷보다 많으며, 어린 동물이 성숙 동물보다 많으나 어린동물에서는 암수의 차이는 없다. 포유동물의 적혈구는 태생기에는 난황낭, 간장, 비장 림프절에서 생성되나, 출생 후 부터는 골수에서만 만들어진다. 혈색소는 적혈구의 내용물 중 가장 많은 단백질로, 산소와 이산화탄소 운반의 기능 단위이며 산-염기 평형에 중요한 역할을 담당하고 있다.

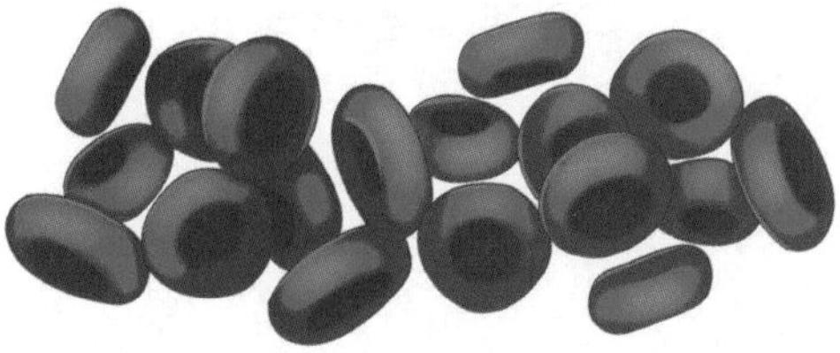

[그림 74] 적혈구

• 동물의 종류에 따라 형태가 다양

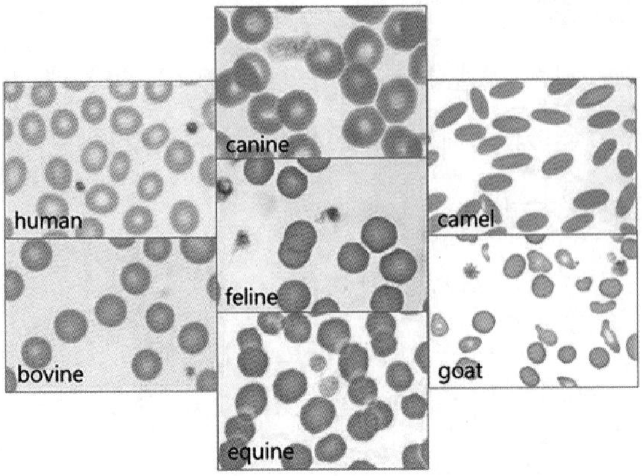

[그림 75] 적혈구의 모양

• 동물의 종류에 따라 크기가 다양

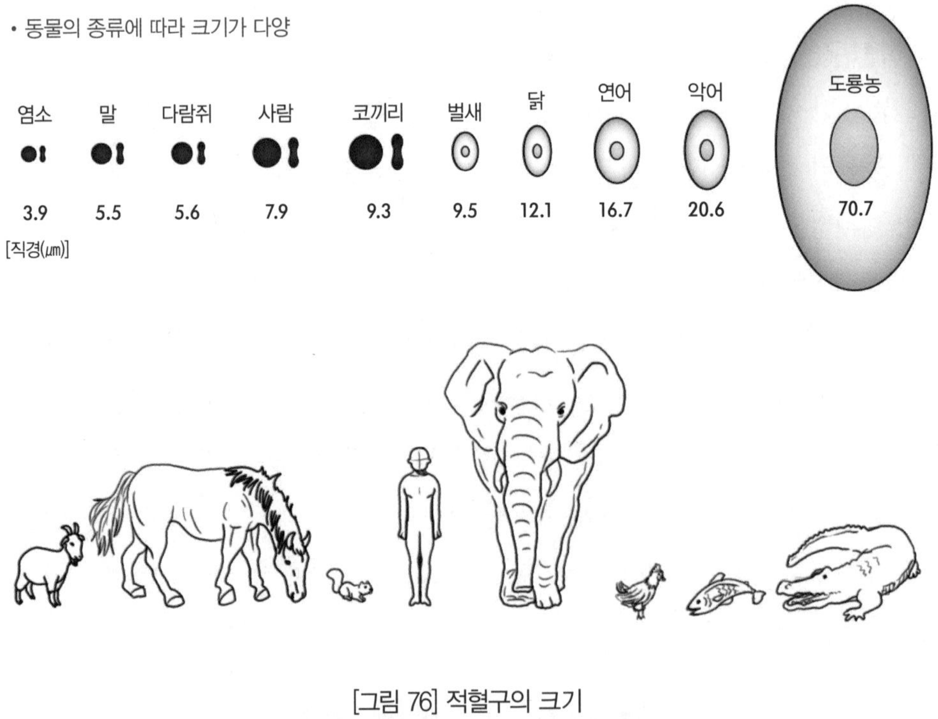

[그림 76] 적혈구의 크기

5) 백혈구(White blood cell)

백혈구는 핵을 가지고 있는 무색 투명의 세포로, 휴식 시에는 구형을 보이고 있다가 활동 시에는 아메바와 같은 운동을 한다. 백혈구는 체형을 변화하여 자기의 위치를 이동할 뿐만 아니라 자기의 몸보다 작은 모세혈관벽의 내피세포접합부의 사이를 통과하여 조직간극에 이행할 수 있으며, 이를 유주라 한다.

조직에 염증이 있을 때 현저한 유주를 볼 수 있다. 백혈구의 수는 동물의 종류, 품종, 연령, 환경, 하루 중의 시각, 운동, 채식, 개체 및 채혈 부위 증에 따라 상당한 차를 보이고 있다. 백혈구는 흐르는 혈액 내에 존재하지만, 모세혈관과 작은 혈관의 내피 내면을 따라 머물러 있거나 서서히 통과하기도 한다. 이렇게 말단 혈관 내에 저류되어 있는 백혈구는 전체 백혈구의 50% 이상이다.

(1) 백혈구의 종류

① 호중구 : 중성색소에 염색되는 과립을 가진 백혈구로 말초혈액 중에 가장 많은 수를 차지하고 있으며, 일차적인 방어 작용을 한다.

② 호산구 : 산성 색소에 잘 염색되는 과립을 가진 백혈구로 기생충 감염이나 알러지성 질환 시에 그 수가 증가한다.

③ 호염구 : 염기성 색소에 잘 염색되는 과립을 가진 백혈구로 탐식 작용은 거의 없으나 헤파린, 히스타민, 세로토닌, 리소좀 등을 생성한다.

④ 림프구 : T 림프구와 (세포성 면역) B 림프구로 (체액성 면역) 구성되는데, 만성 감염 시에 그 수가 현저히 증가한다.

⑤ 단핵구 : 결핵 등의 아급성 질환 시에 증가한다.

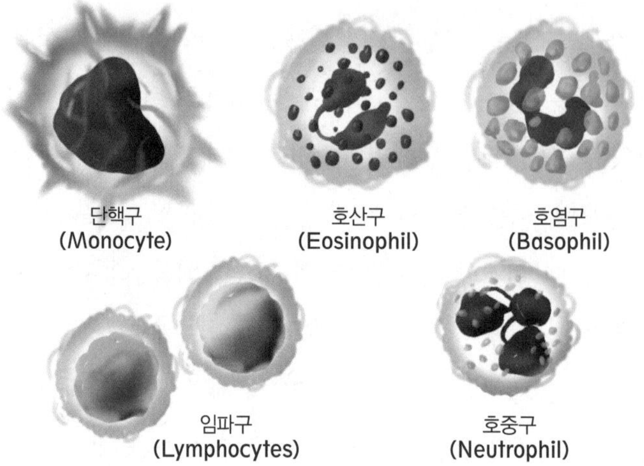

[그림 77] 백혈구의 종류 및 형태

(2) 백혈구의 기능

① 운동성 : 백혈구는 모두 운동성을 가지고 있으며, 조직 간극에 이행하여 이물을 섭식할 수도 있다.

② 탐식작용 : 세균이나 바이러스 또는 죽은 조직파편 등의 이물에 접근하여 세포막으로 둘러싸서 소화해낸다. 이러한 작용이 있는 세포들을 탐식세포라 한다(호중구, 호산구, 단핵구). 이 과정 중에 백혈구는 사망하여 고름이 된다.

③ 세포성 면역과 체액성 면역 : 림프구는 면역에 매우 중요한 역할을 하며, 주로 항체인 면역글로불린G 를 생산한다. 림프구는 T cell과 B cell 두 가지 형이 있다.

④ 효소, 발열물질 및 인터페론의 생산

⑤ 단백질의 해독 작용과 염증 변화를 일으키는 역할을 한다.

백혈구의 기능 1/2

운동성

– 모든 백혈구는 운동성을 가지고 있음

• 조직 간극으로 이행(유주)

탐식작용

– 세균이나 바이러스 등의 이물에 접근

– 세포막으로 둘러싸서 소화

• 탐식세포

· 호중구, 호산구, 단핵구

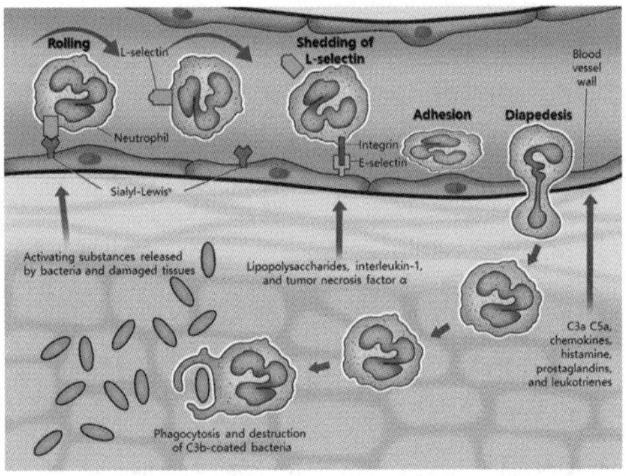

백혈구의 기능 2/2

면역작용

– 림프구는 면역에 매우 중요한 역할

• T림프구 (세포성 면역) : 골수세포 → 흉선에서 성숙 → 림프절로 이동 → 항원 자극

• B림프구 (체액성 면역) : 골수세포 → 골수에서 성숙 → 림프절로 이동 → 항원 자극

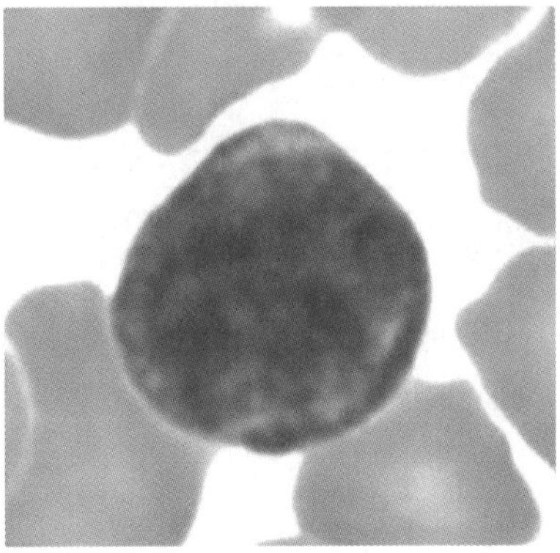

[그림 78] 백혈구의 기능

6) 혈소판(Blood platelet)

혈소판은 혈전세포라고도 하며 포유동물에서는 무색, 투명하고 불규칙한 세포의 파편과 같은 형태의 세포로 핵은 없다.

(1) 혈소판의 기능

① 점착성과 집합성에 의한 지혈 작용

② 손상 부위 국소 혈관 수축 작용

③ 혈액 응고 촉진 작용

④ 혈병 퇴축 작용

⑤ 섬유소 용해 억제 작용

7) 혈장

혈장은 혈액의 45-65%를 차지하며, 보통 무색 혹은 대황색의 투명 또는 약간 혼탁한 색이다. 혈구와 더불어 영양소 및 노폐물을 운반하는 기능을 수행하고 있다. 혈장의 주요 성분은 수분, 단백질, 비단백질소화합물, 탄수화물, 지질류, 무기질, 호르몬, 비타민, 색소, 기체 등이다.

(1) 단백질 : 혈장의 6~8%를 차지하며 알부민, 글로불린 및 섬유소원으로 구별된다.

① 교질 삼투압의 유지

② 물질의 운반

③ 혈액의 점성 유지

④ 완충 작용

⑤ 영양물질

⑥ 혈액의 응고

⑦ 항체의 형성

⑧ 물질의 용해를 돕는 작용

(2) 탄수화물 : 혈액 중에 들어 있는 탄수화물을 총칭해서 혈당이라 하는데, 그 중의 주요 성분은 포도당으로, 조직 세포의 에너지원이 되고 있다.

(3) 지질류 : 지질류의 종류로는 지방, 콜레스테롤, 인지질, 유리지방산 등이 있다.

(4) 비단백질소화합물 : 단백질 이외의 질소화합물로는 요소, 아미노산, 크레아틴, 크레아티닌, 요산 등이 있다. 아미노산과 크레아틴은 영양소이지만, 그 외의 것은 노폐물이다.

(5) 무기질 : 무기질은 혈액 중에 약 1%, 혈장에 0.8% 정도 함유되며, 동물에 따른 농도의 차이는 크지 않다. 주된 작용으로는 혈액의 삼투압을 일정하게 유지하는 것으로 Na+, Cl-이 중요하다.

(6) 기타 : 그 외의 구성 성분으로는 젖산, 케톤체, 효소, 호르몬, 비타민, 색소, 산소, 탄산가스 및 질소를 함유한다.

* 혈액의 45~65%를 차지
* 무색 혹은 대황색의 투명 또는 약간 혼탁한 색
* 영양소 및 노폐물을 운반하는 기능
* 혈장의 주요 성분
· 수분, 단백질, 비단백질소화합물, 탄수화물, 지질류, 무기질, 호르몬, 비타민, 색소, 기체 등

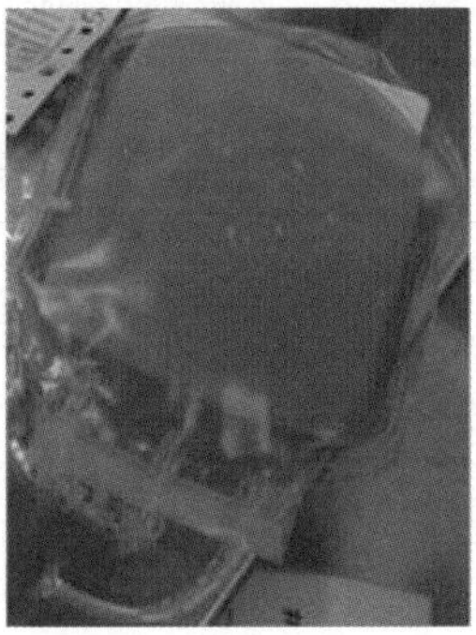

[그림 79] 혈장의 기능

8) 혈액의 응고

혈액의 체외 유출을 방지하여 생명을 보호, 유지하는데 생리적 의의가 크다. 혈액은 혈관 내에서 몸 속을 순환하고 있으나 혈관 밖으로 흘러나온 혈액은 바로 응고된다. 혈관의 손상으로 노출된 교원섬유에 (collagen fiber) 혈소판이 점착되고, 혈소판이 점착되면 혈소판 속에 저장되어 있던 ADP(adenosine diphosphate)가 방출되며, 방출된 ADP는 점착된 혈소판을 중심으로 다른 혈소판을 서로 응집시켜 혈소판 혈전을 형성하여 일단 지혈시키고, 그 둘레에 혈액이 응고되어 응고혈전을 만들어 굳은 지혈혈전을 완성시키게 된다.

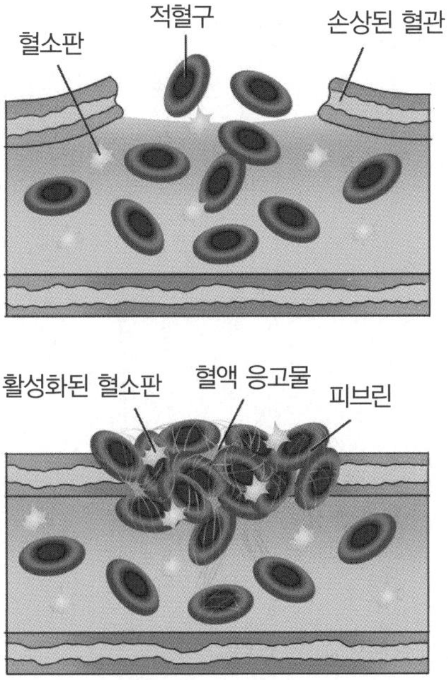

[그림 80] 혈액의 응고

실전 핵심 문제

상 중 하

01 다음 중 혈구의 구성성분이 아닌 것은?

① 백혈구 ② 적혈구

③ 혈소판 ④ 전해질

상 중 하

02 다음 중 혈장과 혈청에 대하여 맞는 것은?

① 혈장과 혈청은 같은 것이다.

② 혈장은 혈액의 응고가 일어난 후 액상 부분이다.

③ 혈액이 응고한 후의 액상 부분이 혈청이다.

④ 혈청 = 혈장 + 섬유소

상 중 하

03 다음 중 혈액의 기능에 대하여 틀린 것은?

① 영양물질의 공급하는 역할을 한다.

② 열운반 작용을 한다.

③ 호르몬을 분비한다.

④ 가스의 운반 역할을 한다.

상 중 하

04 다음 중 혈액에 대한 설명 중 틀린 것은?

① 체액의 삼투압 유지에 필요하다.

② 항응고 물질에 의한 지혈작용을 한다.

③ pH10으로 알칼리성을 유지하고 있다.

④ 세균에 대한 신체 방어 역할을 한다.

실전 핵심 문제

상 중 하

05 다음 혈액의 성상 중 맞는 것은?

① 푸른색 액상을 가지고 있다.

② 점섬을 가지고 있지 않다.

③ 산소에 의해 적색을 보인다.

④ 특이한 냄새를 가지고 있다.

상 중 하

06 다음 중 혈액의 저장소 역할을 하는 곳이 아닌 곳은?

① 심장 ② 모세혈관

③ 소정맥 ④ 간

상 중 하

07 다음 적혈구의 특징 중 틀린 설명은?

① 산소와 이산화탄소의 운반 역할을 한다.

② 성숙 적혈구는 유핵세포이다.

③ 동물의 종류에 따라 형태가 다양하다.

④ 양면의 가운데가 오목하게 들어간 모양이다.

상 중 하

08 다음 중 적혈구의 설명 중 틀린 것은?

① 생활 환경에 따라 적혈구의 수가 틀리다.

② 일반적으로 적혈구의 수는 어린 동물이 성숙 동물보다 많다.

③ 헤모글로빈은 마그네슘을 함유하고 있어 붉은 색이다.

④ 출생 후 적혈구의 주생성 장소는 골수이다.

상 중 하

09 다음 백혈구의 설명 중 틀린 것은?

① 무색 투명의 무핵 세포이다.

② 휴식 시에는 구형이다.

③ 활동 시 아메바 운동을 한다.

④ 생활 환경에 따라 백혈구 수의 차이가 있다.

상 중 하

10 다음 중 백혈구의 종류가 아닌 것은?

① 혈소판 ② 호산구

③ 호염구 ④ 림프구

상 중 하

11 기생충 감염이나 알러지성 질환 시 그 수가 증가하는 백혈구는?

① 호염구 ② 호산구

③ 림프구 ④ 혈소판

상 중 하

12 말초 혈액 중 가장 많은 수를 차지하는 백혈구는?

① 혈소판 ② 호염구

③ 호산구 ④ 호중구

상 중 하

13 백혈구의 운동성 중 조직간극을 이동하여 움직이는 것을 무엇이라 하는가?

① 유주 ② 우주

③ 유츄 ④ 우쥬

실전 핵심 문제

상 중 하

14 다음 중 탐식세포가 아닌 것은?

① 단핵구 ② 호산구

③ 호중구 ④ 호염구

상 중 하

15 다음 중 T림프구가 성숙하는 장소는?

① 골수 ② 흉선

③ 피부 ④ 림프절

상 중 하

16 다음 중 혈전세포라고 불리는 것은 무엇인가?

① 호염구 ② 혈소판

③ 림프구 ④ 헤모글로빈

상 중 하

17 다음 중 태생기의 적혈구 생성 장소가 아닌 곳은?

① 췌장 ② 간

③ 비장 ④ 림프절

상 중 하

18 다음 중 무기질의 특성이 아닌 것은?

① 탄소를 함유하고 있지 않다.

② 단일 원소로 구성되어 있다.

③ 에너지원으로 사용된다.

④ 체내 합성이 불가능하다.

상 중 하

19 다음 무기질의 기능 중 틀린 것은?

① 산/염기의 균형

② 뼈의 구성 성분

③ 비타민의 구성 성분

④ 체열의 발생원으로 작용

상 중 하

20 다음 중 백혈구 종류의 숫자로 맞는 것은?

① 3 종류
② 4 종류
③ 5 종류
④ 6 종류

정답

1. ④ 2. ③ 3. ③ 4. ③ 5. ④ 6. ① 7. ② 8. ③ 9. ① 10. ① 11. ② 12. ④ 13. ①
14. ④ 15. ② 16. ② 17. ① 18. ③ 19. ④ 20. ③

2 순환

척추동물은 심장, 동맥, 모세혈관, 정맥으로 된 혈액순환계를 갖추고 있는데, 혈액이 이 순환계를 순환하면서 산소와 영양물질의 운반, 이산화탄소와 노폐물의 제거 등을 하고 있다. 이들의 교환은 모세혈관 벽을 통하여 혈액과 조직액 사이에서 이루어지며, 혈액이 혈관 밖으로 나오는 일은 없다. 즉 폐쇄순환을 하고 있다. 혈액순환 외의 간질액의 일부는 림프순환을 통하여 정맥계로 되돌아 간다.

1) 순환계

(1) **체순환** : 좌심실 → 대동맥 → 말초 조직 → 대정맥 → 우심방

(2) **폐순환** : 우심실 → 폐동맥 → 폐 → 폐정맥 → 좌심방

체순환

• 좌심실 대동맥 말초 조직 대정맥 우심방

폐순환

• 우심실 폐동맥 폐 폐정맥 좌심방

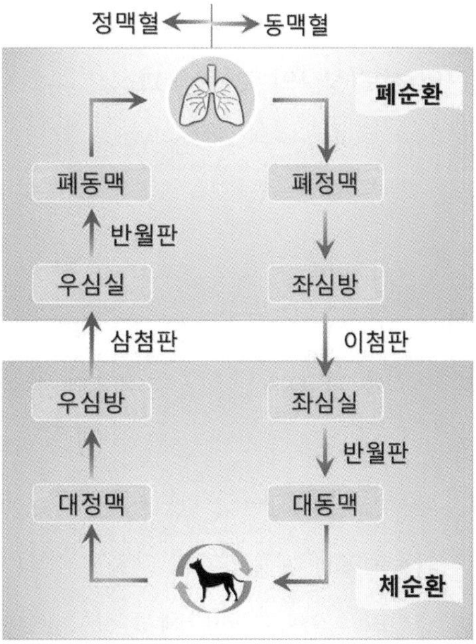

[그림 81] 순환계

(3) 문맥순환 : 복부 내장을 환류하고 모세혈관을 거쳐서 정맥으로 들어간 혈액은 문맥(portal vein)으로 모이고 간으로 들어가 다시 모세혈관 망을 통과한 후, 간정맥혈이 되어 후대정맥으로 들어간다. 즉, 모세혈관망을 두 번 통과하는 것을 문맥순환이라 한다.

(4) 기타 : 뇌순환, 태아순환, 림프순환 등이 신체의 항상성의 유지를 위해 존재한다.

2) 심장

(1) 심장의 구조

심장은 섬유성 주머니인 심낭으로 둘러싸여 있는 근육 장기로 심낭과 심장 사이에는 심낭수라고 하는 수양성 윤활액이 있어, 심장이 박동할 때 심낭과의 마찰을 방지한다. 포유류 및 조류의 심장은 좌심방, 좌심실, 우심방 및 우심실로 구성된 2심방 2심실로 이루어져 있다. 우심방과 우심실 사이에는 삼첨판, 좌심방과 좌심실 사이에는 이첨판의 판막이 있으며, 심실과 대동맥 사이의 대동맥판, 심실과 폐동맥 사이의 폐동 맥판이 있다. 심방과 정맥 사이에는 판막이 없다. 또한 심근은 자극전도계에 따라 스스로 반복하여 흥분, 수축하는 능력인 심장의 자동성을 가지고 있다.

(2) 심근의 전도(심근의 흥분성) 과정

동방결절(SA node) → 방실결절(AV node) → 방실속(His's bundle) → Purkinje fiber → 심실수축

(3) 심음

심장 박동 시에 나타나는 진동을 흉벽에서 들을 수 있는 음을 심음이라 한다. 심음에는 1, 2, 3, 4음이 있으며, 사람이 들을 수 있는 음은 1, 2음이다.

① 1음: 심방과 심실 사이의 판막이 닫히는 소리

② 2음: 대동맥판과 폐동맥판이 닫히는 소리

③ 3음: 심실의 이완으로 심방에서 심실로 혈액 유입이 급히 감속되었을 때 발생

④ 4음: 심방의 수축으로 심실이 혈액으로 충만되어 확장되었을 때 발생

- 심장 박동 시에 나타나는 진동을 흉벽에서 들을 수 있는 음
- 1, 2, 3, 4음이 있음
- 사람이 들을 수 있는 음 : 1, 2음
  - 1음 : 심방과 심실 사이의 판막이 닫히는 소리
  - 2음 : 대동맥판과 폐동맥판이 닫히는 소리
  - 3음 : 심실의 이완
    - 말에서 청취 가능
  - 4음 : 심방의 수축
    - 말에서 청취 가능

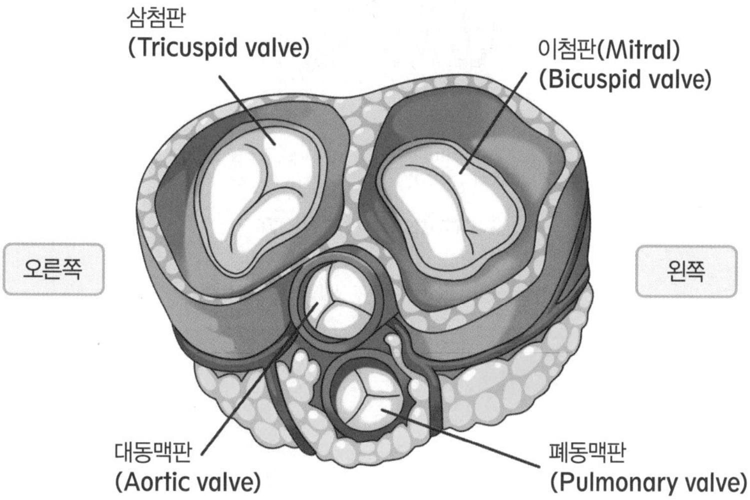

[그림 82] 판막의 위치

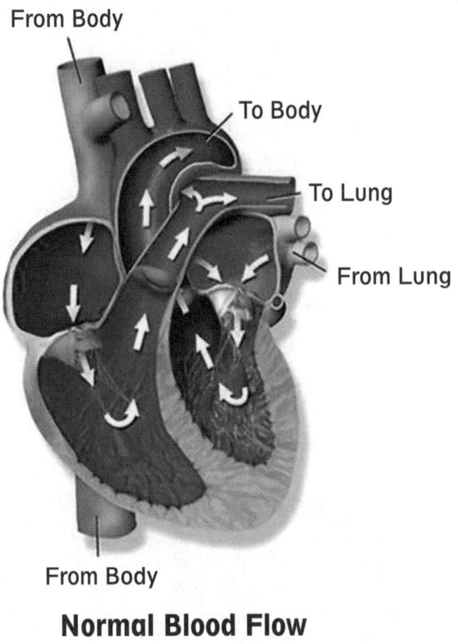

[그림 83] 심장의 구조 및 혈류의 방향

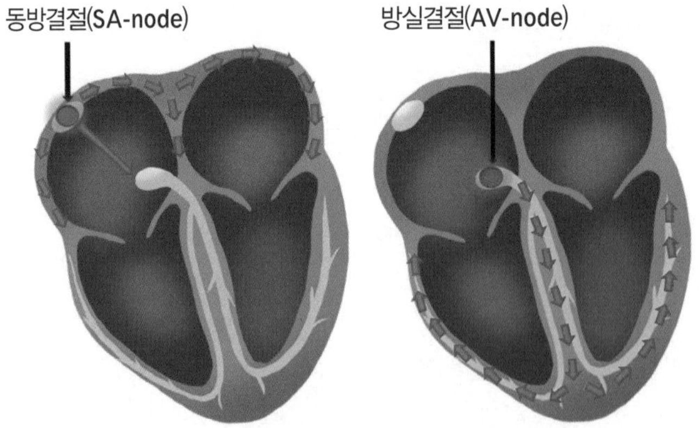

[그림 84] 심근의 전도 과정

실전 핵심 문제

상 중 하

01 다음 중 동물의 종류와 심장의 구조가 바르게 짝지어진 것은?

① 악어 – 2심방 1심실

② 조류 – 2심방 2심실

③ 개구리 – 2심방 불완전2심실

④ 개, 고양이– 1심방 1심실

상 중 하

02 다음 중 심장을 싸고 있는 섬유성막을 무엇이라 하는가?

① 심낭 ② 장막

③ 횡격막 ④ 포도막

상 중 하

03 다음 중 심장 구조의 명칭이 아닌 것은?

① 좌심실 ② 우심실

③ 삼첨판 ④ 권골샘

상 중 하

04 다음 중 좌측 심방과 심실 사이의 판막은 무엇인가?

① 대동맥판 ② 폐동맥판

③ 삼첨판 ④ 이첨판

실전 핵심 문제

상 중 하

05 다음 중 우측 심방과 심실 사이의 판막은 무엇인가?

① 대동맥판　② 폐동맥판
③ 삼첨판　④ 이첨판

상 중 하

06 다음 중 판막의 역할로 올바른 것은?

① 역류 방지　② 산소 공급
③ 혈압 조절　④ 호흡 조절

상 중 하

07 다음 중 우심실과 관련된 구조물은 무엇인가?

① 폐동맥판　② 대동맥판
③ 이첨판　④ 난원공

상 중 하

08 "심장은 체외 적출 시에도 박동이 계속됨"을 무엇이라 표현하는가?

① 심장의 노력성　② 심장의 가역성
③ 심장의 역동성　④ 심장의 자동성

상 중 하

09 다음 중 심장의 박동과 관련된 내용으로 옳은 것은?

① 흥분전도계　② 자극전도계
③ 감각전도계　④ 시각전도계

실전 핵심 문제

상 중 하

10 다음 중 심근의 전도과정 순서로 옳은 것은?

① 동방결절 – 방실결절 – 방실속 – 퍼킨지 섬유

② 방실결절 – 동방결절 – 방실속 – 퍼킨지 섬유

③ 동방결절 – 방실결절 – 퍼킨지 섬유 – 방실속

④ 방실결절 – 동방결절 – 퍼킨지 섬유 – 방실속

상 중 하

11 다음 중 심음의 종류로 옳은 것은?

① 4음 ② 5음

③ 6음 ④ 7음

상 중 하

12 다음 심음 중 1음에 대한 설명으로 옳은 것은?

① 대동맥판이 닫히는 소리

② 폐동맥판이 닫히는 소리

③ 이첨판과 삼첨판이 닫히는 소리

④ 대동맥판과 삼첨판이 닫히는 소리

상 중 하

13 다음 심음 중 2음에 대한 설명으로 옳은 것은?

① 대동맥판과 폐동맥판이 닫히는 소리

② 폐동맥판과 삼첨판이 닫히는 소리

③ 이첨판과 폐동맥판이 닫히는 소리

④ 대동맥판과 이첨판이 닫히는 소리

상 중 하

14 다음 중 순환계의 흐름으로 맞게 나열된 것은?

① 심장 – 정맥 – 동맥 – 모세혈관 – 심장

② 동맥 – 모세혈관 – 심장 – 정맥 – 동맥

③ 동맥 – 심장 – 모세혈관 – 정맥 – 동맥

④ 심장 – 동맥 – 모세혈관 – 정맥 – 심장

상 중 하

15 다음 중 혈액이 혈관 밖으로 나오는 일이 없이 순환하여 붙여진 이름은?

① 빠른순환 ② 폐쇄순환

③ 가로순환 ④ 세로순환

상 중 하

16 다음 순환의 구분 중 거리가 먼 것은?

① 폐순환 ② 혈맥순환

③ 체순환 ④ 태아순환

상 중 하

17 다음 중 체순환과 거리가 먼 것은?

① 대동맥 ② 대정맥

③ 우심방 ④ 우심실

상 중 하

18 다음 중 산소가 풍부한 동맥혈을 가지고 있지 않은 혈관은?

① 폐정맥 ② 대동맥

③ 폐동맥 ④ 경동맥

실전 핵심 문제

상 중 하

19 다음 순환계의 분류 중 모세혈관망을 두 번 통과하는 순환계는?

① 문맥순환 ② 혈맥순환

③ 체순환 ④ 폐순환

상 중 하

20 다음 중 태안순환과 그 구조물이 옳은 것은?

① 난원공 – 좌심실과 우심실 사이의 원형 구멍

② 제정맥 – 태아에서 태반으로 노폐물을 운반하는 혈액

③ 제동맥 – 태아의 전신 후 태반으로 가는 혈액

④ 동맥관 – 폐정맥과 대동맥궁 사이를 연결하는 관

정답

1. ② 2. ① 3. ③ 4. ④ 5. ③ 6. ① 7. ① 8. ④ 9. ② 10. ① 11. ① 12. ③ 13. ①
14. ④ 15. ② 16. ② 17. ④ 18. ③ 19. ① 20. ③

3 호흡

동물은 생명을 유지하는데 필요한 에너지원을 흡수 후 체내에서 산화될 때 생성되는 에너지를 통해 생명이 유지된다. 산화에는 반드시 산소가 필요하고 이산화탄소가 발생한다. 동물 체내에서 일어나는 산화의 전 과정이 호흡이다. 체내 조직세포는 적당한 농도와 적당한 양의 산소화 이산화탄소가 유지되어야만 정상적인 생명활동을 할 수 있는데 이를 항상성(homeostasis)이라 한다.

이 항상성을 유지하기 위하여 호흡을 해야 한다. 즉, 호흡이란 모든 생명체가 그의 외부 환경과 기체 교환을 하는 물리적, 화학적 과정을 말한다. 폐 내의 기체와 모세혈관 사이에서 일어나는 기체 교환을 외호흡 또는 폐호흡이라 하고, 조직 내에서 일어나는 기체 교환을 내호흡 또는 조직호흡이라 한다. 태아는 외호흡이 없으나 태반을 통해 태아의 혈액과 모체의 혈액 사이에 기체 교환이 이루어진다.

1) 호흡기계의 구조

① 포유류의 호흡기계는 폐, 기도, 흉곽, 늑막강, 횡격막, 흉곽의 호흡근과 이와 연결된 구심성 혹은 원심성 신경들로 구성되어 있다.

② 기도는 비강에서 시작하여, 인두, 후두, 기관, 기관지를 거쳐 폐에 이른다.

③ 폐포와 혈액 사이에는 표면활성물질, 폐포 상피, 기저막, 내피 세포, 혈장 및 적혈구막의 6가지 벽이 있다.

④ 폐를 둘러싸고 있는 주머니를 흉막이라 하는데, 흉막에는 폐쪽의 내장쪽 흉막과 바깥쪽의 벽쪽 흉막이 있다. 이들 흉막 사이를 흉막강이라 하고, 소량의 림프액이 들어 있어 흉막을 습윤하고 윤활하게 하여 호흡운동 시 마찰을 줄여주는 역할을 한다. 흉강은 횡격막에 의해 복강과 분리되어 있다.

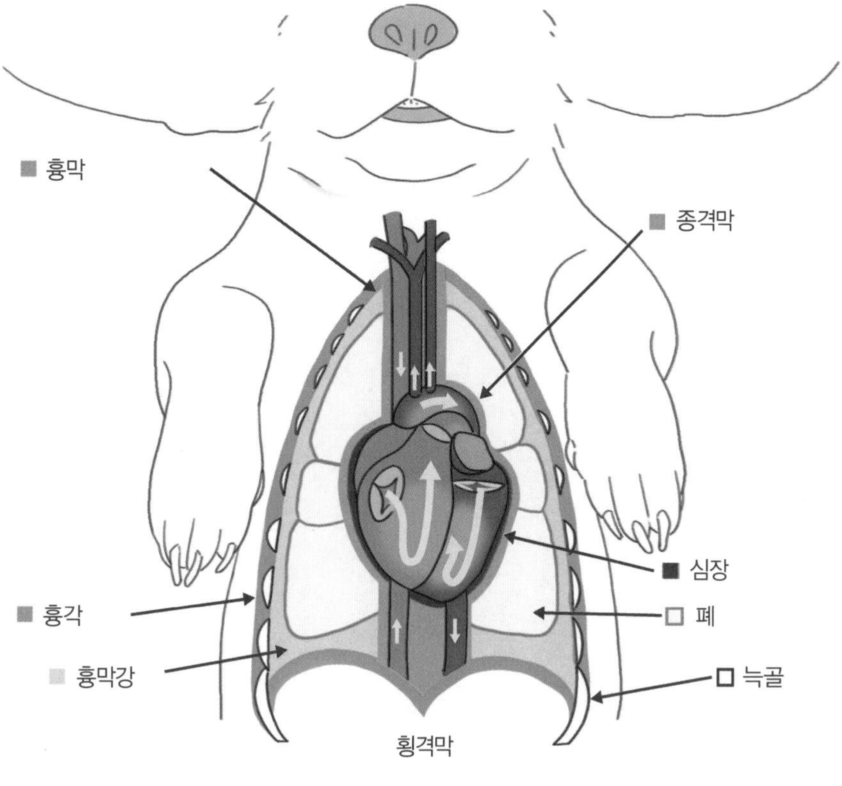

[그림 85] 호흡기계의 구조

2) 호흡운동

호흡에 있어 흡식의 과정을 보면, 폐를 팽창시키기 위해서는 폐벽에 힘이 작용하여야 하는데, 이는 흉막강 내압을 낮춰서 즉, 압력 차이를 증가시킴으로써 이루어진다. 흉막강 내 음압은 호흡근을 수축시키며 횡격막을 내리고 늑골을 위로 올림으로써 더욱더 음압을 증가시킨다. 이렇게 되면 폐의 용적이 증가되고 폐포 내압도 음압이 된다. 결과적으로 폐 내와 구강 내에는 압력의 차이가 생겨 폐 내로 공기의 흐름이 생긴다.

흡식이 끝나면 곧 호식으로 이어지며, 흡식 시에 수축했던 근육들이 이완된다. 하강하였던 횡격막이 다시 복압에 의해 본래의 위치로 복귀하고 흉곽은 그 용적이 감소되어 호식이 이루어진다. 호식이 끝난 후 모든 호흡근이 짧은 기간 동안 휴식하고 있는데 이 시기를 호흡운동 휴지기(resting level)라고 한다. 심호흡을 하는 경우에는 이 호흡운동 휴지기에서 호식을 더 할 수 있는데 이때 호식에 관여한 근육의 능동적인 수축이 필요하게 되며 이를 노력성 호식(forced expiration)이라 한다.

안정 시의 호흡은 주로 늑골운동에 의해 일어나는데, 이것을 흉식호흡이라 하며, 횡격막의 운동에 의해 일어나는 것을 복식호흡이라 한다. 대부분의 포유동물은 흉식과 복식이 같이 일어나는 흉복식호흡 호흡형을 하고 있다. 개나 육식동물은 흉식호흡형이지만 초식동물은 복식호흡형이다.

3) 호흡의 조절

(1) 신경성 조절

① 호흡중추

② 미주신경

(2) 화학적 조절

① 이산화탄소의 농도

② 산소의 농도

외호흡(폐호흡)

- 폐 내에서 일어나는 기체 교환
- 태아는 외호흡이 없음
  - 태반을 통해 태아와 모체의 혈액 사이에서 기체 교환 이루어짐

내호흡(조직호흡)

- 조직 내에서 일어나는 기체 교환
  세포가 산소를 이용하여 에너지를 얻고 이산화탄소와 물 방출

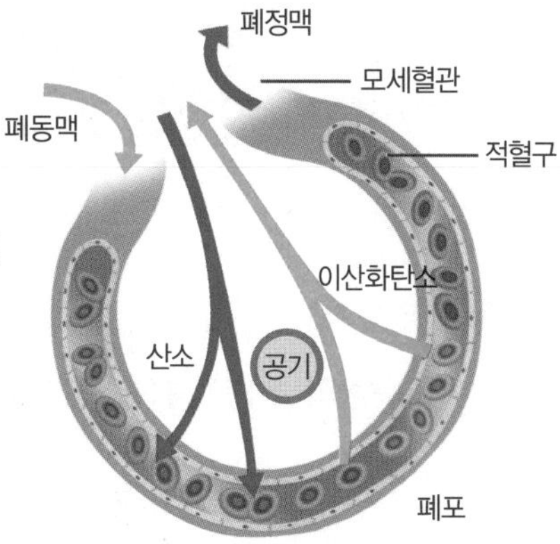

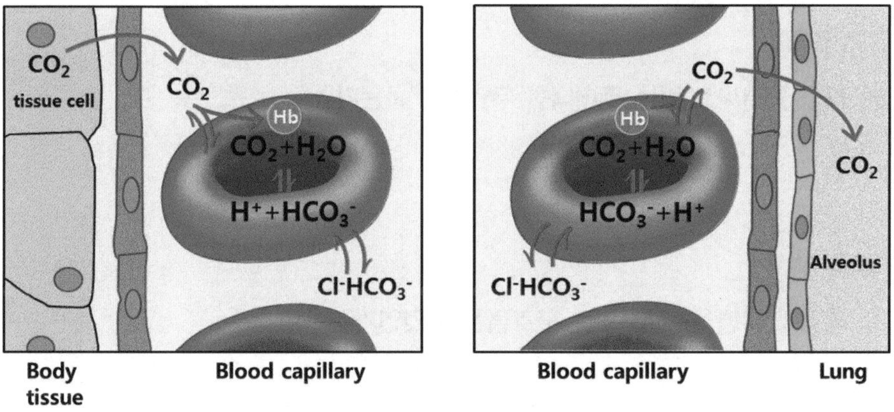

[그림 86] 호흡의 종류

1분 간 호흡한 횟수

건강상태 및 질병 진단의 기준 중 하나

호흡수 변화의 조건

- 품종
- 몸의 크기
- 나이
- 운동
- 흥분
- 환경 온도
- 임신
- 소화관의 충만 정도
- 건강 상태

Species	Normal respiration rate per minute
Dog	15–30
Cat	20–30
Neonatal dogs and cats	15–35
Rabbit	38–65
Guinea–pig	90–150
Hamster	33–127
Gerbil	40–80
Ferret	30–40
Chinchilla	40–80
Rat	70–150

[그림 87] 호흡의 횟수

상 중 하

01 다음 중 동물의 호흡기계의 구조물이 아닌 것은?

① 코 ② 후두 ③ 폐 ④ 신장

상 중 하

02 다음 중 폐를 둘러싸고 있는 주머니를 무엇이라 하는가?

① 흉막 ② 복막 ③ 장막 ④ 근막

상 중 하

03 다음 중 흉강과 복강을 구분 짓는 구조물은 무엇인가?

① 벽측 흉막 ② 횡격막

③ 종격막 ④ 심낭막

상 중 하

04 다음 중 호흡에 대한 설명 중 틀린 것은?

① 모든 생명체가 기체 교환을 하는 물리적 과정

② 모든 생명체가 기체 교환을 하는 화학적 과정

③ 산화 과정에 후 이산화탄소가 생성된다.

④ 산화 과정에 후 산소가 생성된다.

상 중 하

05 다음 중 정상적인 생명 활동을 위해 항상 유지되어야 하는 상태를 뜻하는 용어는?

① 항상성 ② 유지성

③ 평형성 ④ 수원성

실전 핵심 문제

상 중 하

06 다음 중 폐 내에서 일어나는 기체교환을 뜻하는 용어는?

① 외호흡 ② 내호흡

③ 심호흡 ④ 빈호흡

상 중 하

07 다음 중 조직 내에서 일어나는 기체교환을 뜻하는 용어는?

① 외호흡 ② 내호흡

③ 심호흡 ④ 빈호흡

상 중 하

08 다음 중 흡식과 관련되어 틀린 것은?

① 늑간근 이완 ② 폐와 구강 내 압력 차이

③ 폐의 팽창 ④ 폐포 내 음압

상 중 하

09 다음 중 호식과 관련되어 틀린 것은?

① 횡격막 이완 ② 흉곽의 용적 감소

③ 내 뱉는 숨 ④ 늑간근 수축

상 중 하

10 다음 중 호식이 끝난 후 호흡근이 짧은 기간 동안 휴식하는 시기를 무엇이라 하는가?

① 호흡 운동 정기지 ② 호흡 운동 휴지기

③ 호흡 운동 정체기 ④ 호흡 운동 절정기

실전 핵심 문제

상 중 하

11 다음 중 호흡 운동의 종류가 아닌 것은?

① 노력성 호흡 ② 조용한 호흡

③ 복식 호흡 ④ 흉식 호흡

상 중 하

12 다음 중 호흡수의 정의로 옳은 것은?

① 30분 간 호흡한 횟수 ② 10분 간 호흡한 횟수

③ 5분 간 호흡한 횟수 ④ 1분 간 호흡한 횟수

상 중 하

13 다음 중 호흡수의 변화 조건과 거리가 먼 것은?

① 밤과 낮 ② 품종

③ 외부 온도 ④ 건강 상태

상 중 하

14 다음 중 개의 정상적인 호흡수는?

① 5 ~ 10회 ② 15 ~ 30회

③ 40 ~ 50회 ④ 60 ~ 70회

상 중 하

15 다음 보기 중 호흡의 종류가 나머지 셋과 거리가 먼 것은?

① 과호흡 ② 다호흡

③ 무호흡 ④ 내호흡

실전 핵심 문제

상 중 하

16 다음 중 호흡수 및 호흡 깊이가 증가된 호흡을 무엇이라 하는가?

① 과호흡　② 다호흡
③ 빈호흡　④ 호흡곤란증

상 중 하

17 다음 중 잠이오거나 권태감이 있을 때 나타나는 호흡은?

① 심호흡　② 체인스톡 호흡
③ 하품　④ 과호흡

상 중 하

18 다음 중 호흡 조절과 관련된 것은 무엇인가?

① 뇌교　② 연수　③ 소뇌　④ 척수

상 중 하

19 다음 중 호흡 운동과 관련된 것은 무엇인가?

① 뇌교　② 연수　③ 소뇌　④ 척수

상 중 하

20 다음 뇌신경 중 호흡의 신경성 조절에 있어 관계가 깊은 것은?

① 동안신경　② 안면신경
③ 활차신경　④ 미주신경

정답

1. ④ 2. ① 3. ② 4. ④ 5. ① 6. ① 7. ② 8. ① 9. ④ 10. ② 11. ② 12. ④ 13. ①
14. ② 15. ④ 16. ① 17. ③ 18. ① 19. ② 20. ④

4 소화와 흡수

소화란 음식물 중에 들어 있는 영양소를 체내로 흡수할 수 있는 상태로 만드는 과정을 말한다. 동물의 소화관 내에서는 고분자화합물을 저분자화합물로 만들기 위해 물리적 혹은 화학적 방법으로 소화하게 된다. 탄수화물은 단당류, 지방은 지방산과 글리세롤, 단백질은 아미노산으로 분해된다. 소화된 물질이 동물의 영양소가 되기 위해서는 그 물질이 혈액 또는 림프액으로 들어가야 하는데, 소화관 벽을 통과해서 생체의 내부로 물질이 수송되는 과정을 흡수라고 한다.

1) 소화

소화가 이루어지는 곳을 소화관이라 하며 구강, 인두, 식도, 위, 소장, 대장 및 항문으로 되어있다. 사료가 구강 내로 들어오게 되면 분변으로 배출될 때까지 이들 소화관 내에서는 음식을 부수고 섞어 이동 시키는 기계적 작용과 소화액 또는 미생물이 분비하는 효소에 의한 분해 등의 화학적 작용에 의해 소화가 이루어진다. 소화과정은 동물의 종류에 따라 각각 다르며 소화관의 형태도 상당한 차이가 있다.

소화관

- 소화가 이루어지는 곳
- 입, 위, 소장, 대장

기계적 소화

- 음식을 부수고 섞어 이동시키는 것

화학적 소화

- 소화액 또는 미생물이 분비하는 효소에 의한 분해

소화의 과정과 소화관의 형태는 동물의 종류에 따라 다양

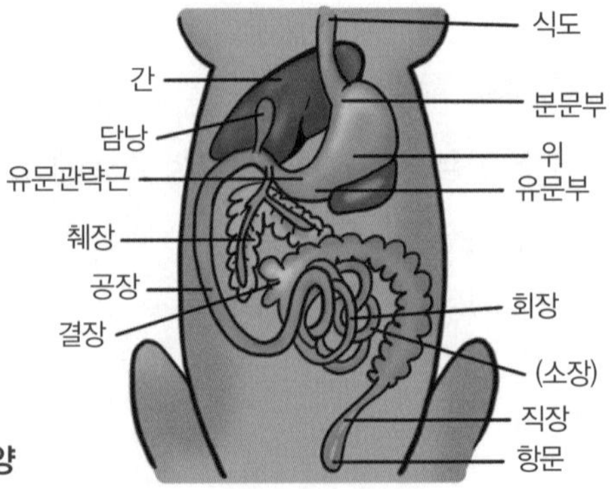

[그림 88] 소화기계

(1) 구강 내 소화

① 포유동물는 주로 입술, 이빨 및 혀를 이용하여 사료를 섭취(채식)한다.

② 저작 : 채식한 먹이가 구강 내에서 절단 되고 부서져 타액과 혼합되는 과정이다. 사료 입자를 작게 하여 소화액과 접촉하는 면적을 크게 하는 역할이며, 초식동물은 어금니, 설치류는 음식물을 갉아먹으므로 앞니, 육식동물은 먹이를 찍어서 절단하므로 송곳니가 발달되어 있다.

③ 타액 : 이하선, 악하선, 설하선 3개의 타액선에서 타액을 분비하게 된다. 각 타액선에서 분비되는 타액의 양과 성분은 각기 다르지만 각 타액들이 혼합된 혼합타액의 성분을 보면 수분, 단백질, 효소 및 비단백태 질소화합물 등이 있다. 단백질은 주로 알부민, 글로불린, mucin 등이 있으며, 대표적인 효소로서는 탄수화물 분해 효소인 프티알린(ptyalin)이 있는데 사람의 것은 작용이 강하나 돼지의 것은 약하다. 초식 및 육식동물에서는 거의 함유되어 있지 않다. 타액은 사료에 수분을 공급하며 mucin의 작용과 어울려서 저작이나 연하를 용이하게 한다. 혀의 미뢰(taste bud)를 자극하여 맛을 잘 느끼게 하고, 구강 내 항균작용을 나타낸다.

④ 연하 : 구강 내의 음식을 인두에서 식도를 지나 위로 보내는 운동을 연하라고 한다. 음식이 혀와 주변 근육에 의해 인두 쪽으로 보내지면 신경자극에 의해 연하 반사가 일어난다. 음식이 식도로 들어가면 연동(peristalsis)이 시작되어 위 내로 들어가게 된다.

(2) 위 내 소화

① 위는 식도에서 이어지는 주머니 모양의 근육성 기관으로 분문부, 위저부, 위체부 및 유문부인 4부문으로 구분된다.

② 가스트린, 세크리틴 등의 효소가 분비되어 주로 탄수화물의 소화기능을 갖는다.

③ 위액의 분비는 신경, 호르몬 및 기계적 또는 화학적 반응에 의해 분비된다.

④ 섭취된 음식물을 혼합, 저장하고, 단백질과 지방의 소화를 시작한다.

⑤ 위의 가장 중요한 기능은 음식물을 저장한 후 십이지장으로 배출하는 것이다.

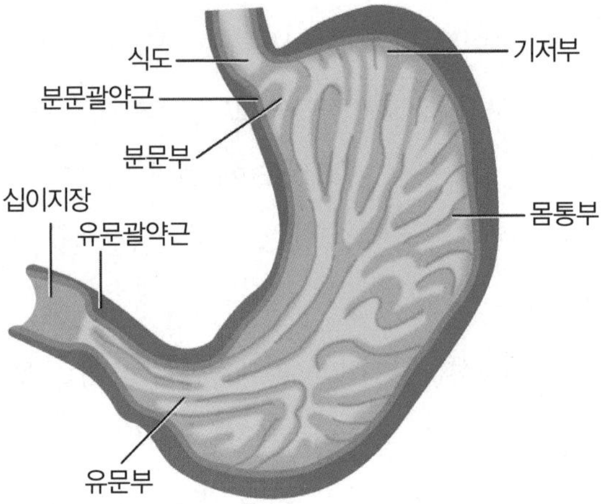

[그림 89] 위내 소화

⑥ 동물이 물을 먹으면 섭취한 사료와 관계없이 십이지장으로 내려가지만, 고형질의 사료는 위액과 혼합되고 균질화 되어야 위 배출이 시작된다. 위 배출은 동물의 종, 사료, 연령에 따라 상당한 차이가 있으나, 다음의 세 가지의 인자에 의하여 결정된다.

- 위 내용물의 상태(삼투질 농도, 점성, pH 고장성일수록 배출이 늦어짐)
- 십이지장 상태(소장에 음식이 많으면 위 배출이 늦어짐)
- 음식물을 섭취할 때의 스트레스의 여부

⑦ 구토 : 위장관의 내용물이 입을 통하여 토출되는 현상으로, 구토반사가 일어나기 직전이나 거의 동시에 오심, 다량의 타액 분비, 발한, 동공 산대, 빠르고 불규칙한 심박동, 깊은 흡식 호흡 및 피부 혈관 축소로 인한 창백 등, 자율 신경계 이상에 따른 여러 증상이 나타난다.

(3) 소장 내 소화

위에서 부분적으로 소화된 물질은 소장에서 췌액 및 장액에 함유되어 있는 효소에 의해 소화되고 다시 맹장, 대장에서 세균의 작용을 받으며 마지막 대변으로 배설된다.

① 소장은 유문에서 회맹조임근까지의 긴 장관이다.

② 십이지장, 공장, 회장으로 나뉘며 십이지장은 간장과 췌장으로부터 나오는 도관이 열려

있어 담즙산염과 각종의 소화 효소를 공급 받으므로 대부분의 소화가 소장에서 진행된다.

③ 소장에는 융모라는 해부학적 구조가 존재하여, 음식물과 소장점막 사이의 접촉면을 약 600배정도 증가시켜 흡수를 증폭시키는 역할을 한다.

④ 췌장액의 효소와 장 내용물이 잘 혼합되도록 하며, 탄수화물, 지방, 단백질의 소화관 내 소화를 돕는다.

⑤ 소장의 운동

- 분절운동 : 혼합 역할
- 시계추 운동 : 일정한 간격을 두고 수축파가 교대로 일어남
- 비추진성 연동운동 : 연동파가 십이지장과 공장상부에서 항문까지 전파되고 짧은 거리를 집행하는 혼합운동
- 융모운동 : 융모의 수축과 이완을 통해서 상피세포와 미즙이 접촉하게 한다.
- 추진운동 : 연동으로 소장상부는 수축, 하부는 이완하여 내용물을 아래로 이동.

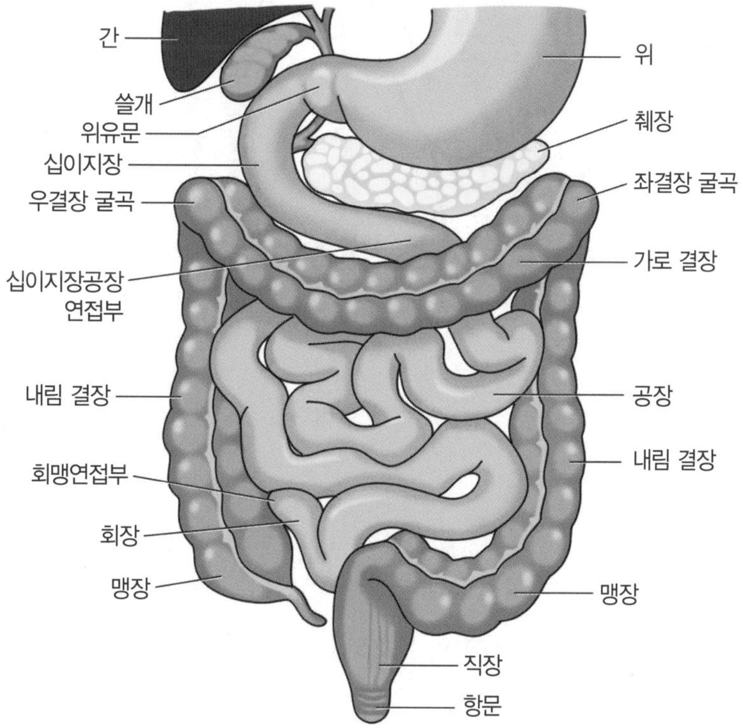

[그림 90] 소장 내 소화

(4) 대장 내 소화

대장은 맹장, 결장, 직장으로 이루어지며 점막에는 융모가 없고 결장에 존재하는 선에서 장 내용물과 접촉에 의해 점액이 분비된다. 육식동물의 소화는 주로 소화효소에 의존하고 소장에서 거의 소화가 완료되므로 대장에서의 미생물에 의한 소화는 없다. 초식동물은 식물성 음식물의 소화를 위해 미생물 발효가 일어난다. 배변 자극은 장 내용물이 직장으로 이동하면 감각신경을 통하여 중추로, 다시 운동신경인 부교감신경을 거쳐 직장의 연동운동 촉진과 항문내조임근을 이완시킴으로써 일어난다.

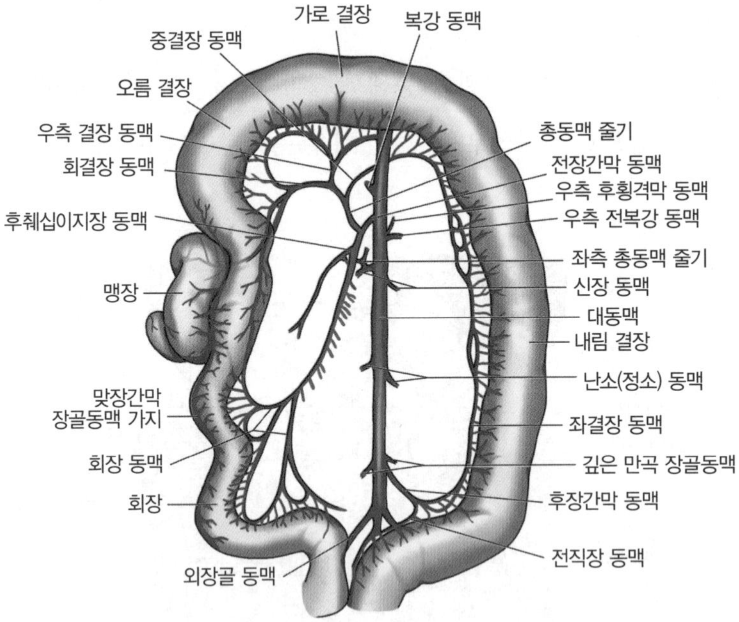

[그림 91] 대장 내 소화

(5) 설사

설사는 장관운동의 항진, 소화불량과 더불어 유발되는 흡수장애, 분비증가, 이들의 혼합에 의하여 일어나며, 설사를 유발하는 기전에는 크게 세 가지가 있다.

① 삼투압성 : 흡수되지 않은 탄수화물 등에 의해 대장내의 삼투성 증가

② 분비의 증가 : 콜레라나 대장균의 독소 등에 의한 분비 증가

③ 혼합형사 : 흡수의 장해와 분비의 증가가 동시에 유발되어 장운동이 증가

2) 흡수

(1) 물의 흡수

대부분의 수분은 주로 대장에서 흡수된다. 물의 흡수는 주로 삼투압의 차이에 의한 수동 수송이다. 따라서 흡수되기 어려운 용질이 장관 내에 있으면 물의 흡수도 늦어진다.

(2) 탄수화물의 흡수

Amylase에 의해서 1차 분해된 후 이당류 분해효소에 의해 단당류로 분해되어 흡수된다. 포도당과 과당은 농도경사에 역행하는 나트륨 능동 운반기전에 의해서 흡수된다.

(3) 지방의 흡수

췌장에서 분비된 lipase는 중성지방을 가수분해하고, 담즙산염에 의해서 유화된 중성지방이 완전히 가수분해 되면 글리세롤과 지방산이 된다. 탄소수가 많은 지방산은 림프관을 경유하여 흡수된다.

(4) 단백질의 흡수

아미노산이나 펩티드로 분해되어 소화관으로 흡수되며, 단백질의 소화 흡수는 소장의 전반부에서 거의 완료되며, 나트륨 의존성 능동운반기전에 의해서 흡수된다.

(5) 비타민의 흡수

지용성 비타민인 A, D, E, K는 장점막에서 확산에 의해 흡수된다. 비타민의 흡수는 지방의 흡수와 관계되며, 지방의 흡수가 저하되면 지용성 비타민의 흡수도 감소한다. 수용성 비타민인 B와 C도 마찬가지로 확산에 의해 흡수된다. 비타민은 주로 소장의 상부에서 흡수되지만 비타민 B12는 예외로 회장에서 음작용에 의해 흡수된다.

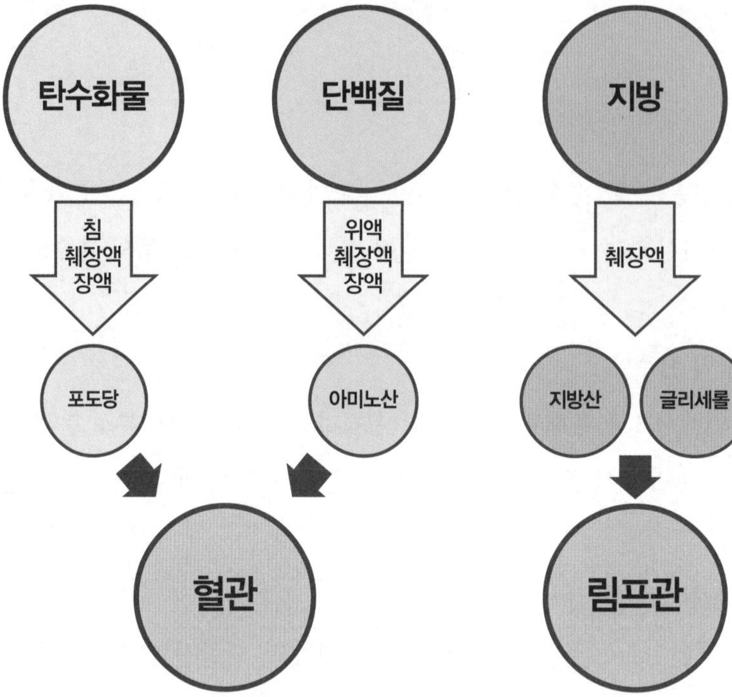

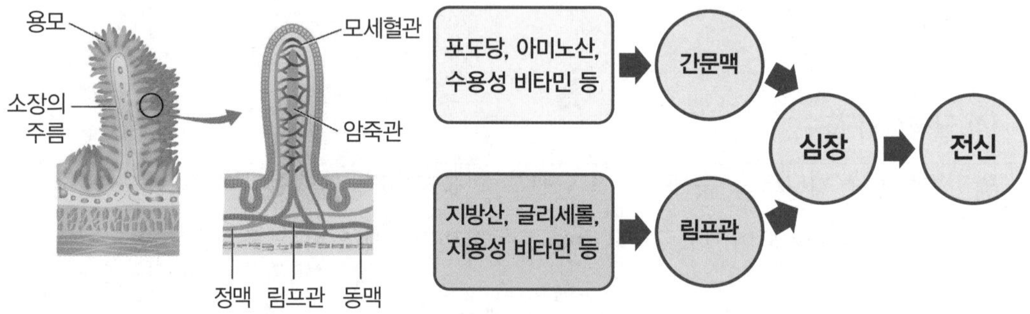

[그림 92] 탄수화물, 단백질, 지방, 비타민의 흡수

실전 핵심 문제

상 중 하

01 다음 중 소화과정에 대한 설명으로 틀린 것은?

① 소화에는 물리적 방법이 있다.

② 저분자화합물을 고분자화합물로 변환하는 과정이다.

③ 소화에는 화학적 방법이 있다.

④ 고분자 화합물을 저분자화합물로 변환하는 과정이다.

상 중 하

02 다음 중 탄수화물의 최종 소화산물은 무엇인가?

① 포도당 ② 아미노산

③ 글리세롤 ④ 지방산

상 중 하

03 다음 중 단백질의 최종 소화산물은 무엇인가?

① 포도당 ② 아미노산

③ 글리세롤 ④ 지방산

상 중 하

04 다음 보기 중 림프관으로 흡수되는 것은?

① 포도당 ② 아미노산

③ 지방산 ④ 비타민 C

상 중 하

05 다음 중 소화관이 아닌 곳은?

① 코 ② 입 ③ 위 ④ 소장

실전 핵심 문제

상 중 하

06 구강내 소화 중 저작이란 무엇인가?

① 먹이를 삼키는 과정　② 먹이를 느끼는 과정

③ 먹이를 보는 과정　④ 먹이를 씹는 과정

상 중 하

07 다음 이빨 중 초식동물에서 발달된 것은?

① 송곳니　② 어금니

③ 앞니　④ 혀

상 중 하

08 소화 과정 중 연하란 무엇인가?

① 음식을 씹는 과정　② 음식을 부수는 과정

③ 음식을 삼키는 과정　④ 음식을 뱉는 과정

상 중 하

09 다음 중 타액선의 종류가 아닌 것은?

① 이하선　② 설하선

③ 악하선　④ 치하선

상 중 하

10 다음 중 타액의 역할이 아닌 것은?

① 기계적으로 음식을 작게 만듬　② 사료에 수분을 공급하는 역할을 함

③ 저작을 용이하게 함　④ 항균작용

실전 핵심 문제

상 중 하

11 다음 중 위의 구분이 아닌 것은?

① 기저부 ② 몸통부
③ 유문부 ④ 식도부

상 중 하

12 다음 중 탄수화물의 소화가 시작되는 곳은?

① 입 ② 위 ③ 소장 ④ 대장

상 중 하

13 다음 중 단백질의 소화가 시작되는 곳은?

① 입 ② 위 ③ 소장 ④ 대장

상 중 하

14 다음 중 위배출의 중요 요소가 아닌 것은?

① 위 내용물의 삼투질 농도 ② 음식 섭취 시 스트레스 여부
③ 음식 섭취 시 눈물량의 상태 ④ 위 내용물의 점성 상태

상 중 하

15 다음 중 구토반사의 증상이 아닌 것은?

① 오심 ② 발한 ③ 서맥 ④ 창백

상 중 하

16 다음 중 소장의 구조물이 아닌 것은?

① 십이지장 ② 공장
③ 회장 ④ 맹장

상 중 하

17 **다음 중 소장과 대장의 가장 큰 차이점은 무엇인가?**

① 장 융모의 유무　　② 장 융모 길이의 차이
③ 도관의 유무　　④ 도관 길이의 차이

상 중 하

18 **다음 중 소장의 역할이 아닌 것은?**

① 분절 운동　　② 연동 운동
③ 탄수화물의 소화 시작 부위　　④ 지방의 소화 시작 부위

상 중 하

19 **다음 중 대장의 구조물이 아닌 것은?**

① 맹장　　② 십이지장
③ 결장　　④ 직장

상 중 하

20 **다음 중 물의 주된 흡수부위는 어디인가?**

① 식도　　② 위
③ 소장　　④ 대장

정답

1. ② 2. ① 3. ② 4. ③ 5. ① 6. ④ 7. ② 8. ③ 9. ④ 10. ① 11. ④ 12. ① 13. ②
14. ③ 15. ③ 16. ④ 17. ① 18. ③ 19. ② 20. ③

5 신장의 기능

체내의 불필요한 대사산물 또는 유해물질을 체외로 배출하는 작용을 배설이라고 한다. 신장은 가장 중요한 배설기관이며, 오줌의 배설로 혈중의 유해물 제거, 혈액의 삼투압 조절, 세포외액량 조절, 혈액의 pH 조절, 혈장 조성의 조절 등이 이루어진다. 즉, 혈액의 성상을 일정하게 유지하며, 신체의 내부 환경으로서 체액의 항상성을 유지하고 있다. 또한 호르몬을 분비하고 혈압의 조절과 적혈구의 형성에도 관여한다.

1) 신장

사구체에서 혈장을 여과하고 세뇨관에서 재흡수와 분비과정을 통하여 오줌을 형성하는 생체기관으로 좌우 두 개로 이루어져 있으며, 개의 경우에는 오른쪽 신장은 흉추 12~13번, 왼쪽 신장은 요추 1~2번 사이에 위치한다. 신장 중앙면의 오목하게 함몰된 부위를 신문이라 하는데, 신동맥과 신정맥, 혈관, 신경 및 요관이 연결되어 있으며, 신장의 피질에는 사구체가 존재하여 혈장을 여과하고 흡수하는 근위세뇨관이 분포한다.

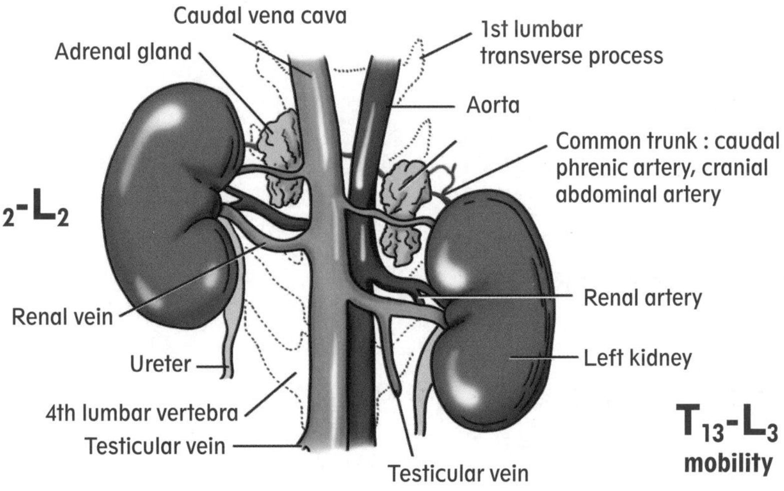

[그림 93] 신장의 위치

네프론(nephron) : 신장의 기능적 단위

- 신소체
  - 보우만낭 + 사구체
- 근위세뇨관, 헨레고리, 원위세뇨관

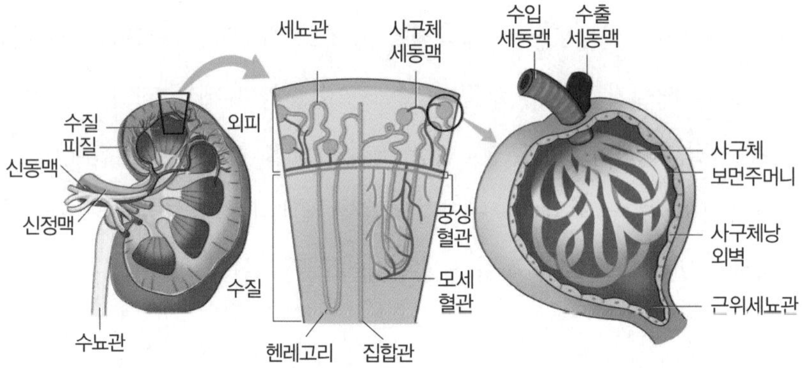

[그림 94] 네프론의 구조

2) 신장의 기능

(1) 배설 기능

① 대사 과정 중 생성된 노폐물이나 독성물질의 배설

② 혈장의 삼투압, 혈액의 pH 유지와 같은 세포내 환경을 일정하게 유지

(2) 혈압의 조절

① 혈압이 낮아지면 renin이 분비 되어 혈압을 증가시켜 신혈류량을 유지

(3) 혈액량의 조절과 전해질 균형의 조절

(4) 빈혈, 저산소증 시 골수에서 적혈구 생성을 촉진

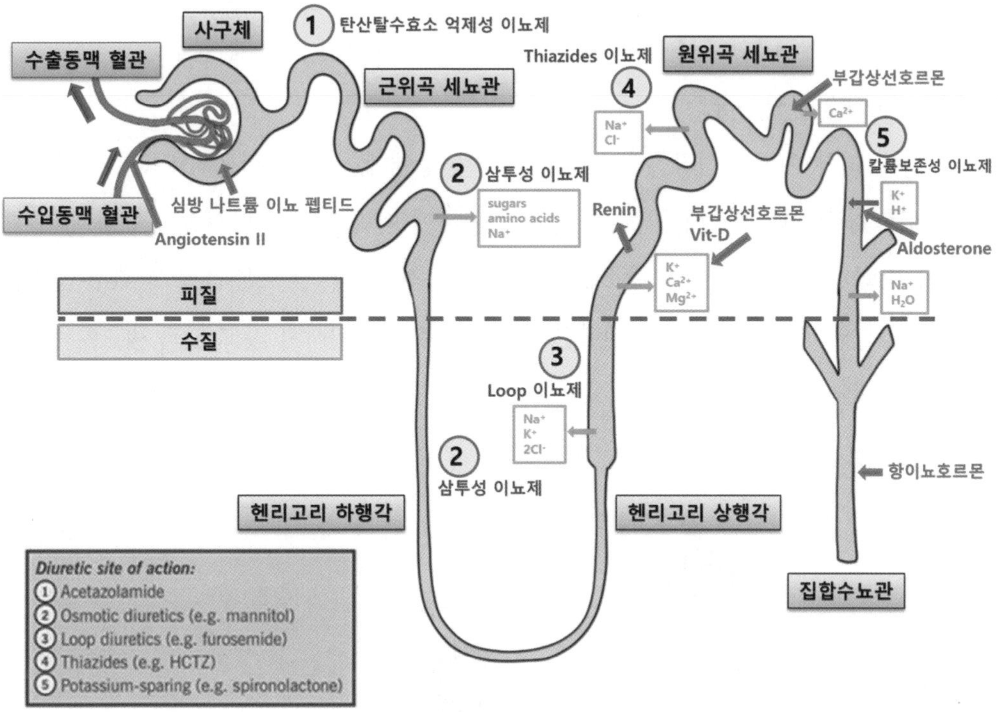

[그림 95] 신장의 기능

3) 세뇨관의 작용

세뇨관의 주된 작용으로는 재흡수와 재분비 작용이 있다. 주로 포도당, 요소, 물 등을 재흡수하며 Na+, K+, Ca2+, HCO3− 및 호르몬을 재분비한다.

4) 오줌량의 조절

신동맥의 혈압이 오른다 해도 어느 범위 내에서는 혈류량이 일정하게 조절된다. 그 결과 사구체 여과량도 일정하게 조절되지만 사구체 여과면의 확장, 사구체 모세혈관의 혈압 증가나 혈액 교질삼투압의 감소로 여과량이 증가되었을 때나 세뇨관 내 오줌에서 수분의 재흡수가 억제되었을 때 오줌량이 증가는 것을 이뇨라고 한다.

① 수분이뇨 : 물을 많이 마시면 요량이 증가하는데, 이는 뇌하수체 후엽에서 분비되는 항이뇨 호르몬의 분비를 억제하여 원위세뇨관이나 집합관에서 수분의 흡수가 억제되어 나타나게 된다.

② 삼투압 이뇨 : 만니톨과 같은 세뇨관에서 재흡수되지 않은 물질을 정맥으로 주입하여 뇨량이 증가하게 된다. 흡수되지 않는 물질이 다량 존재할 경우에 삼투압에 의해서 물의 재흡수를 어렵게 만든다.

③ 약물에 의한 이뇨 : 심장, 신장 및 간의 기능장애에 의해서 세포외액량이 증가할 경우 이뇨제로 치료할 때가 있다. 이뇨제 약물의 종류에 따라 기전이 다르다.

④ 오줌량의 감소 : 오줌량의 감소는 신장의 기능적, 병적, 호르몬의 변화 혹은 약물적 요인에 의해서 일어난다. 오줌의 배설량은 시간적으로도 동일하지 않고 낮과 밤, 혹은 계절에 따라서도 달라진다.

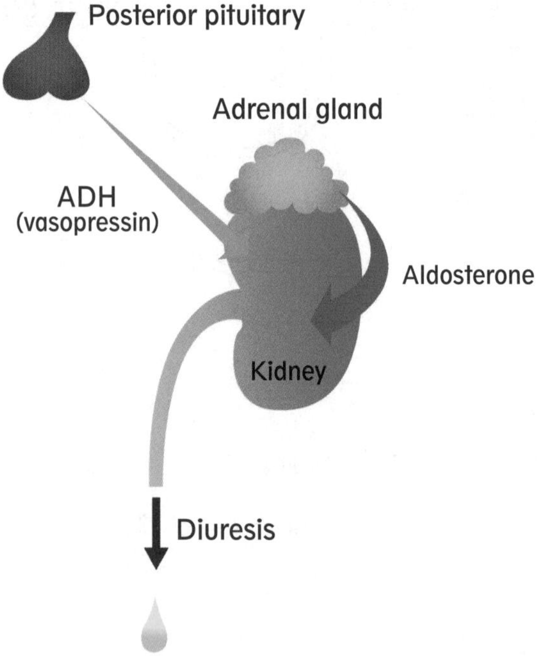

[그림 96] 오줌량의 조절

실전 핵심 문제

상 중 하

01 다음 신장의 설명 중 틀린 것은?

① 좌우 1쌍

② 후복강에 위치

③ 좌측 신장이 우측신장에 비해 위쪽에 위치

④ 우측에 비해 좌측의 신장이 유동성이 있음

상 중 하

02 신장에서 혈관, 신경 및 요관이 나가는 곳을 무엇이라 하는가?

① 신문 ② 잡지

③ 대문 ④ 신우

상 중 하

03 다음 중 신장의 기능적 단위에 대한 설명으로 옳은 것은?

① 에이프런이라 불린다.

② 신소체와 세뇨관으로 구성된다.

③ 신구체와 방광으로 구성된다.

④ 뇨관과 요도로 구성된다.

상 중 하

04 다음 중 신소체의 구성요소로 옳은 것은?

① 사구체 + 뇨관 ② 보우만낭 + 세뇨관

③ 신우 + 뇨관 ④ 보우만낭 + 사구체

실전 핵심 문제

상 중 하

05 다음 중 신장의 피질부에 위치해 있는 것이 아닌 것은?

① 사구체 ② 헨레고리
③ 근위세뇨관 ④ 원위세뇨관

상 중 하

06 다음 중 신장의 기능이 아닌 것은?

① 혈액의 항상성 유지 ② 호르몬 분비
③ 혈압 조절 ④ 백혈구의 생산

상 중 하

07 다음 중 뇨의 배설과 관련이 없는 것은?

① 백혈구의 생산 ② 혈액의 삼투압 조절
③ 세포 외액량 조절 ④ 혈액의 pH 조절

상 중 하

08 다음 중 세뇨관의 주된 작용이 아닌 것은?

① 재분비 ② 주로 포도당 재분비
③ 재흡수 ④ 주로 포도당 재흡수

상 중 하

09 다음 중 이뇨(오줌량이 늘어나는 것)와 관련 없는 것은?

① 탈수 ② 사구체 여과면 확장
③ 사구체 모세혈관 혈압 증가 ④ 혈액 교질 삼투압의 감소

실전 핵심 문제

상 중 하

10 다음 중 이뇨의 종류와 거리가 먼 것은?

① 단백질이뇨 ② 수분이뇨

③ 삼투압이뇨 ④ 약물에 의한 이뇨

상 중 하

11 다음 중 체액량의 증가와 관련된 이뇨현상은?

① 단백질이뇨 ② 수분이뇨

③ 삼투압이뇨 ④ 약물에 의한 이뇨

상 중 하

12 다음 중 항이뇨호르몬의 주 역할은 무엇인가?

① 체액량의 증가 ② 체액량의 감소

③ 오줌량의 증가 ④ 오줌량의 감소

상 중 하

13 다음 중 삼투압 이뇨의 대표적 물질이 아닌 것은?

① 식염 ② 포도당

③ 수분 ④ 크레아틴

상 중 하

14 다음 중 대표적 이뇨제가 아닌 것은?

① 비타민 ② 만니톨

③ 스피로락톤 ④ 푸로세마이드

상 중 하

15 다음 중 오줌량의 감소와 거리가 먼 것은?

① 출혈 ② 수혈

③ 불안 ④ 탈수

상 중 하

16 다음 중 혈압저하 시 신장에서 분비되는 물질은 무엇인가?

① 안지오텐시노겐 ② 알도스테론

③ 안지오텐신 ④ 레닌

정답

1. ③ 2. ① 3. ② 4. ④ 5. ② 6. ④ 7. ① 8. ② 9. ① 10. ① 11. ② 12. ④ 13. ③ 14. ① 15. ② 16. ④

6 체온조절

1) 환경

① 주위 환경의 온도가 크게 변화하거나, 운동 등으로 체열 발생이 증가하더라도 일반 동물의 체온은 일정한 범위에서 유지된다. 이러한 동물을 항온동물 또는 온혈동물이라 하며 포유동물과 조류가 이에 속한다. 항온동물은 체내의 물질이 산화되어 열을 발생하고 신경계를 포함해 복잡한 작용에 의해서 체온을 유지한다. 반면에 체내에서의 열 생산이 적고 외부와의 열전도성이 높아서 체온이 외부 온도와 거의 같게 변화하는 동물을 변온동물 또는 냉혈동물이라 한다. 무척추동물, 어류, 양서류, 파충류 등이 이에 속한다.

② 포유동물 중에서도 체온을 유지하기 어려울 정도로 주위 환경온도가 현저히 낮아지면 체온을 낮추어 체내물질의 소비를 방지하기 위하여 동면상태에 이르는 경우도 있다.

③ 항온동물이라 하여도 햄스터와 같이 주위 온도가 심하게 떨어지면 대사량을 낮게 해서 체온을 저하시켜 체내 물질의 소모를 방지하는 동물들이 있다.

④ 성별에 따른 차이는 명백하지는 않지만, 암컷은 성주기에 따른 변동이 있다. 발정 2~4일 전에는 체온이 내려가고, 발정기에는 다시 상승하다가 배란 후에는 다시 약간 내려간다.

2) 체온조절

체온조절 중추는 체성신경과 자율신경을 통해서 온도를 받아들이고 그 정보를 각 효과기에 전달하여 체온이 너무 높아지거나 낮아지는 것을 방지하고 있다. 내분비기관에서 분비되는 갑상선호르몬, 부신피질호르몬, 항이뇨호르몬 등의 협동작용으로 신체활동에 가장 적합한 온도를 유지하고 있다.

3) 과열에 대한 조절

① 체내에는 산화작용으로 인해 열이 끊임없이 생산 되고 있으므로 열이 방출되지 않으면 체온이 지속적으로 증가하게 된다. 그러므로 복사, 전도, 대류, 피부와 호흡기도에서 일

어나는 수분 증발, 뇨 및 배변 등으로 정상 체온을 유지한다.

② 피부나 호흡기도에서 증발되는 수분을 불감수분손실이라고 한다.

③ 발한이나 헐떡임은 증발에 의한 열손실을 증가시키는데 가장 효과적인 방법이다.

④ 발한이란 체표면에서 수분이 증발되는 것을 말하지만 촉각이나 시각에 의해 느낄 수 있다는 점이 불감손실과 구분된다. 땀샘이 없는 동물은 대게 입을 통해서 열을 발산하고 타액 분비로도 열을 발산한다.

4) 한랭에 대한 조절

① 갑작스러운 열손실을 줄이기 위해서 체표면적을 감소시킨다.

② 웅크려서 환경과 접하는 체표면적을 감소시킨다.

③ 털을 일으켜서 절연효과를 증가시킨다.

④ 환경온도가 계속해서 낮아지는 경우 체열을 증가시키는 방법

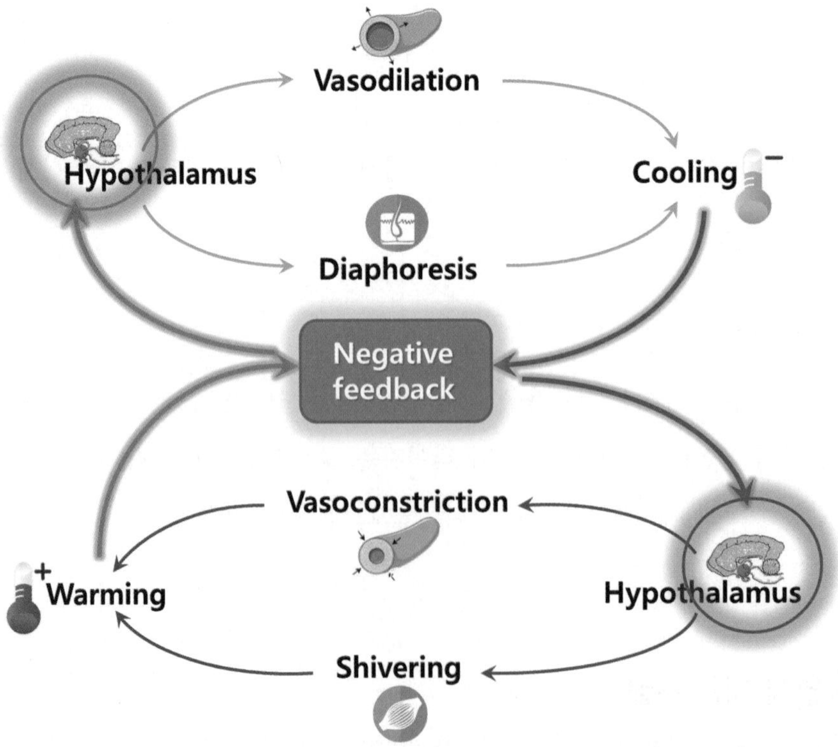

[그림 97] 체온조절

㉠ Shivering : 골격근이 떨리면서 열 생산이 증가되는 것으로, 근수축으로 생산된 열은 모두 체열상승의 형태로 나타난다.

㉡ Non-shivering : 에피네프린이나 노르에피네프린이 열량 생성작용을 증가시키는 역할을 하며, 부신피질 호르몬은 갈색지방을 산화시켜 열생산을 촉진한다.

체온조절 중추

- 시상하부의 온열중추와 한냉중추를 통합하여 명명
- 말초신경계를 통해서 온도를 받아들여 각 효과기에 전달

체온조절에 관련된 호르몬

- 갑상선, 부신피질, 항이뇨호르몬 등

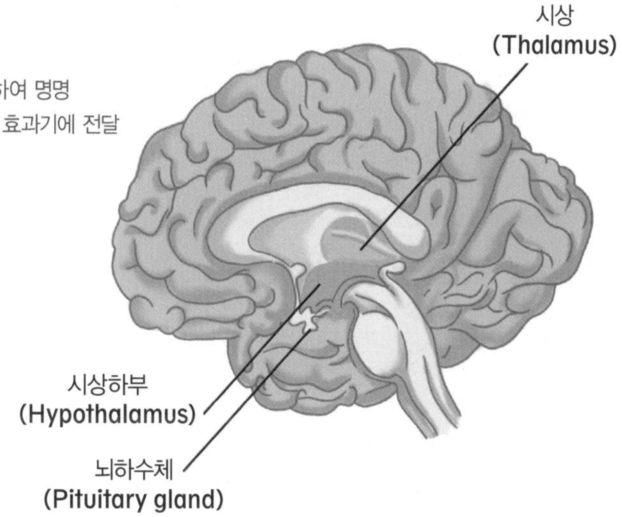

[그림 98] 체온조절 중추

5) 이상체온

(1) 과온증

환경의 온도 증가로 체열 발산이 어려워졌을 경우나 격한 운동으로 열을 발산하는 능력보다 열 생성이 많아 체온이 상승되는 경우로 일사병 등이 이에 속한다. 발열물질에 의한 체온 상승이 아니므로 해열제로 떨어지지 않는다.

(2) 발열

대사산물, 조직 단백질의 분해 산물이나 뇌종양, 뇌출혈, 전신 감염과 같은 자극으로 인해 시상하부의 온도 기준점이 높아져 체열의 생산과 발산이 이루어지는 것을 말한다. 감염성 질환 시 백혈구의 염증 반응이 이에 속한다. 해열제는 발열물질이 체온조절중추에 작용하는 반대로 작용함으로써 해열 효과를 나타낸다.

실전 핵심 문제

상 중 하

01 다음 중 체온이 외부의 온도와 거의 같에 변화하는 동물을 무엇이라 하는가?

① 상온동물 ② 냉혈동물

③ 항온동물 ④ 온혈동물

상 중 하

02 다음 중 항온동물이 아닌 것은?

① 뱀 ② 토끼

③ 개 ④ 고양이

상 중 하

03 다음 중 변온동물이 아닌 것은?

① 금붕어 ② 개구리

③ 늑대 ④ 거북이

상 중 하

04 다음 중 동물의 체내에서 온도가 가장 높은 곳은?

① 뇌 ② 간 ③ 신장 ④ 심장

상 중 하

05 다음 중 핵심온도의 설명으로 틀린 것은?

① 거의 일정하게 유지된다.

② 몸의 깊은 곳에 있다.

③ 직장 온도 보다 1~2도 높다.

④ 항문으로 측정한다.

상 중 하

06 다음 중 분만 시 체온이 상승하지 않는 동물은?

① 소 ② 개

③ 면양 ④ 사람

상 중 하

07 다음 중 휴식 시 체온 유지를 위한 기초 대사량은 약 얼마인가?

① 50kcal/m2/hr ② 70kcal/m2/hr

③ 90kcal/m2/hr ④ 110kcal/m2/hr

상 중 하

08 다음 Shivering의 설명으로 옳은 것은?

① 체온 하강을 위한 심근의 떨림

② 체온 상승을 위한 심근의 떨림

③ 체온 하강을 위한 골격근의 떨림

④ 체온 상승을 위한 골격근의 떨림

상 중 하

09 다음 중 열생산을 가장 크게 담당하는 곳은?

① 골격근 ② 심장 ③ 신장 ④ 간

상 중 하

10 다음 중 열생산과 관련이 없는 것은?

① 동화작용 ② 이화작용 ③ Shivering ④ 배뇨

상 중 하

11 다음 중 체온 조절에 관련된 호르몬을 분비하는 곳이 아닌 곳은?

① 신장 ② 갑상선

③ 부신수질 ④ 부신피질

상 중 하

12 다음 중 동면하는 동물에게 발달되어 동면선이라고도 불리는 것은?

① 백색지방 ② 갈색지방

③ 탄수화물 ④ 단백질

상 중 하

13 다음 중 열손실과 관련이 없는 것은?

① 복사 ② 대류 ③ 전파 ④ 전도

상 중 하

14 다음 중 전자파(적외선)와 관련이 있는 것은?

① 복사 ② 대류 ③ 전파 ④ 전도

상 중 하

15 다음 중 서로 다른 물질이 접촉하고 있을 때 운동에너지의 형태로 열이 이동하는 것은?

① 복사 ② 대류 ③ 전파 ④ 전도

상 중 하

16 다음 중 체온조절중추의 설명으로 옳은 것은?

① 뇌하수체의 온열중추와 한냉중추 ② 시상의 온열중추와 한냉중추

③ 뇌교의 온열중추와 한냉중추 ④ 시상하부의 온열중추와 한냉중추

실전 핵심 문제

상 중 하

17 다음 중 체온 조절에 관련된 호르몬이 아닌 것은?

① 갑상선호르몬 ② 췌장호르몬

③ 항이뇨호르몬 ④ 부신피질호르몬

상 중 하

18 다음 중 과온증과 관련된 것은?

① 햇빛 ② 감염

③ 뇌종양 ④ 뇌출혈

상 중 하

19 다음 중 발열에 대한 설명으로 틀린 것은?

① 시상하부의 온도 기준점의 상승과 관련되어 있다.

② 체온조절중추와 관련되어 있다.

③ 해열제에 효과가 없다.

④ 전신 감염 시 나타난다.

상 중 하

20 다음 중 쾌적온역에 대한 설명 중 옳은 것은?

① 약간 추위를 느끼는 온도

② 체온 조절 계통이 최소로 작동

③ 약간 더위를 느끼는 온도

④ 얕고 빠른 호흡이 나타남

정답

1. ② 2. ① 3. ③ 4. ② 5. ④ 6. ① 7. ② 8. ④ 9. ① 10. ④ 11. ① 12. ② 13. ③
14. ① 15. ④ 16. ④ 17. ② 18. ① 19. ③ 20. ②

7 근육

근육은 동물체의 지지와 사지, 심장 및 소화관 등의 운동과 체열 발생원으로서의 기능을 가지고 있다. 근육은 척추동물 체중의 약 40%를 구성하는 큰 조직으로 화학적 에너지를 열과 기계적 에너지로 변환시킴으로써 체온과 자세의 유지 및 운동을 할 수 있게 한다.

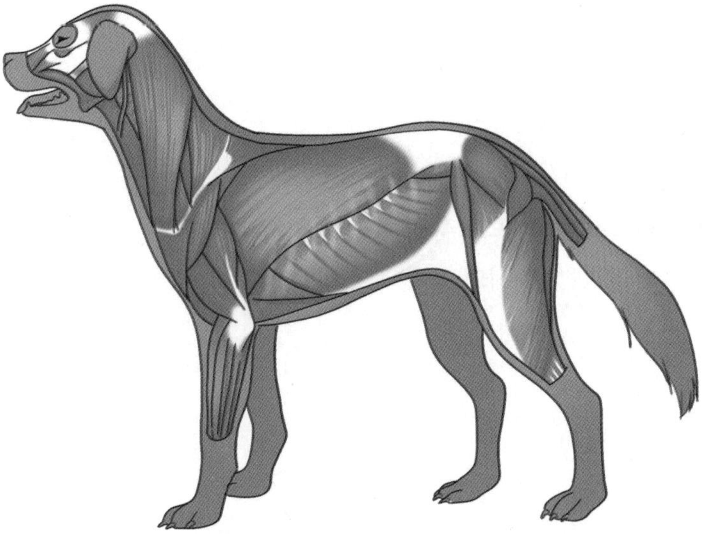

[그림 99] 개의 근육

1) 근육의 구조

(1) 조직학적 분류

① 횡문근(striated muscle) : 현미경으로 관찰 시 규칙적인 가로무늬가 보여서 횡문근이라 명명 되었으며, 현미경 관찰 시 명암대의 횡선이 나타나는데 이것은 근섬유의 각 부분을 빛이 통과할 때 생기는 굴절의 차이 때문에 생긴 것으로 횡문(cross striation)이라고 한다. 횡문은 밝은 부위인 I대와 어두운 부부인 A대로 나누어지며, I대 중간부분을 가로질러

존재하는 횡선은 Z선이라 한다. Z선과 Z선 사이를 근절이라고 하는데, 근육의 기능적 기본단위라고 볼 수 있다. 골격근과 심근(심근은 횡문근이나 기능학적으로는 불수의근)이 이에 속한다.

② 평활근(smooth muscle) : 횡문이 없고 일정한 생리작용을 나타내지 않으며, 같은 조직의 평활근이라도 동물의 종류에 따라 그 생리작용이 다른 경우가 많다. 자율신경계의 지배하에 움직이며, 평활근 자체에 존재하는 긴장을 가지고 있다. 서서히 지속적인 수축작용을 나타내는 것이 특징이며, 내장근이 이에 속한다.

(2) 기능학적 분류

① 수의근(voluntary muscle) : 운동신경지배 – 골격근

② 불수의근(involuntary muscle) : 내가 의도하지 않아도 생명유지를 위해 끊임없이 움직이는 근육 자율신경지배 – 평활근, 심근

기능학적 분류

- 수의근(Voluntary muscle)
  - 운동신경 지배
  - 골격근
- 불수의근(involuntary muscle)
  - 내가 의도하지 않아도 생명유지를 위해 끊임없이 움직임
  - 자율신경 지배
  - 평활근, 심근

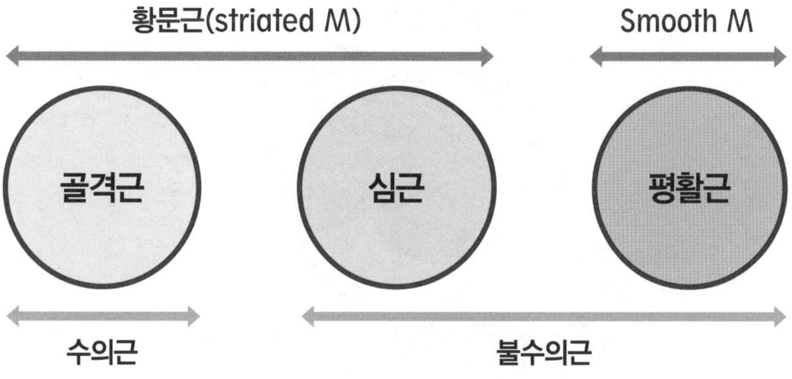

[그림 100] 근육의 분류

2) 근육의 수축

근육에 적당한 자극이 가해지면 신경세포에서와 같이 근섬유막이 탈분극하게 되어 활동 전위를 발생하며, 일련의 화학반응이 일어남과 동시에 수축 현상이 일어나게 된다. 근육은 수축에 이어 이완 현상을 일으킨다. 이 수축과 이완에 의해 근육의 중요한 기능인 운동이 일어나게 되는 것이다. 근육의 수축은 그 모습에 따라 다음과 같이 분류된다.

(1) **연축** : 단수축이라고도 한다. 골격근에 단일자극을 가하면, 자극이 유효할 때는 활동전 위가 발생하여 급속한 수축이 일어나고 이어서 이완 현상이 생긴다.

(2) **강축** : 단일 자극이 아니라 짧은 시간 간격으로 반복하여 빈도수를 많이 하여 자극을 가하면 연축 때보다 큰 힘을 나타내고 수축이 가중되어 지속적인 수축을 일으킨다.

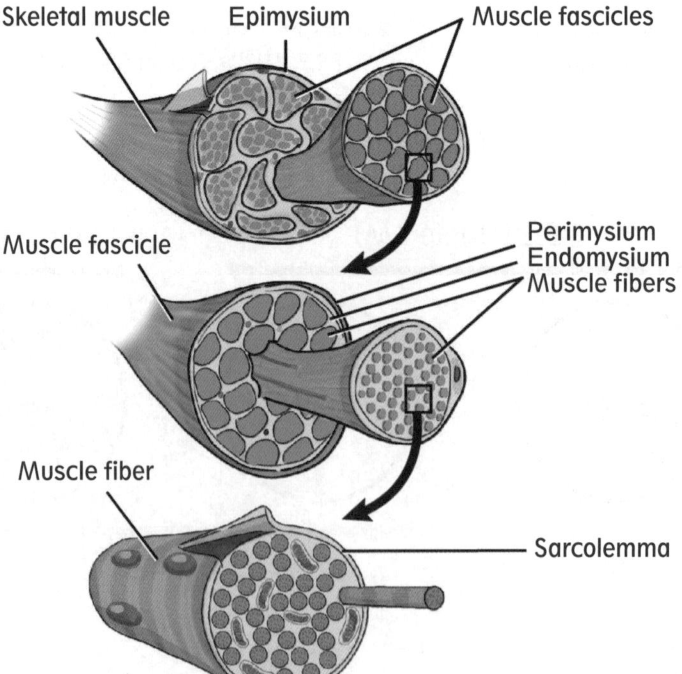

[그림 101] 골격근의 현미경적 구조

(3) 긴장 : 근육덩어리에는 여러 개의 운동 단위가 있어서 이들 근섬유가 각각의 운동신경으로부터 부분적으로 자극을 계속하여 받고 있기 때문에 근육의 부분적인 수축이 지속되는 것을 말한다.

(4) 경직 : 근육이 불가역적으로 경화되는 경우, 즉 이상 상태에서 활동전위가 발생되지 않고서도 강축을 일으킬 때가 있다. 이것을 경직이라고 한다. 사후경직, 열경직, 산경직 등이 이에 속한다.

3) 근육의 피로

근육이 장시간에 걸쳐서 활동을 계속하면 시간이 경과함에 따라 점차로 수축력이 떨어지게 되고 결국에는 전혀 수축하지 못하게 되는데, 이러한 현상을 근육의 피로라고 한다. 근육 피로의 원인은 근육 내에 축적된 젖산 때문인 것으로 생각되었으나, 논란의 여지가 많으며 오히려 산소부족 때문에 근육피로현상이 생기는 것으로 추측되고 있다.

실전 핵심 문제

상 중 하

01 다음 중 근육에 대한 설명으로 틀린 것은?

① 화학적 에너지를 열에너지로 변환

② 화학적 에너지를 기계적 에너지로 변환

③ 동물체를 지지

④ 척추동물 체중의 약 15%를 구성

상 중 하

02 다음 중 근육의 조직학적 분류로 옳은 것은?

① 수의근 – 평활근 ② 평활근 – 횡문근

③ 횡문근 – 불수의근 ④ 불수의근 – 수의근

상 중 하

03 다음 중 근육의 기능학적 분류로 옳은 것은?

① 수의근 – 평활근 ② 평활근 – 횡문근

③ 횡문근 – 불수의근 ④ 불수의근 – 수의근

상 중 하

04 다음 중 횡문근의 설명 중 틀린 것은?

① 규칙적인 가로무늬가 보인다.

② 횡문은 빛이 통과할 때 생기는 굴절 차이로 발생한다.

③ Z선과 Z선 사이의 근절이라는 기증적 단위가 있다.

④ 대표적인 횡문근으로는 내장근육이 있다.

상 중 하

05 다음 중 대표적인 횡문근의 조합으로 짝지어진 것은?

① 골격근 – 심근 ② 심근 – 내장근

③ 내장근 – 골격근 ④ 골격근 – 방광근

상 중 하

06 다음 중 평활근의 설명으로 틀린 것은?

① 횡문이 없음

② 움직임이 빠른 수축작용을 보임

③ 일정한 생리작용을 나타내지 않음

④ 자율신경계의 지배를 받음

상 중 하

07 다음 중 운동신경의 지배를 받는 근육 무엇인가?

① 다리의 근육 ② 소장의 근육

③ 위장의 근육 ④ 방광의 근육

상 중 하

08 다음 중 내가 의도하지 않아도 생명유지를 위해 움직이는 근육은?

① 앞다리 근육 ② 골격근

③ 불수의근 ④ 수의근

실전 핵심 문제

상 중 하

09 다음 중 횡문근이며 불수의근에 속하는 근육은 무엇인가?

① 소장의 근육
② 심장의 근육
③ 위장의 근육
④ 방광의 근육

상 중 하

10 다음 중 근육의 수축과 관련이 깊은 것은?

① Ca2+
② Na+
③ Cl−
④ Mg

상 중 하

11 다음 중 근섬유의 구성요소로 맞는 것은?

① 혈관 − 액틴
② 액틴 − 미오신
③ 미오신 − 신경
④ 신경 − 혈관

상 중 하

12 다음 중 근육 수축의 종류가 아닌 것은?

① 연축
② 강립
③ 강축
④ 경직

상 중 하

13 다음 중 근육이 언제든지 필요에 따라 수축할 수 있는 상태를 일컫는 말은?

① 연축
② 강축
③ 경직
④ 긴장

상 중 하

14 다음 중 비가역적인 수축 상태를 일컫는 말은 무엇인가?

① 연축 ② 강축
③ 경직 ④ 긴장

상 중 하

15 다음 중 근육이 피로와 관련이 있는 것은?

① 산소의 부족 ② 이산화탄소의 부족
③ 단백질의 부족 ④ 지방의 부족

상 중 하

16 다음 중 근수축의 에너지원으로 사용되는 것은?

① ATP ② ADP
③ APT ④ APD

정답

1. ④ 2. ② 3. ④ 4. ④ 5. ① 6. ② 7. ① 8. ③ 9. ② 10. ① 11. ② 12. ② 13. ④
14. ③ 15. ① 16. ①

8 신경계

신경계는 생체 내외의 정보를 받아들이고 이를 분석, 종합한 뒤 신체의 모든 기관 및 구성 세포들에게 필요한 정보를 전달하여 그 활동을 조절함으로써 생명을 유지하고 상황에 알맞은 신체 활동을 수행시키는데 관여하고 있다. 신경계는 중추신경계와 말초신경계로 구분된다.

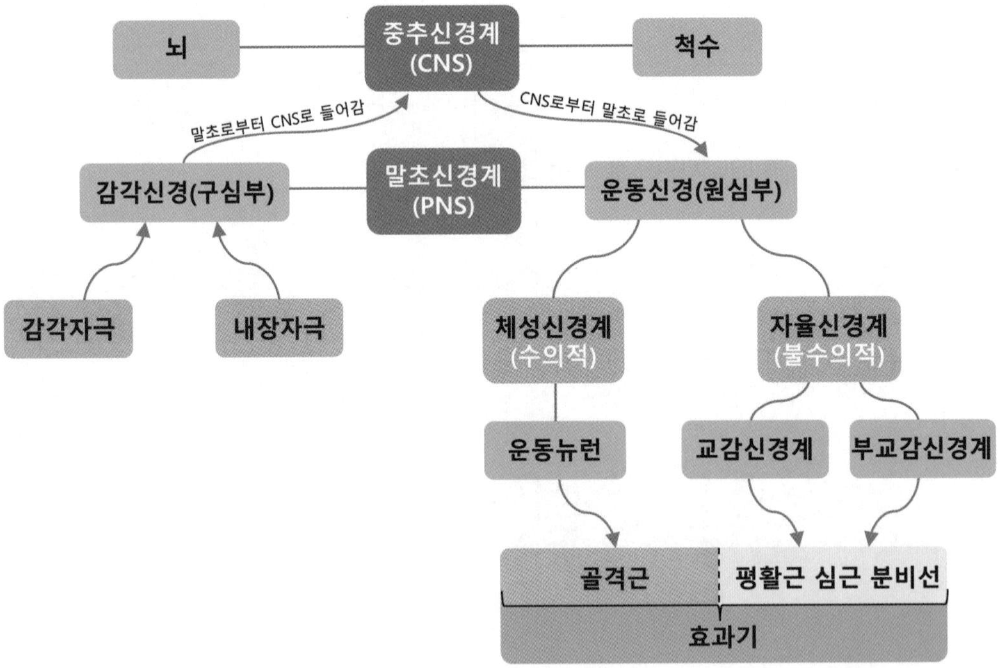

[그림 102] 신경계의 구분

1) 신경세포

① 신경조직은 흥분을 전도하는 뉴론과 신경교세포로 구성되어 있다.

② 뉴론은 신경계를 구성하는 형태 및 기능적 기본단위이며, 세포체와 다른 뉴론에서 전달된 정보를 수용하는 많은 수상돌기 및 다른 뉴론에 정보를 전달하는 가늘고 긴 한 개의 돌기인 축삭으로 되어 있다.

2) 시냅스

① 신경계에는 무수한 뉴론들이 서로 연결되어 있는데, 하나의 뉴론의 섬유말단과 다음의 뉴론이 접속한 부위를 시냅스라 한다.

② 하나의 세포에서 인접한 세포로 흥분이 전해지는 것을 신경전달이라고 한다.

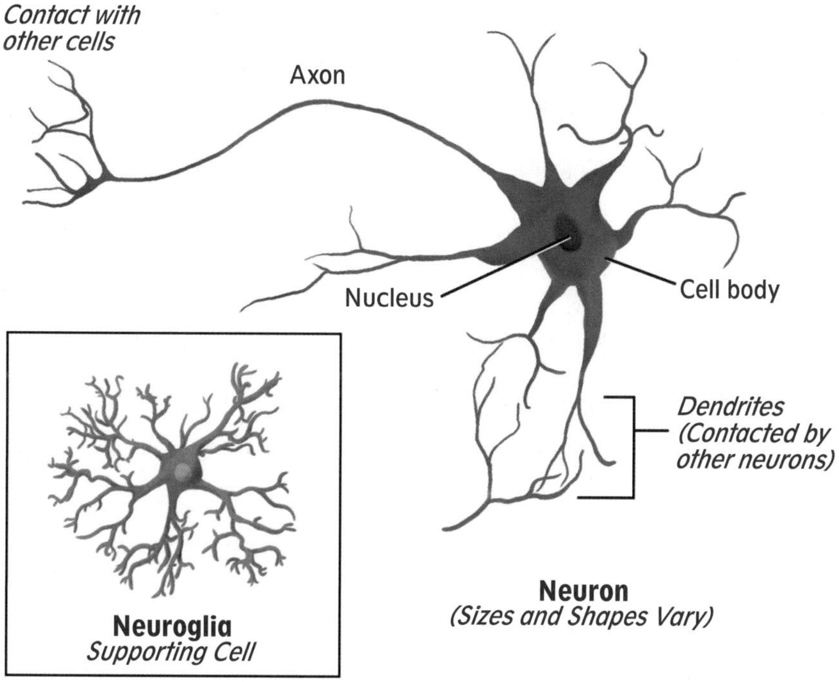

[그림 103] 신경세포의 구조

3) 중추신경계

뇌와 척수로 이루어지며 뇌는 연수, 뇌교, 중뇌 및 간뇌를 합하여 뇌간이라 한다. 중추신경계는 두개골, 수막(경막, 지주막, 연막), 뇌척수액, 혈액-뇌 장벽에 의해 보호된다.

(1) 대뇌피질

① 전두엽, 두정엽, 후두엽, 측두엽 및 변연엽으로 구별된다.

② 피질 운동영역 : 운동기능

③ 피질 지각영역 : 지각기능이 주작용으로 체성 감각령, 청각령, 미각령, 시각령 및 후각령

④ 종합영역 : 학습, 기억, 판단, 언어 및 성격 등 고도의 정신활동을 다루는 부분

(2) 변연계

① 해마, 편도핵 및 중격핵으로 이루어진다.

② 자율성 반응, 채식행동, 성행동, 정서활동, 기억 및 생체리듬의 발현 등에 관계가 있다.

③ 본능에 의한 개체나 종족보전이 이루어지는 것도 이곳의 통제로 보여진다.

(3) 연수

① 대뇌, 소뇌 및 척수사이에 위치하여 이들 상호간의 전도경로로 작용

② 안검폐쇄중추, 눈물분비중추, 발한중추, 연하중추, 구토중추, 흡인 저작중추, 타액분비중추, 재채기 및 기침중추, 발성중추, 호흡중추, 심장억제중추, 혈관운동중추

(4) 중뇌

① 포유류에서는 발달이 미약하다.

② 경반사중추(긴장성 경반사중추), 정향반사중추 및 동공반사중추

(5) 간뇌

① 시상 : 후각을 제외한 신체의 모든 감각에 관여한다.

② 시상하부 : 체온조절, 수분조절, 채식조절, 정서활동 및 위액 분비조절

(6) 소뇌

정밀한 협조운동을 수행하고, 신체가 평형 및 정상적인 자세를 유지하는데 관여한다.

(7) 척수

① 경수, 흉수, 요수 및 천수로 구분되고 연수와 연결되어 있다.

② 척수 반사를 가지고 있는데 여기에는 운동성 반사가 있다.

③ 피부 반사, 슬개건 반사, 회피 반사가 있다.

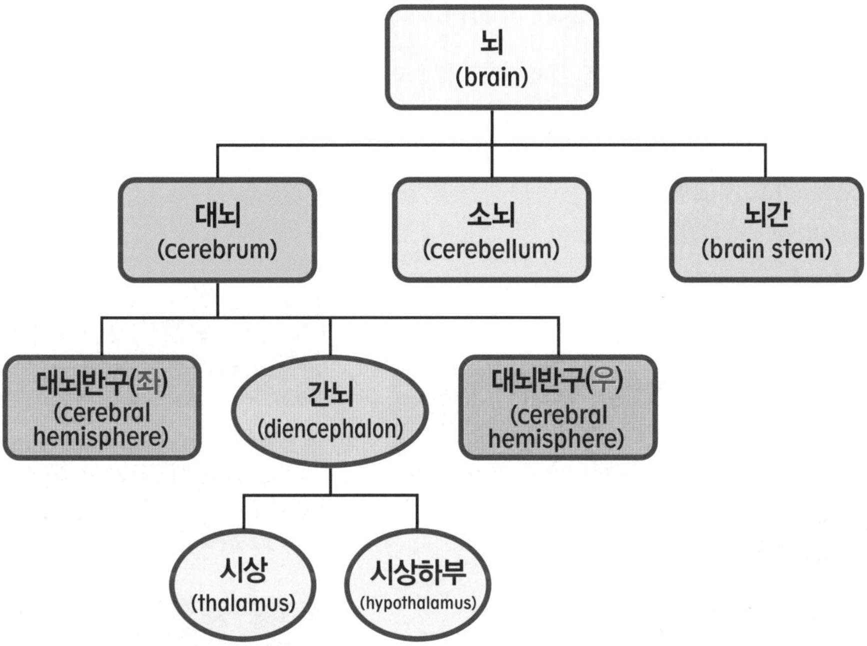

[그림 104] 중추신경계의 구조

4) 말초신경계

중추신경계, 즉 뇌와 척수에 출입하는 신경섬유속을 말초신경계라고 한다. 말초신경계 중 운동이나 감각 등의 동물성 기능을 맡고 있는 신경계를 체성신경계라하고, 호흡, 순환, 흡수 등의 식물성 기능을 맡고 있는 신경계를 자율신경계라고 한다.

(1) 뇌신경

① 뇌수에 연락하는 신경을 총칭하여 뇌신경이라 하며 모두 12개이다.

② 후신경, 시신경, 동안신경, 활차신경, 삼차신경, 외전신경, 안면신경, 청신경, 설인신경, 미주신경, 부신경, 설하신경

(2) 자율신경계

① 뇌간 및 척수에서 나와 몸의 각 부분에 분포하며 호흡, 순환, 소화, 분비, 배설, 체온유지생식 등의 의지와 관계없이 생존과 종족 유지에 필요한 기능을 통제하는 신경계이다.

② 부교감신경계와 교감신경계로 구별되며, 일반적으로 하나의 기관에 대해서 두 가지 신경이 동시에 지배(대부분의 경우에서 이 두신경의 작용은 길항적)한다. 교감신경은 이화작용(동광확대, 심박수 증가 및 혈압상승작용, 혈당이나 유리지방산의 농도를 높이는 긴급사태 대응)을 중심으로 하고 부교감신경계는 동화작용을 중심으로 한다.

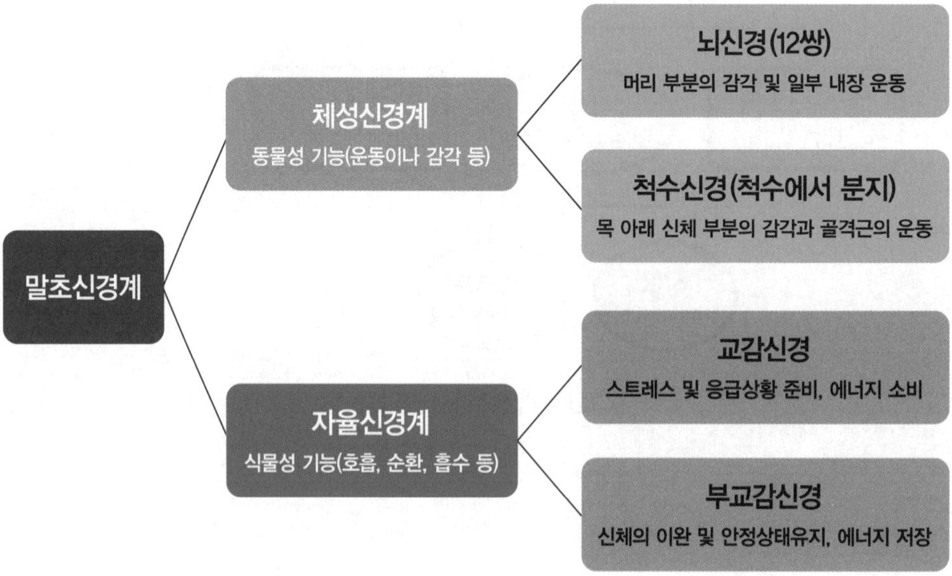

[그림 105] 말초신경계의 구조

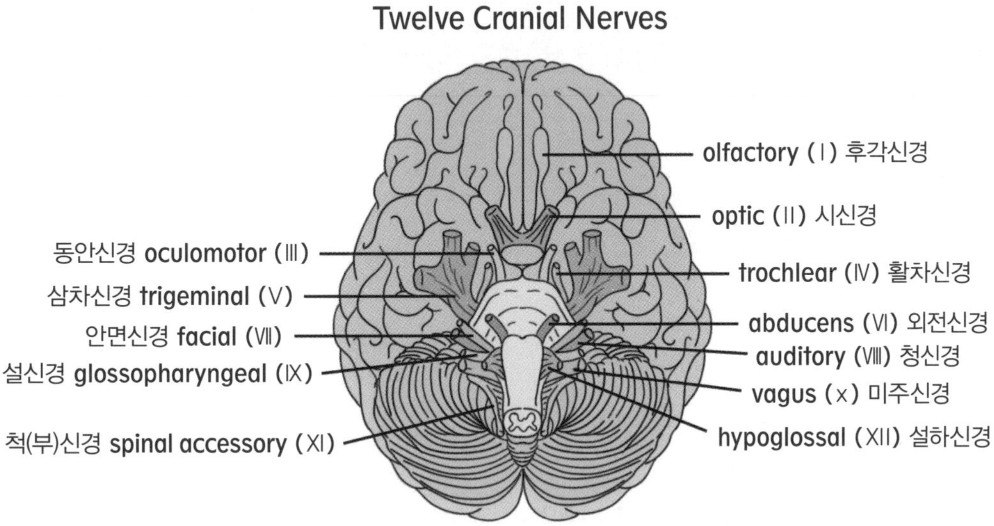

[그림 106] 말초신경계(뇌신경)

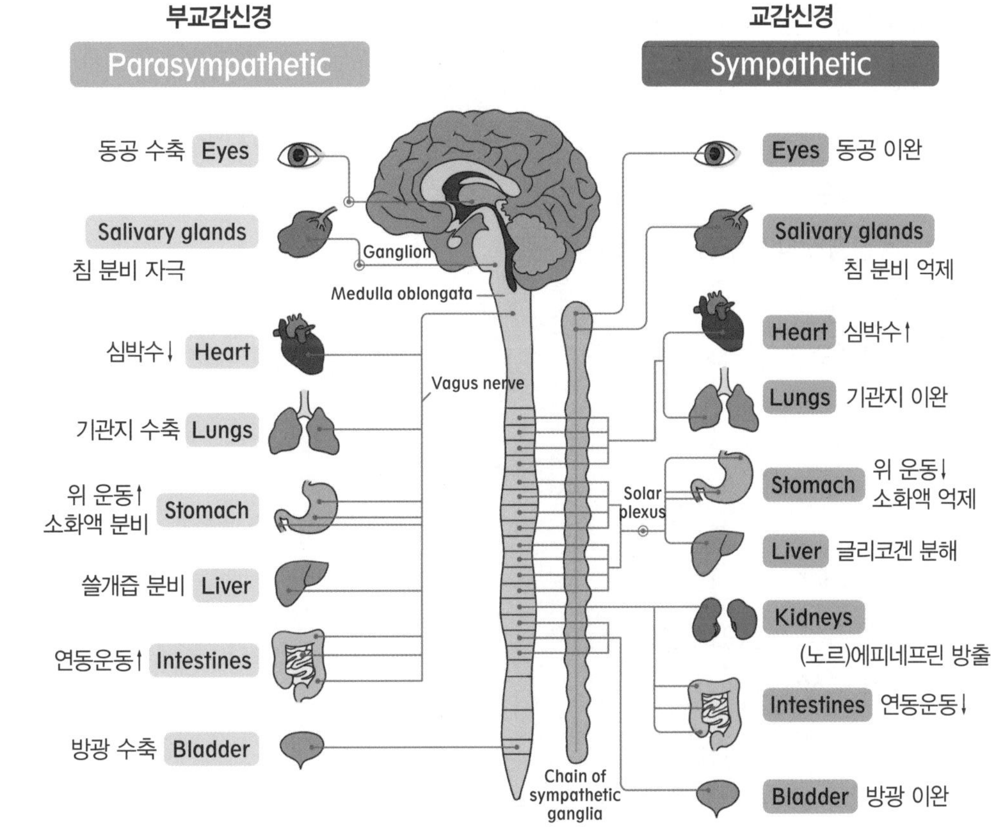

[그림 107] 말초신경계(교감, 부교감신경)

실전 핵심 문제

상 중 하

01 다음 중 중추신경계로 옳은 것은?

① 척수 – 신장 ② 신장 – 심장
③ 심장 – 뇌 ④ 뇌 – 척수

상 중 하

02 다음 말초신경계의 설명 중 틀린 것은?

① 감각신경과 운동신경으로 구분된다.
② 감각신경은 중추신경에서 내려오는 신경이다.
③ 자율신경계는 교감신경과 부교감신경으로 구성된다.
④ 체성신경계는 골격근과 관련이 있다.

상 중 하

03 다음 중 신경조직의 구성으로 옳은 것은?

① 뉴론 – 신경교세포
② 신경교세포 – 골세포
③ 골세포 – 뉴론
④ 뉴론 – 골아세포

상 중 하

04 다음 중 뉴론의 설명으로 틀린 것은?

① 신경계의 형태적 기본단위이다.
② 신경계의 기능적 기본단위이다.
③ 한 개의 뉴론은 많은 축삭으로 구성되어 있다.
④ 흥분을 전도하는 역할을 한다.

상 중 하

05 다음 중 시냅스의 설명으로 틀린 것은?

① 뉴론과 근육의 접합부이다.

② 화학적 시냅스가 있다.

③ 전기적 시냅스가 있다.

④ 신경전달 기능을 한다.

상 중 하

06 다음 중 뇌를 보호하는 수막의 종류가 아닌 것은?

① 강막 ② 경막

③ 지주막 ④ 연막

상 중 하

07 다음 중 뇌의 구분으로 틀린 것은?

① 대뇌 ② 소뇌

③ 뇌액 ④ 뇌간

상 중 하

08 다음 중 대뇌의 영역이 아닌 것은?

① 전두엽 ② 두개엽

③ 후두엽 ④ 측두엽

실전 핵심 문제

상 중 하

09 다음 대뇌의 영역 중 기억력과 사고력을 담당하는 곳은?

① 두개엽 ② 전두엽

③ 측두엽 ④ 전두엽

상 중 하

10 다음 중추신경계 중 원시적이고 동물적인 감각을 담당하는 곳은?

① 변연계 ② 소뇌

③ 연수 ④ 뇌교

상 중 하

11 다음 중 소뇌의 가장 큰 역할로 맞는 것은?

① 후각과 미각 ② 시각과 청각

③ 운동과 균형 ④ 미각과 시각

상 중 하

12 다음 중 뇌간을 이루는 구조물이 아닌 것은?

① 중뇌 ② 소뇌

③ 뇌교 ④ 연수

상 중 하

13 다음 중 시상과 시상하부가 있는 곳은?

① 간뇌 ② 뇌간

③ 소뇌 ④ 연수

실전 핵심 문제

상 중 하

14 다음 구조물 중 체온조절과 밀접한 관련이 있는 곳은?

① 시상 ② 시상하부
③ 뇌하수체 ④ 소뇌

상 중 하

15 다음 구조물 중 동공반사 및 눈의 움직임과 관련이 있는 곳은?

① 대뇌 ② 소뇌
③ 중뇌 ④ 뇌교

상 중 하

16 다음 중 연수의 역할이 아닌 것은?

① 체온 조절 ② 호흡 조절
③ 혈관 운동 ④ 혈압 조절

상 중 하

17 다음 척수 신경의 수치가 잘못된 것은?

① 경수 – 7쌍 ② 흉수 – 13쌍
③ 요수 – 7쌍 ④ 천수 – 3쌍

상 중 하

18 말초신경계 중 뇌에서 직접 분지되는 뇌신경의 개수로 옳은 것은?

① 10쌍 ② 12쌍
③ 14쌍 ④ 16쌍

상 중 하

19 다음 척수(spinal cord)의 설명 중 틀린 것은?

① 척수반사를 가지고 있다.

② 백질과 회백질로 구분된다.

③ 감각신경은 주로 회백질의 등쪽에 분포한다.

④ 운동신경은 주로 백질의 등쪽에 분포한다.

상 중 하

20 다음 내용 중 교감신경과 관련된 것은?

① 심박수 증가 ② 침분비 자극

③ 위운동 증가 ④ 방광 수축

정답

1. ④ 2. ② 3. ① 4. ③ 5. ① 6. ① 7. ③ 8. ② 9. ④ 10. ① 11. ③ 12. ② 13. ①
14. ② 15. ③ 16. ④ 17. ① 18. ② 19. ④ 20. ①

9 내분비계

내분비계통은 신경계통과 협동하여 동물의 체내에서 일어나는 여러 가지 환경적 변화에 대해 동물들이 잘 적응할 수 있도록 조절하여 주는 작용을 한다. 신경계통의 작용은 즉각적으로 나타나며 동물의 행동을 조절하는데 반해, 내분비계통의 조절작용은 갑상선호르몬이 대사기능을 촉진하는 것처럼 광범위하고 느리며, 주로 신체의 화학반응, 세포막을 통한 물질의 이동, 성장 및 번식 등을 조절하는 것이 특징이다. 내분비 계통에서 주된 작용을 하는 것은 세포와 세포 사이를 통하는 화학적 전달물질인 호르몬(hormone)이다.

1) 호르몬

(1) 호르몬의 정의

① 호르몬이란 특수한 조직이나 세포에서 만들어져, 직접 또는 간접으로 림프관을 지나 혈액 내에 들어가 표적장기에 도달하여, 그 조직의 기능에 영향을 미치는 화학물질이다.

② 호르몬을 합성해서 분비시키는 장소를 내분비선이라 하고, 그것을 분비하는 현상을 내분비라고 한다.

- 특수한 조직이나 세포에서 만들어져
- 직간접적으로 혈액 내에 들어가
- 표적장기에 도달하여
- 그 조직의 기능에 영향을 미치는 화학 물질

– 내분비선
  - 호르몬을 합성해서 분비 시키는 장소
  - 호르몬을 분비하는 현상을 내분비라고 함

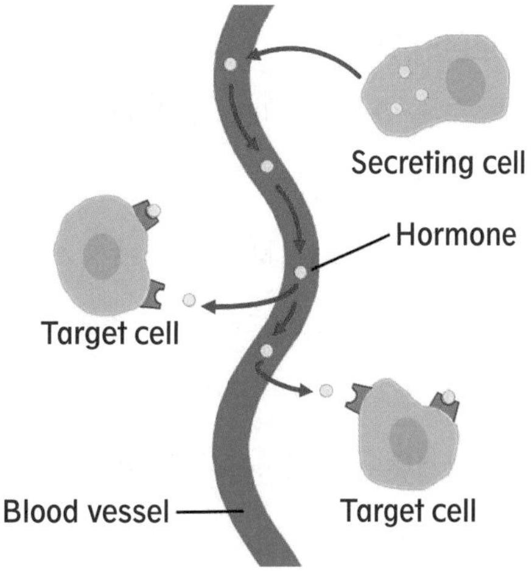

[그림 108] 호르몬의 정의

(2) 호르몬의 분류

① 생성 장소 : 시상하부, 뇌하수체전엽, 뇌하수체중엽, 뇌하수체후엽, 갑상선, 부갑상선, 부신피질, 부신수질, 췌장

② 화학적 구조 : 단백질, 폴리펩티드, 아미노산 유도체 및 스테로이드 호르몬

③ 작용 범위 : 내분비호르몬, paracrine 호르몬, autocrine 호르몬

④ 수용체 부위 : 세포막 수용체, 세포질내 수용체 또는 핵 내 수용체

- 생성 장소
  - 시상하부 호르몬
  - 뇌하수체 전엽/중엽/후엽 호르몬
  - 갑상선 호르몬
  - 부갑상선 호르몬
  - 부신피질 호르몬
  - 부신수질 호르몬
  - 췌장 호르몬
  - 기타

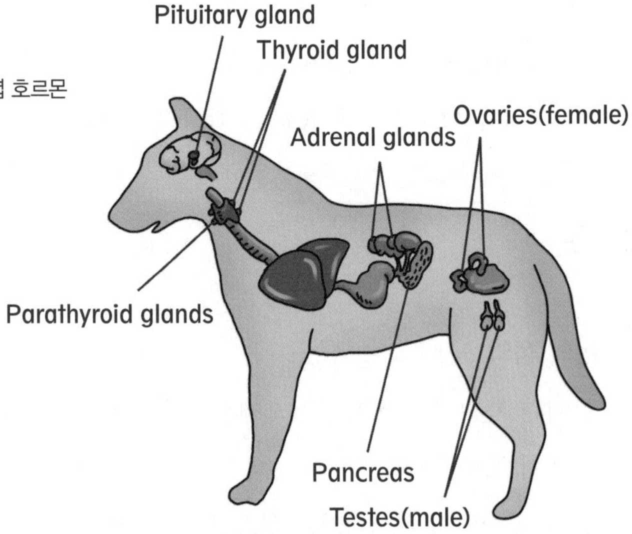

[그림 109] 호르몬의 분류

(3) 호르몬의 특징

① 호르몬은 특정 장기나 조직에서 일어나는 반응을 조절할 수는 있으나, 새로운 반응을 일어나게 할 수는 없다

② 생체에서 생성되어 매우 적은양이지만 효과적인 반응을 나타낸다.

③ 특이성과 선택성이 뚜렷하여 표적장기, 조직에만 선택적으로 작용한다.

④ 반응 장기나 조직에 영양소로서의 작용을 하지 않는다.

⑤ 내분비계통의 생체반응은 느리고 광범위하다

⑥ 표적장기에서 생성된 호르몬들은 양이 많고 적음에 따라 시상하부나 뇌하수체에 대해 되먹임 기전(feedback)을 일으켜 그 호르몬들의 분비가 다시 조절된다.

2) 뇌하수체

(1) 뇌하수체 전엽 호르몬

① 성장호르몬 : 성장기에 분비가 너무 많으면 거인증, 성장 후에도 많이 분비되면 말단 거대증 유발

② 최유호르몬 : 유선에 작용하여 젖의 분비를 촉진

③ 난포자극호르몬 : 성선의 기능을 유지

④ 황체형성호르몬 : 난포발육을 자극함과 동시에 난포로부터 에스트로겐과 프로게스테론의 분비를 자극

⑤ 갑상선자극호르몬 : TSH, T4 T3 분비를 자극

⑥ 부신피질자극호르몬

(2) 뇌하수체 중엽 호르몬 : 멜라닌세포자극호르몬

(3) 뇌하수체 후엽 호르몬 : 항이뇨호르몬, 바소프레신, 옥시토신

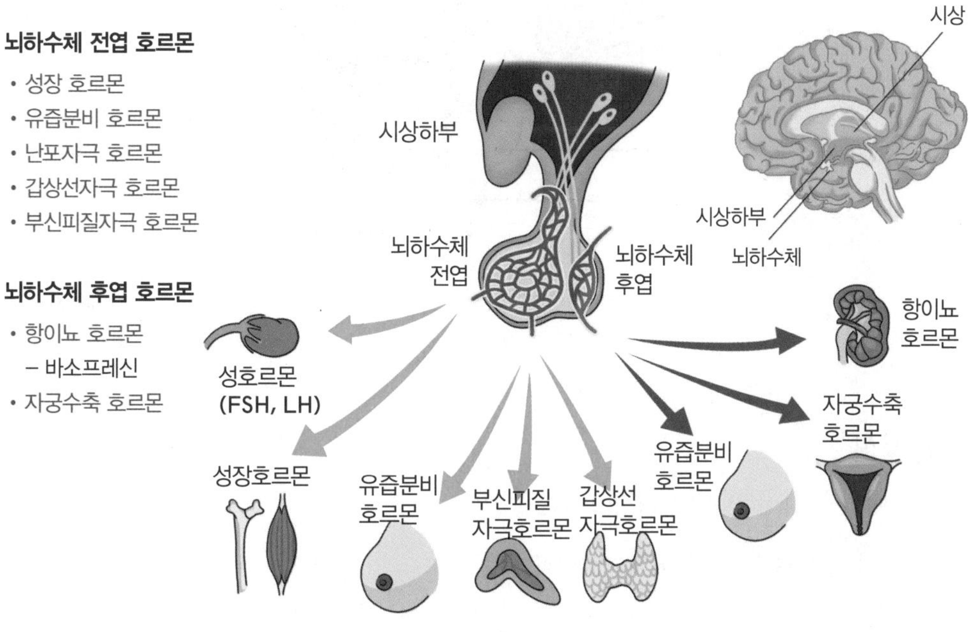

[그림 110] 뇌하수체 호르몬

3) 송과선

기능이 명확히 밝혀져 있지는 않다. 알도스테론 분비를 촉진시키고 멜라토닌을 함유하고 있으며 광수용체 기능이 있다(피부색을 연하게 한다).

- 간뇌 등쪽에 돌출한 내분비선
- 두부(머리)의 피부를 통과하여 들어오는 빛을 감수(感受)
- 기능
  - 낮
    - 빛을 감지하여 각종 호르몬을 합성 저장
    - 세로토닌(serotonin) 분비
  - 밤
    - 저장된 호르몬을 분비
    - 멜라토닌(melatonin) 분비
      - 수면주기 조절
      - 피부색의 농도 결정

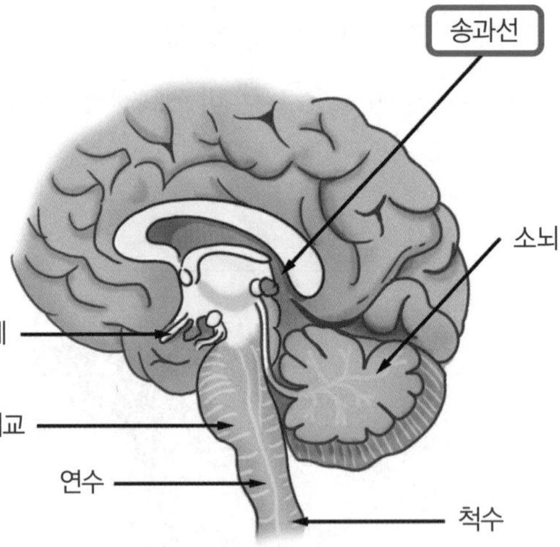

[그림 111] 송과선의 기능과 위치

4) 갑상선

① 내분비선중 가장 먼저 알려진 호르몬

② 제 1, 2 기관륜을 덮고 있는 나비 또는 방패모양의 분비선으로 기관 좌우 양쪽에 있는 2개의 소엽으로 이루어져 있다. 많은 여포가 모여서 된 장기로 여포 내부에는 요오드를 함유하는 단백질로 된 교질로 가득 차 있다.

③ 갑상선 호르몬은(T4, T3) 특정한 표적장기가 없고, 대부분의 조직들이 이 호르몬의 영향을 받으며 장 성숙, 적용 등과 같은 긴 시간을 요하는 과정에 관계하기 때문에 반응이 늦게 나타난다.

④ 갑상선 호르몬 기능

㉠ 열 생산작용

㉡ 당질, 단백질 및 지방대사에 영향을 준다.

㉢ 성장 및 신체발달에 영향(부족 시 왜소증)

㉣ 중추신경계 발달 및 기능에 영향(발달이 늦어지고 불안정하여 기억력이 감퇴)

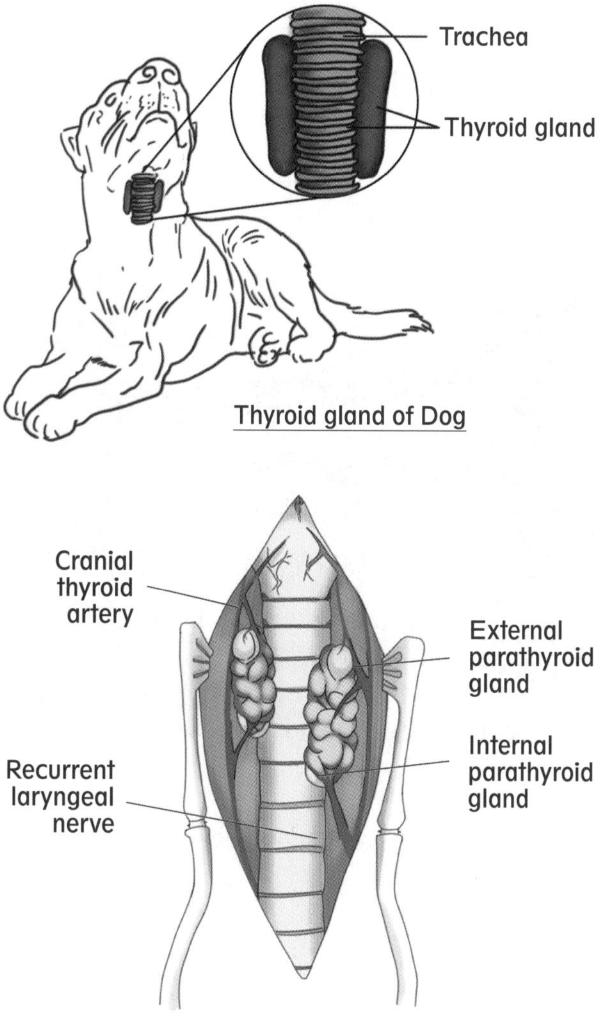

[그림 112] 갑상선, 부갑상선의 위치와 구조

5) 부갑상선

일명 상피소체로 생명유지에 필수적이다. 가장 중요한 역할은 칼슘대사에 직접 관여한다. 주요기능은 뼈로부터 칼슘을 빠져나오게 하고, 장에서 칼슘 흡수를 촉진시켜, 신장으로부터 칼슘의 재흡수를 촉진시킴으로써 칼슘을 정상수준으로 끌어올린다.

6) 췌장

췌장은 외분비선인 동시에 랑게르한스섬이라는 조직에서 물질대사에 필요한 호르몬인 인슐린과 글루카곤을 분비하는 내분비선이다. 알파세포에서는 글루카곤, 베타세포에서는 인슐린이 분비된다. 인슐린 결핍 시 고혈당증, 당뇨, 다뇨증, 다음다갈, 다식, 체중 감소가 나타난다. 글루카곤은 아미노산으로부터 포도당 생성을 촉신시켜 혈낭치를 높게 하고, 인슐린은 그와 반대작용을 하여 혈당치를 낮춘다.

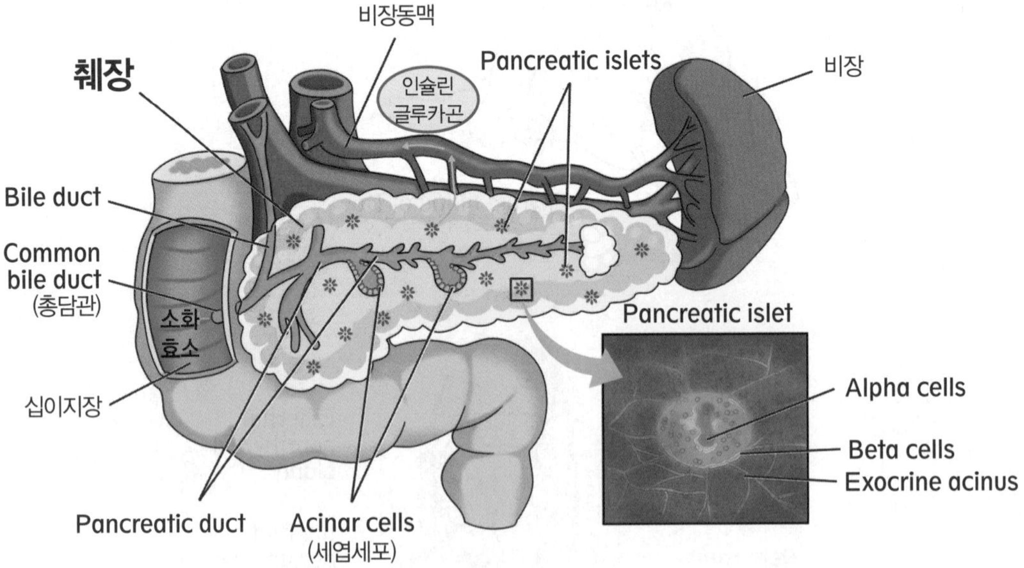

[그림 113] 췌장의 위치와 구조

7) 부신

피질과 수질로 되어 있고 부신피질에서는 스테로이드 호르몬을 분비하고, 부신수질에서는 안드로겐과 에스트로겐, 프로게스테론도 약간 분비된다. 카테콜라민을 생성하는데 체내의 항상성 유지에 중요한 역할을 한다(에프네프린).

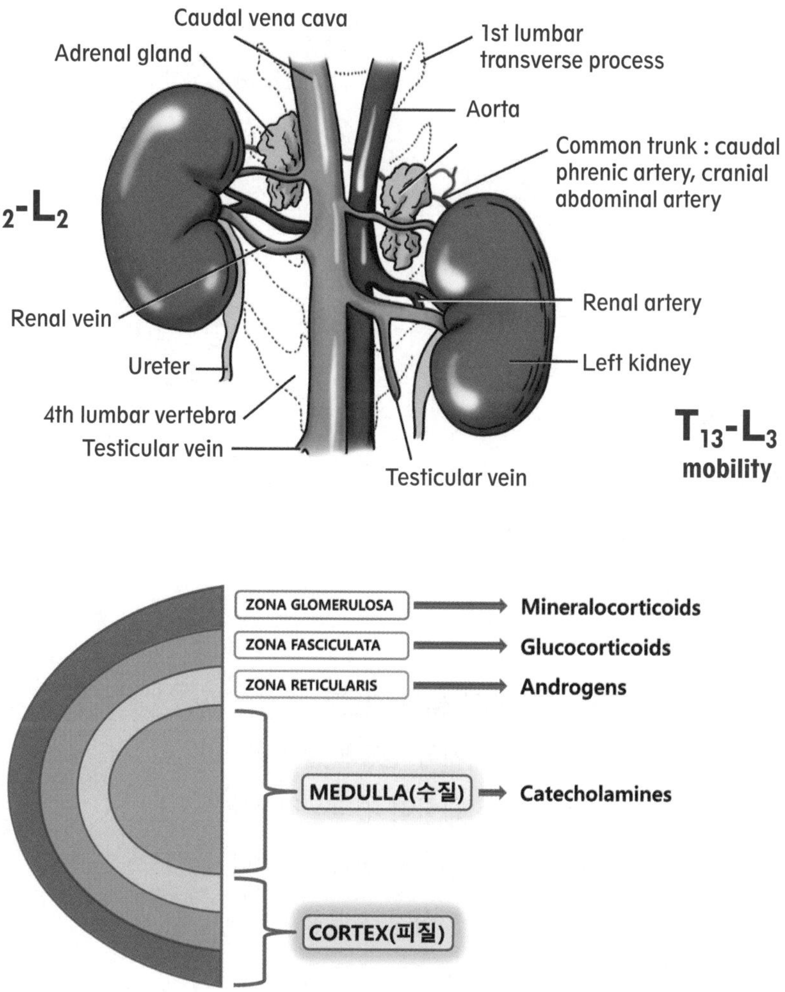

[그림 114] 부신의 위치와 구조

실전 핵심 문제

상 중 하

01 다음 중 내분비기관에서 별도의 도관 없이 직접 혈액속에 분비하는 현상을 무엇이라 하는가?

① 내분비 ② 외분비

③ 부분비 ④ 옆분비

상 중 하

02 다음 중 내분비계통의 역할과 특징이 아닌 것은?

① 체내의 항상성을 유지함

② 매우 빠른 조절작용을 나타냄

③ 신체의 화학반응을 보이게 함

④ 성장과 번식 등에 관여함

상 중 하

03 다음 중 호르몬에 대한 설명으로 옳은 것은?

① 뇌와 신경 사이를 통하는 전기적 전달물질이다.

② 신경과 세포 사이를 통하는 화학적 전달물질이다.

③ 세포와 혈관 사이를 통하는 전기적 전달물질이다.

④ 세포와 세포 사이를 통하는 화학적 전달물질이다.

상 중 하

04 다음 중 호르몬의 생성 장소가 아닌 곳은?

① 뇌하수체 ② 갑상선

③ 간장 ④ 신장

상 중 하

05 다음 중 호르몬의 일반적인 특징이 아닌 것은?

① 특수한 조직이나 세포에서 만들어진다.

② 직적으로 혈액 내로 들어간다.

③ 표적장기가 없다.

④ 내분비선에서 분비된다.

상 중 하

06 다음 중 호르몬의 작용범위에 따른 구분으로 틀린 것은?

① 재분비 ② 내분비

③ 부분비 ④ 자가분비

상 중 하

07 다음 중 호르몬의 특징이 아닌 것은?

① 매우 적은 양으로 효과적인 반응을 보임

② 표적장기에 선택적으로 작용

③ 새로운 반응을 일어나게 함

④ 영양소로서의 작용 없음

상 중 하

08 다음 중 되먹이기전(feedback)과 관련이 있는 것은?

① 선택성 ② 항상성

③ 하강성 ④ 상승성

실전 핵심 문제

상 중 하

09 다음 중 뇌하수체 전엽 호르몬이 아닌 것은?

① 성장 호르몬
② 갑상선 자극 호르몬
③ 부신피질 자극 호르몬
④ 항이뇨 호르몬

상 중 하

10 다음 중 간뇌 등쪽에 돌출한 내분비선으로 빛과 관련된 것은?

① 뇌하수체
② 송과선
③ 연수
④ 해마

상 중 하

11 다음 중 주로 밤에 분비되어 수면주기 및 피부색과 관련된 호르몬은?

① 알도스테론
② 테스토스테론
③ 세로토닌
④ 멜라토닌

상 중 하

12 다음 중 갑상선기능저하증과 관련이 없는 것은?

① 빈맥
② 비만
③ 탈모
④ 무기력

상 중 하

13 다음 중 열 생산에 관계되며 영양물질의 대사에 관여하는 호르몬은?

① 갑상선 자극 호르몬
② 부신피질 자극 호르몬
③ 갑상선 호르몬
④ 부신피질 호르몬

상 중 하

14 다음 중 칼슘대사에 매우 중요한 역할을 하는 호르몬은?

① 갑상선 호르몬 ② 부갑상선 호르몬

③ 뇌하수체 전엽 호르몬 ④ 뇌하수체 후엽 호르몬

상 중 하

15 다음 중 외분비선과 내분비선을 다 가지고 있지 않은 것은?

① 췌장 ② 정소

③ 난소 ④ 부신

상 중 하

16 다음 중 췌장의 성명 중 틀린 것은?

① 내분비선이다.

② 외분비선이다.

③ 알파세포에서 글루카곤을 분비한다.

④ 베타세포에서 담즙을 분비한다.

상 중 하

17 다음 부신의 설명으로 틀린 것은?

① 피질에서 카테콜라민이 분비된다.

② 신장 옆에 땅콩모양으로 위치해 있다.

③ 수질과 피질로 구분된다.

④ 피질은 3개의 층으로 구별된다.

정답

1. ① 2. ② 3. ④ 4. ③ 5. ③ 6. ① 7. ③ 8. ② 9. ④ 10. ② 11. ④ 12. ① 13. ③ 14. ② 15. ④ 16. ④ 17. ①

10 번식

1) 암컷의 번식

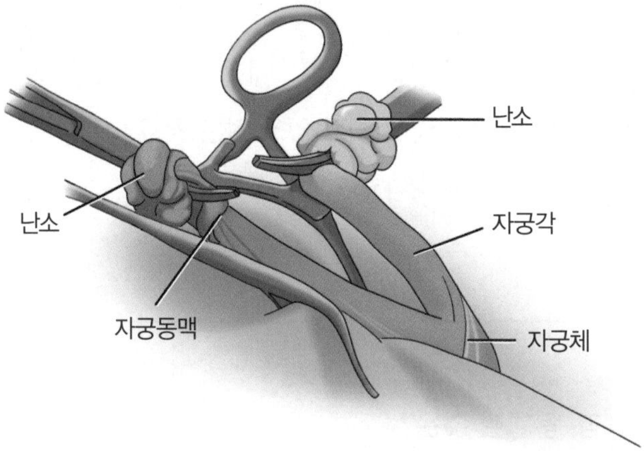

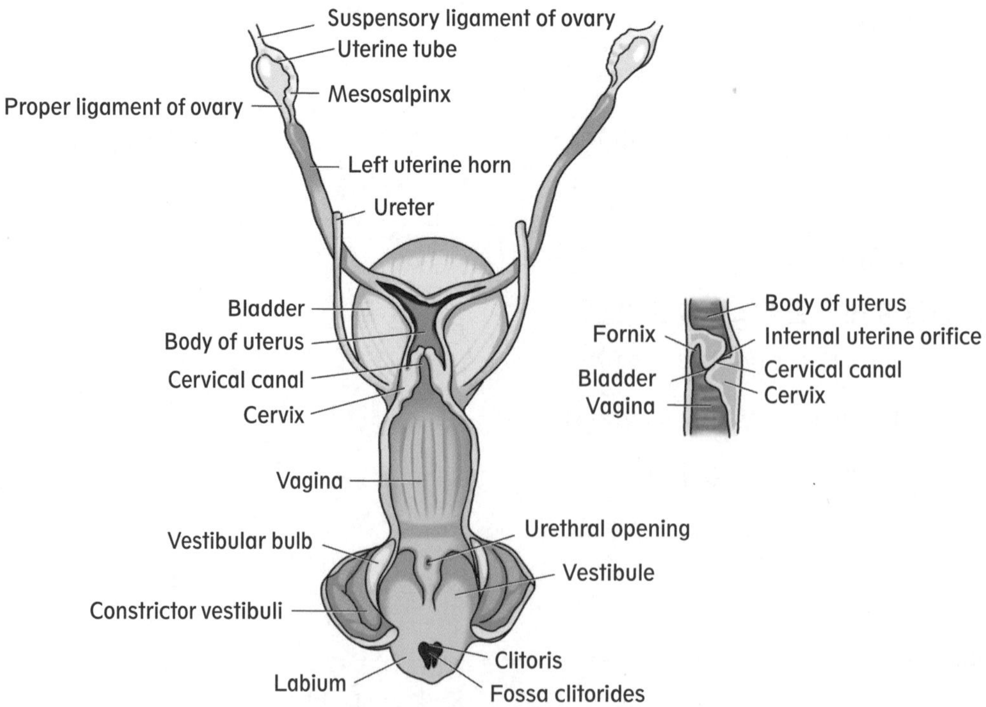

[그림 115] 암컷 생식기의 구조

(1) 난소

① 복강 내에 위치하며 난자를 생산하는 외분비기능과 성호르몬을 분비하는 내분비기능을 겸하고 있다.

② 난포가 발생되어 배란을 일으키게 한다.

③ 황체는 파열된 난포 뒷자리에 형성 발달된다. 배란된 난자가 착상되지 않을 경우 형성된 황체는 일정한 시기가 지나서 퇴행되기 시작한다.

(2) 난관

① 난관은 난자와 정자를 서로 반대방향으로 이동시키는 역할을 한다.

② 난관은 난관채, 누두부, 팽대부, 협부로 구성되어 있다. 수정란은 자궁으로 수송되기 전 3일정도 난관 내에 머문다.

③ 난관액이 존재하여 난소를 향하여 흐르며, 국소적인 분절운동과 수송운동을 한다.

(3) 자궁

① 동물의 종류에 따라 형태가 다양하지만 개와 고양이의 자궁은 2개의 자궁각과 자궁체를 가지고 있다.

② 자궁경관은 정자의 수송을 촉진하고 정자 저장소 역할을 한다. 생존할 수 있는 정자는 수송하고 생존 능력이 없는 정자는 배출하는 역할을 한다.

(4) 질

① 장궁경관과 인접하고 있다.

② 질수축의 작용은 정자를 수송하고, 질 내에 분비되는 분비액은 질 자궁 및 난관의 수축을 활발하게 만든다. 발정기가 가까워지면 질벽 혈관으로부터 분비가 증가하고 질액은 점점 묽어진다.

(5) 외부생식기

질전정, 대음순, 소음순, 음핵으로 구성되어 있다.

(6) 번식관련 호르몬

① 에스트로겐(estrogen) : 착상 전 접합자 유지에 필요한 자궁내막선의 성숙을 촉진하며 난자와 정자를 생존시키기 위해 난관분비작용을 촉진한다. 성성숙 자극 발현, 뇌하수체 전엽의 성선자극호르몬의 분비조절하고 자궁 및 난관수축운동을 촉진시킨다.

② 프로게스테론(progesterone) : 주로 황체에서 생산되며 태반과 부신피질에서도 생산된다. 에스트로겐과 함께 자궁내막선 증식촉진하고 유선소엽과 선포발육촉진 시키며 난관과 자궁내막분비선 분비활동을 자극한다. 임신기간 중 자궁수축억제 및 성선자극호르몬 분비조절을 한다.

(7) 암컷(개)의 번식주기

① 성성숙(puberty) : 첫 발정 개시는 7~10개월 사이에 일어나며 소형견이 대형견에 비해 다소 빠르게 나타난다. 둔성발정의 경우 성적인 행동의 변화가 미약하게 나타난다. 교배 적기는 2~6년령 사이가 적당하다.

② 번식 수명 : 가장 안정적인 번식 수명으로는 1.5~4년령이며, 나이가 증가함에 따라 발정 주기의 증가 및 자궁 질환의 증가 등이 타나날 수 있다. 고령으로 갈수록 수태율이 떨어지며 태아의 폐사율이 올라간다.

③ 배란 및 발정 : 배란과 발정은 년 2회 일어나는 것이 일반적이며, 주로 봄, 가을에 나타난다. 이른 봄에 난소의 활성화가 잘 이루어져 교배 및 분만이 증가하며 다배란이 특징이다. 발정 간격은 평균 7개월(3~13개월)로 개체에 따라 큰 차이를 보인다.

④ 발정 주기 : 발정 주기는 발정전기(proestrus), 발정기(estrus), 발정후기(metestrus), 발정휴지기(anestrus)로 나누어지며, 평균 기간을 보면 발정전기 9일, 발정기 7~9일, 발정후기 58일, 발정휴지기 3~4개월이다. 발정전기의 현상으로는 혈액성 삼출물이 나오기 시작하며 질점막의 변화가 일어나고 외음부의 부종이 시작한다. 발정기가 시작되면 교배를 허용하고 외음부의 부종이 가라앉는다. 질 삼출물의 색이 담황색으로 변한다. 황체기인 발정후기를 지나 자궁수복기간인 발정휴지기를 거치는 발정 주기를 갖는다.

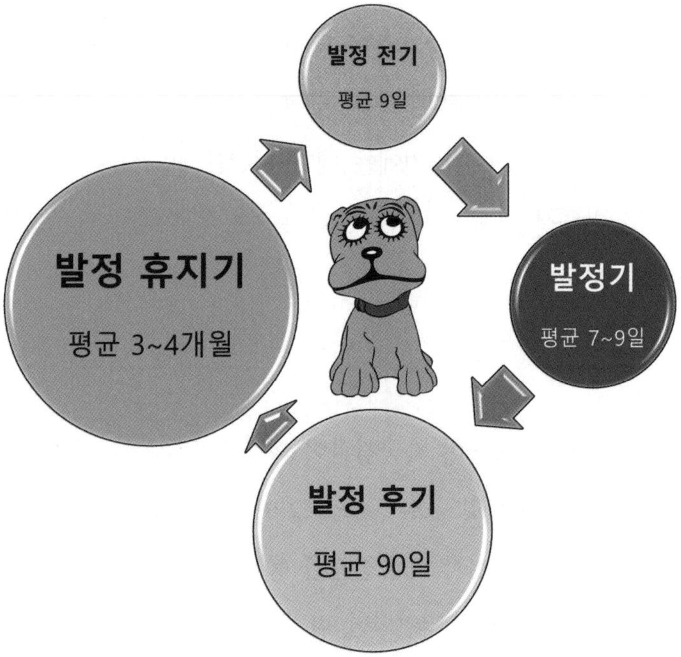

[그림 116] 암컷의 번식 주기

(8) 번식 관리

① 황체형성호르몬인 LH 극기 후 24~72시간 후 배란이 일어나며, 4일 후 난자의 성숙이 완료된다. 정자가 난관까지의 도달 시간은 사정 후 25초 정도 이며, 1회 교배 후 정자의 농도는 4~6일간 유지된다. 정자의 난관 내 생존 기간은 평균 7~9일이며, 정자 수정능력 획득시간은 평균 7시간이다. 수태율이 가장 높은 시기로는 배란 4일 전~배란 3일 후이다. 교배 후 3주 이상이 되면 초음파 검사로 임신 여부를 알 수 있다.

(9) 임신

① 임신 중 생리학적 및 내분비학적 변화 : 1회 배란 시 배란되는 난자의 평균 갯 수로는 7개(3~15개)로 소형견에 비해 대형견의 배란 난자 수가 많다. 평균 수태되는 암수의 비률로는 수컷이 좀 더 많은 비중을 차지한다. 수정은 교배 후 8~12일 후 일어나며 배란 17~18일 후 착상이 일어난다. 임신 기간은 교배 후 평균 62±7일이다. 임신 중 호르몬의 변화로는 임신 전기에 progesterone이 상승하며, 자궁내막의 성장, 태반 부착의 촉진 및 자

궁수축을 억제한다. 임신 후기에 estrogen의 농도가 상승되어 분만 직전 최고치에 오르고 분만 후 감소한다. 또한 prolactin이 증가하여 유선 발달을 돕는다.

② 영양 관리 : 임신 4주 후 태아의 크기가 급격히 커지는 시기이므로 모견의 영양 관리에 많은 신경을 써야 한다. 임신 후반기에는 영양 섭취를 30~50% 증가시켜야 하며, 비타민 및 칼슘제 공급을 반드시 해 주어야 한다. 임신 마지막 주에는 단백질의 공급량을 늘려야 하며 운동을 필수로 시켜야 한다.

(10) 분만

① 1기 : 자궁의 수축이 시작되며 자궁경관이 확장된다. 산모는 불안, 예민, 떨림, 식욕부진, 빈호흡, 심박/호흡수 증가 및 구토 등을 보이며 약 6~12시간 지속된다.

② 2기 : 태아의 만출기로 태아가 자궁경관을 통과하여 질을 지나 만출되는 시기로 평균 3~6시간 지속되며, 5시간 이상 지연되면 비정상이다. 상승되었던 체온이 정상으로 회복되며 복벽의 수축이 일어난다.

③ 3기 : 태아의 배출기로 oxytocin이 분비되어 자궁이 수축되고 유즙의 분비량이 늘어난다.

(11) 난산

① 모체 및 태아측 원인 : 모체측 원인으로는 골반의 이상, 자궁무력증, 스트레스 및 자궁염전 등이 있으며, 태아측 원인으로는 태아의 크기, 기형, 태아사, 태아의 위치 이상 등이 있다.

② 해부학적 원인 : 모견 산도의 해부학적 이상, 골반골절 및 질의 증생 등이 있으며, 단두종은 난산이 될 가능성이 매우 높다.

③ 내분비학적 원인 : Oxytocin의 분비 이상이 대표적인 호르몬 문제이다.

④ 노령, 비만 등 운동부족의 원인

2) 수컷의 번식

(1) 정소

① 정자를 생산하는 외분비선인 동시에 안드로겐을 분비하는 내분비선이다.

② 대부분의 포유동물은 정소가 복강외부에 있는 음낭에 있으나 예외적으로 돌고래, 코끼리 조류는 복강 내에 있다.

③ 고온은 정자 생성에 좋지 않다.

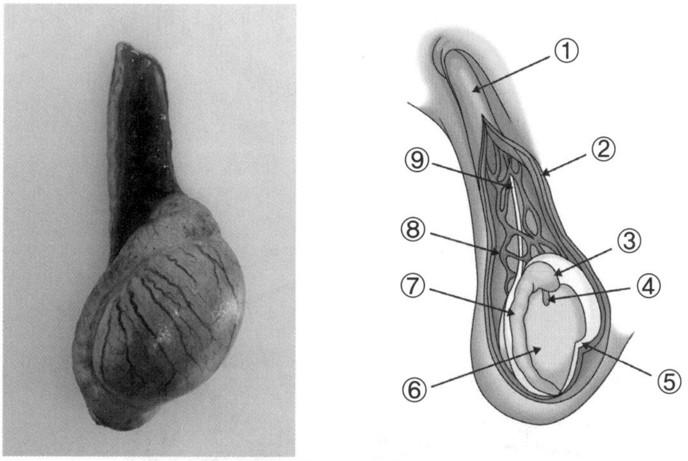

①	Spermatic cord	②	Cremasteric muscle and fascia	③	Appendix of epididymis
④	Appendix of testis	⑤	Parietal layer of tunica vaginalis	⑥	Testis (covered by visceral layer of tunica vaginalis)
⑦	Epididymis	⑧	Pampiniform (venous) plexus	⑨	Ductus (vas) deferens

[그림 117] 수컷의 정소의 구조

(2) 정소상체

① 정소에 밀착하여 길게 뻗어 있다.

② 정자의 운반, 농축, 성숙 및 저장을 하는 중요한 부위로 정소 내에서 형성된 정자는 정세관벽의 근양세포와 백막내의 평활근세포의 작용에 의해 정소수출관을 통하여 수송된다.

③ 정소상체액은 정자의 성숙과 보존에 필요하다.

(3) 정관

① 정자를 정소상체 미부로부터 요도로 운반한다.

② 정관은 정자수송로이나 사정 시에는 관벽의 연동운동과 강한 수축에 의하여 정액을 사출하게 된다.

(4) 음낭

① 음경기부에 가깝고 하복부의 피부가 돌출되어 내려온 주머니로 그 속에 정소와 정소상체를 가지고 있다.

② 음낭의 온도가 올라가면 10여일 후 정자형성 장애가 나타나며, 경우에 따라서 회복되지 않는 경우도 있다.

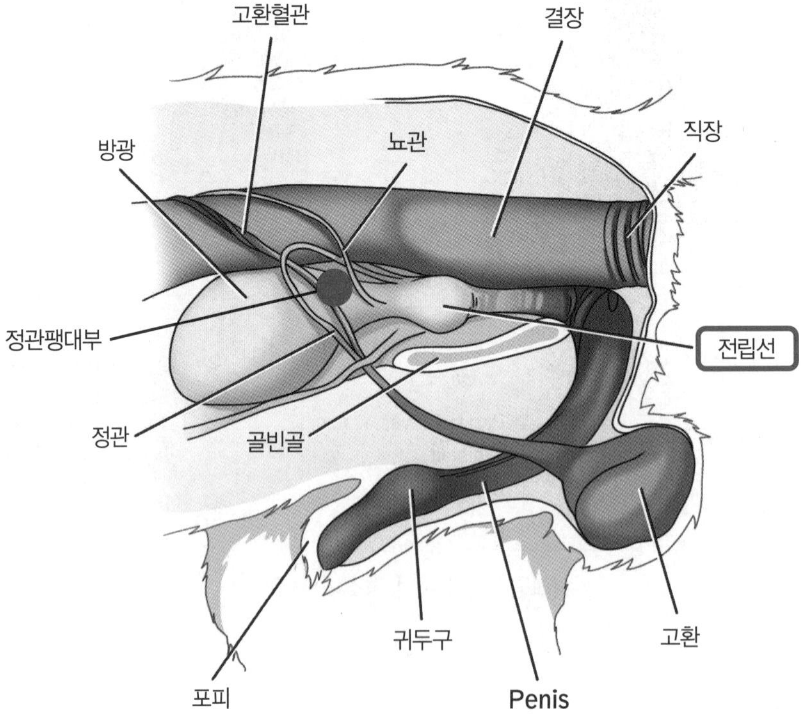

[그림 118] 수컷의 부생식선

(5) 부생식선

① 정관팽대부, 정낭, 전립선, 요도구선으로 구성되며 사정 시에 정장액을 분비한다.

② 정장액은 정자의 이동과 영양소의 공급 그리고 암컷 생식기 내의 과도한 산성에 대한 완충제의 역할을 한다.

③ 정관팽대부: 방광경근처의 정관말단부, 정액의 액체부분을 분비한다.

④ 전립선: 방광경부에 이어져서 위치

(6) 외부생식기

① 음경과 포피: 음경선단은 부풀어 귀두가 되며 동물 종에 따라 형태가 다르다. 포피는 음경부와 전음경부로 나뉘어진다.

② 발기: 성적자극은 음경해면체각에 동맥혈액의 공급을 증가시킨다.

③ 사출과 사정: 음경은 오줌배출과 더불어 교미기구로서 질 내에 정액을 주입하는 역할을 하고 발기, 사정 및 사출은 복잡한 신경조절에 의하여 지배된다.

(7) 웅성호르몬 (testosterone, androsterone)

① 수컷 부생식기의 발현 및 기능유지 작용

② 수컷의 성징 발현

③ 성욕의 발현작용

④ 정자형성 작용, 정자성숙 및 생존에 대한 작용

⑤ 기타, 단백질 동화작용과 정자의 하강작용 및 음낭 온도조절 작용

상 중 하

01 다음 중 암컷의 생식기가 아닌 것은?

① 자궁 ② 난관
③ 난소 ④ 정소

상 중 하

02 다음 중 황체에 대한 설명으로 틀린 것은?

① 임신 중에 형성된다.
② 파열된 난포 뒷자리에 형성된다.
③ 난자가 착상되지 않을 경우 형성된다.
④ 일정한 시기가 지나면 퇴행된다.

상 중 하

03 다음 중 암캐의 생식기에 대한 설명으로 틀린 것은?

① 2개의 난소를 가지고 있다.
② 1개의 자궁체를 가지고 있다.
③ 1개의 자궁각을 가지고 있다.
④ 수정란이 잠시 머무는 곳은 난관이다.

상 중 하

04 다음 중 암컷의 외부생식기가 아닌 것은?

① 질전정 ② 자궁경관
③ 음순 ④ 음핵

실전 핵심 문제

상 중 하

05 다음 중 에스트로겐의 종류가 아닌 것은?

① 에스트론 ② 에스트라디올

③ 에스트리올 ④ 에스트겐

상 중 하

06 다음 중 에스트로겐의 설명으로 틀린 것은?

① 대표적 여성 호르몬 ② 2차 성징 발현

③ 암컷에게만 분비 ④ 생식 주기의 발현

상 중 하

07 다음 중 프로게스테론의 설명으로 틀린 것은?

① 대표적 발정전기 호르몬이다.

② 황체형성 호르몬에 의해 조절된다.

③ 생식 주기에 관여한다.

④ 자궁내막선 성숙을 촉진시킨다.

상 중 하

08 다음 중 암캐의 일반적인 첫 발정 개시 시기는?

① 3 ~ 6개월 ② 7 ~ 10개월

③ 11 ~ 14개월 ④ 15 ~ 18개월

상 중 하

09 다음 중 개의 가장 안정적인 번식 수명으로 맞는 것은?

① 8개월 ~ 1년령
② 1년령 ~ 1.5년령
③ 1.5년령 ~ 4년령
④ 4년령 ~ 6년령

상 중 하

10 다음 개에서 배란과 발정에 대한 설명 중 틀린 것은?

① 배란과 발정은 년 2회 일어난다.
② 다배란이 특징이다.
③ 발정 간격은 평균 12개월이다.
④ 주로 봄, 가을에 발정이 나타난다.

상 중 하

11 다음 중 암캐의 번식주기의 순서로 옳은 것은?

① 발정 전기 - 발정기 - 발정 후기 - 발정 휴지기
② 발정기 - 발정 전기 - 발정 휴지기 - 발정 후기
③ 발정 후기 - 발정기 - 발정 휴지기 - 발정 전기
④ 발정 휴지기 - 발정기 - 발정 후기 - 발정 전기

상 중 하

12 다음 중 암캐 발정기의 특징이 아닌 것은?

① 교배 허용
② 외음부의 부종 시작
③ 질 삼출물으 색이 담황색으로 변함
④ 평균 7 ~ 9일

상 중 하

13 다음 중 개에서 황체기라고도 하며 평균 90일 유지되는 시기는?

① 발정 휴지기 ② 발정 전기

③ 발정 후기 ④ 발정기

상 중 하

14 다음 중 개에서 정자의 난관 내 생존 기간으로 맞는 것은?

① 7 ~ 9일 ② 10 ~ 13일

③ 14 ~ 17일 ④ 18 ~ 20일

상 중 하

15 다음 중 암캐의 수태율이 가장 높은 시기는 언제인가?

① 배란 5일 후

② 배란 7일 전

③ 배란1일 전 – 배란 1일 후

④ 배란 4일 전 – 배란 3일 후

상 중 하

16 다음 중 암캐의 1회 배란 시 배란되는 난자의 평균 수는?

① 2개 ② 7개

③ 14개 ④ 20개

상 중 하

17 다음 중 암캐의 평균 임신기간은?

① 52일 ② 62일

③ 72일 ④ 82일

실전 핵심 문제

상 중 하

18 다음 중 암캐의 분만 징후가 아닌 것은?

① 불안　　② 빈호흡
③ 서맥　　④ 식욕부진

상 중 하

19 다음 중 정소의 설명 중 틀린 것은?

① 내분비선이다.
② 외분비선이다.
③ 정자의 생성 장소이다.
④ 고온이 정자 생성에 좋다.

상 중 하

20 다음 중 전립선액의 설명 중 틀린 것은?

① 정자의 운동성을 저하 시킴　　② 정액 특유한 냄새의 근원
③ 정자의 영양공급원　　④ 정액이 굳지 않게 함

상 중 하

21 다음 중 웅성호르몬에 관한 설명 중 틀린 것은?

① 정소에서 분비　　② 수컷의 4차 성징 발현
③ 성욕의 발현　　④ 정자의 형성에 관여

상 중 하

22 다음 중 개의 수컷이 가지고 있는 부생식선으로 옳은 것은?

① 팽대부, 정낭　　② 정낭, 요도구선
③ 요도구선, 전립선　　④ 전립선, 팽대부

실전 핵심 문제

상 중 하

23 다음 중 정소상체(부고환)의 설명 중 틀린 것은?

① 정소에 밀착하여 위치
② 정자의 형성에 관여
③ 정자의 성숙 및 저장에 관여
④ 정자의 운반에 관여

상 중 하

24 다음 중 난산의 모체 측 원인이 아닌 것은?

① 골반의 이상
② 자궁무력증
③ 태아의 위치 이상
④ 자궁염전

상 중 하

25 다음 중 태아의 만출기에 자궁 수축 및 유즙 분비의 증가와 관련된 물질은?

① 옥시토신
② 프로게스테론
③ 테스토스테론
④ 안드로겐

정답

1. ④ 2. ① 3. ③ 4. ② 5. ④ 6. ③ 7. ① 8. ② 9. ③ 10. ③ 11. ① 12. ② 13. ③
14. ① 15. ④ 16. ② 17. ② 18. ③ 19. ④ 20. ① 21. ② 22. ④ 23. ② 24. ③ 25. ①

3

동물 간호학의 개념과 이해

동물은 스스로의 표현 능력 부족과 사람과의 의사소통이 어려운 관계로 수의사 및 동물보건사의 세심한 환자 관찰을 통해 보다 빠르고 정확히 환자를 회복시키는 것이 중요하다. 그러기 위해서는 동물의 습성을 파악하여 안전하고 신속하게 보정을 할 수 있어야 하며, 동물병원의 진료실, 입원실, 수술실 및 실험실의 환경을 이해하고 유지 관리하는 것이 필요하다.

1 동물의 보정

보정이란 언어나 물리적 또는 약물 등을 이용하여 동물의 행동을 억제함으로써 동물이 자신과 다른 동물 또는 사람에게 상처를 입히는 것을 방지하고 훈련, 검사, 약물투여, 처치, 포획 등 모든 절차의 수행을 용이하게 하는 방법이다.

물리적 보정은 그 동물의 특성을 잘 이용하여 행동을 억제하는 것이므로 비교적 영리한 개는 언어적 보정이 아주 유효하게 사용되는 경우가 많다. 그러나 토끼는 온순하면서도 언어적 보정은 전혀 효과가 없으며, 일반적으로 동물은 임신과 분만에 관련된 시기에는 공격성을 가질 수 있다. 보정의 실수는 모든 절차의 수행이 불편해지고 어려워지며 사나운 개나 고양이로부터 공격을 받을 수 있다. 무리한 행동의 과한 억제와 보정은 호흡곤란이나 과온증 및 질식사 등을 일으킬 수 있으므로 정확한 보정법을 숙지하여야 한다.

1) 언어적 보정

① 개와 고양이에게 접근하여 동물이 놀라지 않도록 부드러운 목소리로 말한다.

② 대부분의 반려동물은 각자의 이름에 반응하도록 길들여져 있으므로 동물을 이름을 이용한다.

③ 필요에 따라 엄격하고 날카롭고 분명한 목소리로 "안돼"라고 말한다. 언어적 보정은 물리적 보정의 보조 수단으로 사용할 수 있다.

④ 동물에게는 엄격함과 배려를 확실히 구별해야 한다. 무분별한 배려는 언어적 보정에 어려움을 초래할 수 있다.

⑤ 보조자는 진료를 보고 있는 사람의 반대쪽에 서서 치료나 검사 또는 처치를 위해 서로 쉽게 접촉할 수 있는 곳에 위치해야 한다.

2) 물리적 보정

(1) 일반적인 개의 운반과 이동

① 어린 개나 소형견의 일반적인 이동은 개의 성격 등을 고려하여야 하지만 일반적으로 한 손을 복부 또는 흉부 하에 넣고 손바닥을 위로하여 개를 들어올린 다음 팔로 복부와 대퇴부를 감싼 상태에서 개의 몸을 보정자의 몸에 부착시킨다. 더욱 안전하게 운반, 이동하기 위해서는 다른 손으로 견갑부의 등쪽을 감싸 잡는다(그림 119).

[그림 119] 소형견의 운반 및 이동

② 중형 또는 대형견의 일반적인 이동은 개를 바닥에 서게 한 다음 한쪽 팔은 전지의 앞쪽 전흉부에 넣고, 다른 쪽 팔은 복부 밑으로 넣어 개를 보정자의 몸에 밀착시킨 후 들어올려 이동한다(그림 120).

[그림 120] 중, 대형견의 운반 및 이동

③ 개가 좀 더 가벼운 경우에는 한쪽 팔은 전흉부를 포함한 상완부를 감싸 잡고 다 른 쪽 팔로 둔부와 하퇴부를 감싼 상태에서 들어올린다(그림 121).

[그림 121] 중형견의 운반 및 이동

④ 개가 지정된 위치에서 생활하도록 로프로 묶어서 행동 범위를 제한하거나 도로 보행이나 외출 또는 훈련 시에 과도한 행동을 제한하기 위하여 체인으로 묶어서 제어한다(그림 122).

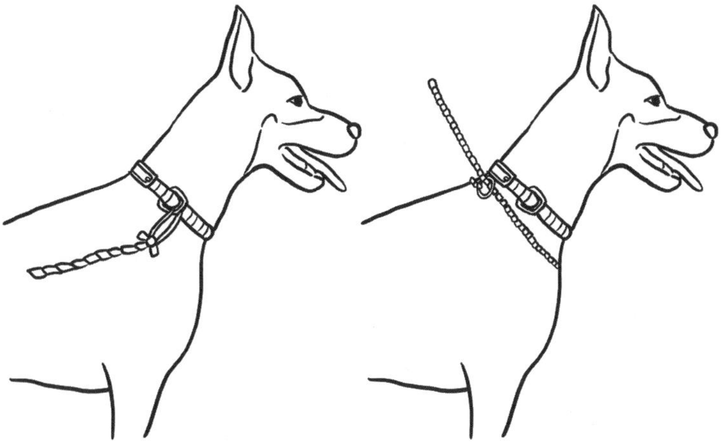

[그림 122] 개의 행동범위 제한을 위한 결박: 지정된 범위의 이탈을 제한하기 위한 로프 결박, 보행이나 훈련 시 행동의 제한을 위한 체인 결박

⑤ 사나운 개나 공격적인 개에 대한 위험을 예방하기 위하여 개를 물리적으로 견인할 수 있는 보호기를 사용한다(그림 123).

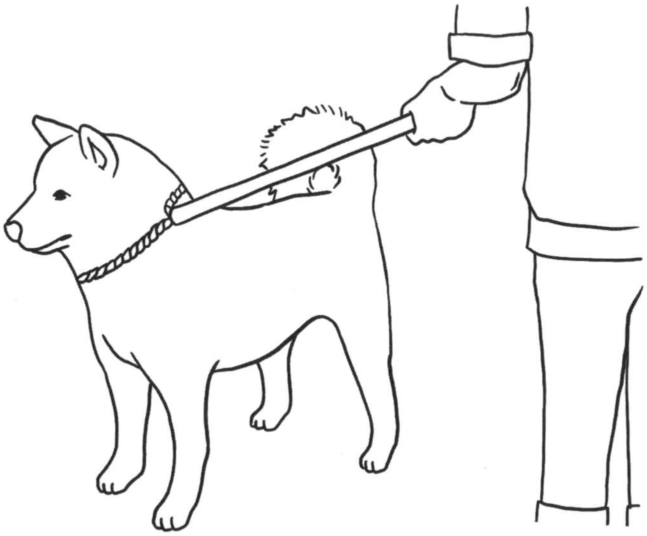

[그림 123] 보호기를 이용한 사나운 개의 견인

(2) 기립 자세에서 개의 물리적 보정

① 한쪽 팔을 개의 목 아래로 넣고, 손으로 개의 머리를 안전하게 잡고 다른 쪽 팔을 개의 복부 또는 흉부 아래쪽으로 넣어 전지를 가볍게 잡는다. 개의 복부 아래에 있는 팔로 진료를 진행하는 동안 개가 앉는 것을 방지할 수 있다. 개에게 불쾌한 자극이 가해지거나 사나운 개는 보정하기 전에 먼저 입마개를 한다. 개의 보정과 진료를 보고 있는 사람이 개로부터 공격을 받지 않도록 하기 위해서는 개의 머리가 항상 고정되어 있어야 한다(그림 124).

② 개를 보정하고 있는 사람의 가슴 쪽으로 밀착시킨다. 보정자 쪽에 동물이 가까이 있다면 동물이 움직임을 보다 더 잘 제어할 수 있다. 그러나 성격이 온화하지 못한 개에서 주사와 같이 통증을 일으키는 경우에는 안전을 위해 입마개를 사용하는 것이 좋다.

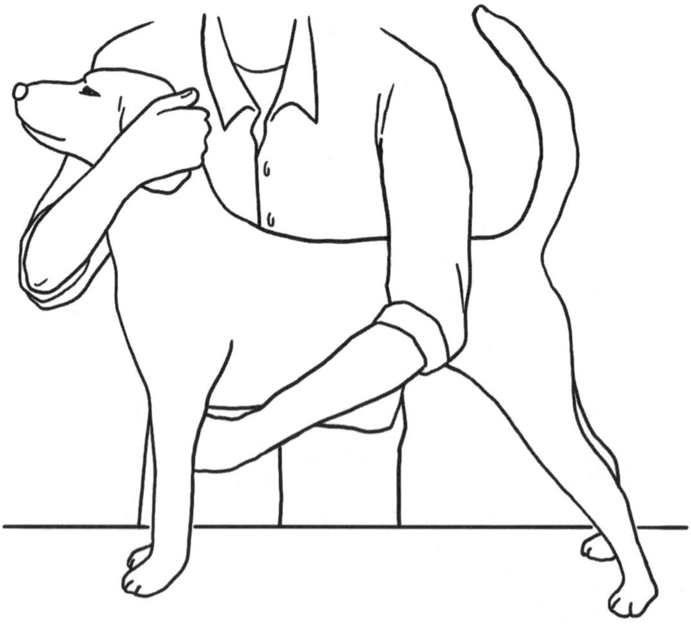

[그림 124] 기립 자세에서의 개의 보정

(3) 견좌 자세에서 개의 물리적 보정

① 한쪽 팔을 개의 목 아래로 넣고 팔과 손으로 개의 머리를 안전하게 잡는다. 머리의 정확한 보정은 진료를 보는 중 개에게 물리는 것을 방지하는데 중요하다(그림 125).

② 다른 쪽 팔은 개의 뒷다리와 엉덩이 부분에 놓고 개가 일어서거나 눕는 것을 방지한다.

③ 보정하고 있는 사람의 가슴 쪽으로 개를 당겨 밀착시켜야 쉽게 동물의 행동을 제어할 수 있다.

[그림 125] 견좌 자세에서 개의 보정

(4) 횡와 자세에서 개의 물리적 보정

① 서 있는 자세의 개에서 개의 등을 가로질러 한 손으로 양쪽 앞다리를 잡고 다른 한 손으로 양쪽 뒷다리를 잡는다. 만약 큰 개라면 보정자의 가슴에 개의 흉부와 복부를 밀착시키고 개의 앞다리와 뒷다리를 잡는다(그림 126).

② 개의 체중이 보정자의 가슴에 오도록 하고 서서히 개의 다리를 들어 올려 개의 몸체가 보정자의 가슴에서 미끄러져 내려 횡와 자세가 되도록 한다.

[그림 126] 횡와 자세로 보정하기 위한 초기 단계

③ 테이블에서 횡와 자세가 되자마자 대부분의 개는 저항을 하는 경우가 있으므로 앞다리를 잡은 손의 팔꿈치로 개의 머리쪽 경부를 가볍게 눌러서 머리의 움직임을 보정하고 뒷다리를 잡은 팔꿈치로는 개의 둔부 혹은 요부를 눌러서 보정한다(그림 127).

④ 모든 진료가 진행되는 동안 개의 앞다리를 잡은 팔의 팔꿈치로는 목을 가볍게 눌러서 개의 머리가 움직이지 않도록 유지하고 뒷다리를 잡은 팔의 팔꿈치로는 필요에 따라 대퇴부나 둔부 및 요부에 가볍게 올려놓는다. 만약 개가 저항하면 팔꿈치로 강하게 눌러 제압한다.

⑤ 양손의 집게손가락을 각각의 두 다리 사이에 넣어 잡는다(그림 127). 양 다리 사이에 집게손가락을 넣는 것은 개의 움직임을 사전에 파악하는 역할을 한다.

⑥ 가능하면 개의 발목 근위부를 잡는다.

[그림 127] 횡와 자세의 보정

(5) 개 입마개(부드러운 끈)의 사용

① 입마개는 개와 사람의 안전을 위한 수단이다. 개는 진료나 치료 시에 일어나는 자극에 대하여 의식적 혹은 무의식적으로 반응하고 저항하므로 위험하다. 입마개의 실시여부는 개의 성격, 보정 방법, 목적에 따라 판단하고 안전을 고려하여 실행한다.

② 대형견의 경우 120~130㎝ 길이의 거즈나 천 혹은 부드러운 끈을 준비한다. 대형견에 대해서는 더욱 견고하거나 두 겹으로 된 거즈를 사용한다. 불완전한 입마개의 장착은 불의의 사고를 일으킬 수 있다.

③ 동물에게 접근하기 전에 매듭을 1~2회전하여 고리를 만든다. 고리의 지름은 개의 비단 직상부 지름의 2~3배 가량 되도록 한다([그림 128).

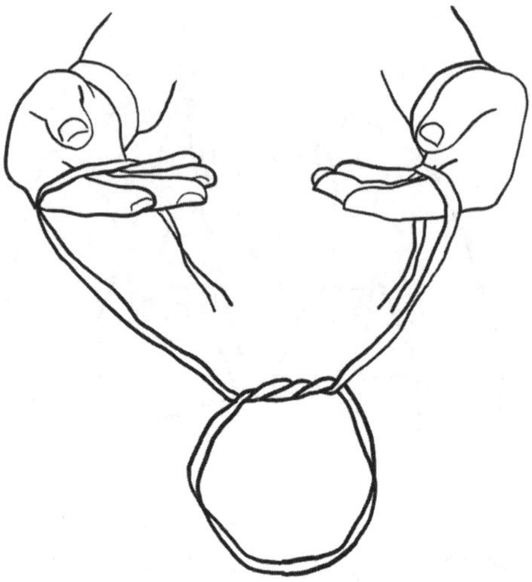

[그림 128] 두 번 감아서 매듭이 이중으로 준비된 상태

[그림 129] 주둥이를 매듭 내로 유도하는 초기 단계

④ 개의 콧등 부분에 매듭이 오도록 하고, 고리가 비단 부위로 미끄러져 내리도록 하여 재빨리 끈 줄을 잡아당겨서 조인다(그림 129). 사나운 개에 입마개를 장착할 때는 최소한

두 사람이 필요하다. 한 사람은 목끈을 잡고 개의 주위를 다른 곳으로 돌리도록 하는 동안 다른 사람이 입마개를 장착한다.

⑤ 묶는 부위는 가능한 비단 직상부가 되도록 한다. 매듭 부위가 비단에서 멀어지면 멀어질수록 개구가 용이하므로 안전성이 떨어진다.

⑥ 개의 하악 아래에서 끈을 다시 교차한다. 단, 묶지는 말아야 한다(그림 130). 이 과정의 각 단계는 동물이 사나울수록 재빨리 수행되어야 한다. 끈 끝이 하악에서 묶이지 않고 단순 교차만 되어야 응급 시에 입마개의 제거가 쉽다.

⑦ 끈을 양쪽 귀 뒤로 올려 만곡부에서 최종 매듭으로 단단히 묶는다(그림 130).

⑧ 응급상황에서 입마개를 쉽게 제가하기 위해서는 매듭 양끝을 길게 남겨 풀기 쉽게 남겨두어야 한다(그림 130). 털이 긴 경우 끈이 털에 엉킬 수 있으므로 주의해야 한다. 호흡곤란, 구토 증상이 보일 경우 신속히 입마개를 제거한다.

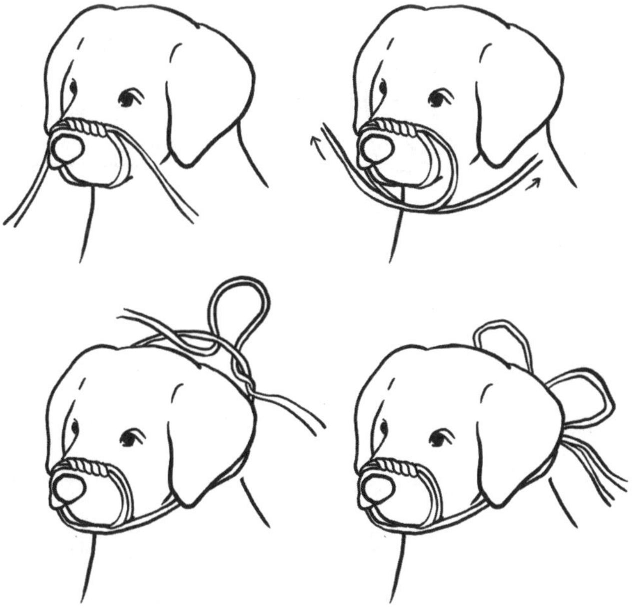

[그림 130] 입마개를 장착하는 순서. 매듭이 콧등 위로 위치.
턱 밑으로 끈을 교차. 뒤에서 매듭. 풀기 쉽도록 끝을 길게 남김.

(6) Elizabethan collar(목칼라)의 사용

① 사나운 개나 고양이를 다루는 동안 이들이 무는 것을 방기하기 위해 목칼라를 장착한다([그림 131). 보정을 목적으로 목칼라 사용의 장점으로는 목칼라 장착 후에도 동물이 입을 벌리고 호흡을 할 수 있으며 처치 후 제거가 쉽다. 동물의 성격이나 착용 목적에 따라 목카라의 방향을 바꿀 수 있다(그림 131).

② 주로 자상을 방지할 목적으로 사용된다. 수술 후 봉합 부위, 피부질환 치료 후 연고도포, 심한 소양감으로 인한 자상 및 신체 부착물 보호하기 위해 장착할 수 있다.

[그림 131] 목칼라의 장착과 방향을 바꾼 모습

(7) 고양이의 물리적 보정

① 반려동물 중에서 고양이는 다루기가 어렵고 위험다. 고양이는 무는 것과 발로 할퀴는 것으로 자신을 보호한다. 고양이가 사람이나 다른 동물에게 중상을 입히는 요인은 날카로운 견치와 보통 시에는 사용하지 않지만 흥분이나 공포 시에는 무서운 무기로 변하는 발톱이 있다.

② 고양이는 매우 빨리 움직일 수 있고, 민첩하고 강하게 움직이며, 자신의 방어를 위해서는 치아와 발톱의 사용이 숙달되어 있고, 작은 동물이기 때문에 물리적 보정이 어려운 점 등의 특징을 가지고 있으므로 고양이를 보정하는 것은 개를 보정하는 것보다 항상 더

어렵고 위험하며 무분별한 힘의 사용에 의해 상처를 받을 수 있다.

③ 순한 고양이라 할지라도 접근 시에는 고양이의 태도나 상태 및 성격을 잘 관찰 후 보정 방법을 결정해야 한다. 일반적으로 순한 고양이의 운반과 이동은 한 손으로 고양이의 등쪽을 잡고 다른 손으로 고양이의 배쪽 흉부를 가볍게 잡고 팔을 굽혀 고양이를 몸에 밀착시킨 상태로 이동한다(그림 132).

[그림 132] 온순한 고양이의 일반적인 운반과 이동

④ 장시간의 보정을 요하는 경우나 심한 자극이 가해지는 진료 시 고양이가 사나울 경우에 안전을 위해 고양이의 발톱을 미리 깍거나 발톱을 테이프로 고정시킨 후 보정한다(그림 133).

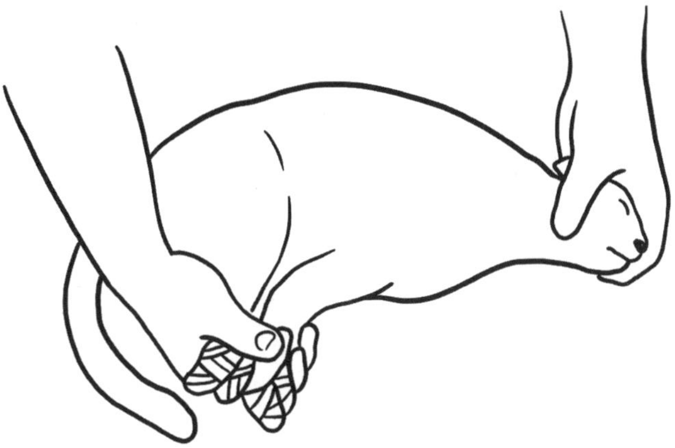

[그림 133] 고양이의 발톱을 테이프로 감싼 상태

⑤ 서 있는 자세의 고양이에서 고양이의 등을 가로질러 한 손으로 앞쪽 양 다리를 잡고 다른 한 손으로 뒤쪽 뒷다리를 잡는다.

⑥ 서서히 고양이의 다리를 테이블 쪽으로 당기고 고양이의 등이 보정자의 몸에 의지하여 미끄러져 횡와 자세로 되게 한다.

⑦ 횡와 자세로 만든 후, 한 손을 사용해서 네 다리를 모두 잡는다. 이 상태에서 경우에 따라 2~3㎝ 넓이의 접착테이프를 앞 다리와 뒷다리를 함께 묶어서 보정하거나 발톱을 감싸는 과정을 실행한다.

⑧ 다른 한 손을 고양이의 머리 주위에 놓아서 손바닥이 고양이의 이마에 오게 하고 턱을 손가락으로 잡아서 보정한다(그림 134).

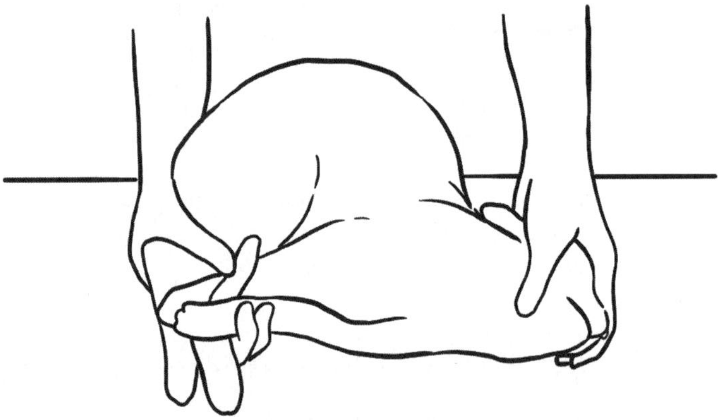

[그림 134] 고양이 횡와 자세의 보정

⑨ 고양이는 작으면서 매우 민첩하므로 목칼라를 사용하지 않고는 보정자의 팔로 머리를 고정시키는 것은 사실상 불가능하다(그림 135).

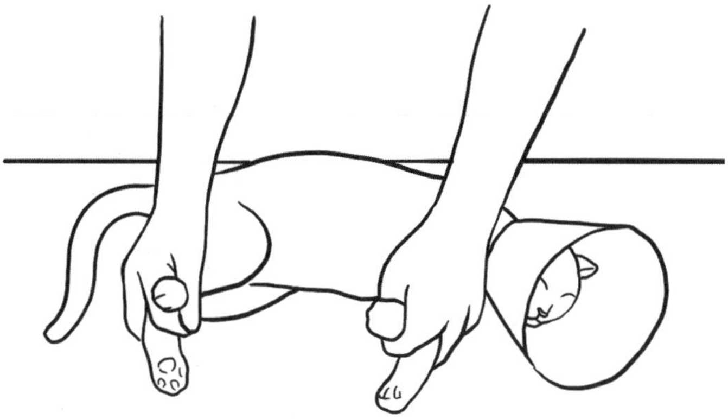

[그림 135] 목칼라를 이용한 고양이의 횡와 자세 보정

(8) 사나운 고양이의 보정

① 고양이가 보정자로부터 달아난 경우, 특히 고양이가 건물 밖으로 달아나는 것을 방지하기 위해 방의 모든 문과 창문을 닫는다.

② 포획되어 흥분상태에 있는 사나운 고양이를 보정하는 동안 고양이 자신과 사람의 안전에 각별한 유의를 해야 한다. 보정의 초기 단계에는 등쪽 경부와 요부의 느슨한 피부를 잡고 눌러서 보정한다(그림 136). 일단 성공하여 진료대 위로 이동하고자 할 때는 등쪽 경부와 요부의 느슨한 피부를 잡고 들어서 이동한 후 필요한 자세로 보정한다(그림 137).

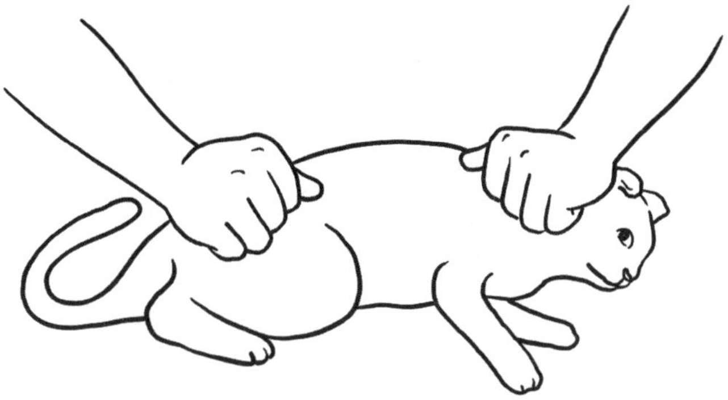

[그림 136] 포획한 고양이의 초기 보정

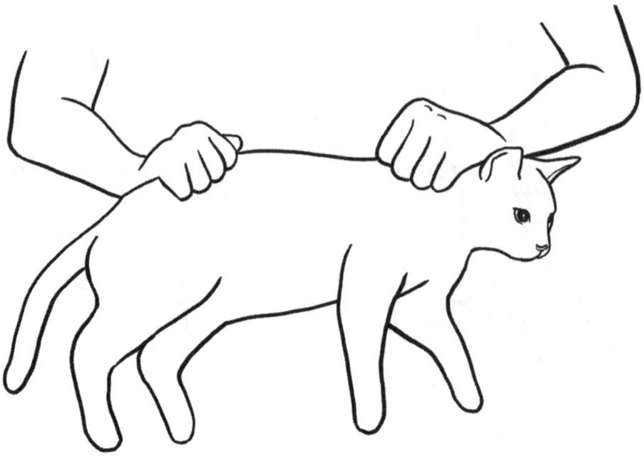

[그림 137] 사나운 고양이의 이동

③ 위험이 있다고 판단되는 고양이의 이동 시에는 양쪽 귀에 인접한 목덜미의 피부를 넉넉하게 잡아 들어 올려 이동한다. 이때 다른 손으로 손바닥을 편 상태에서 등쪽 요부에 가볍게 접촉하면 이동 중 고양이의 흔들림을 방지할 수 있다(그림 138).

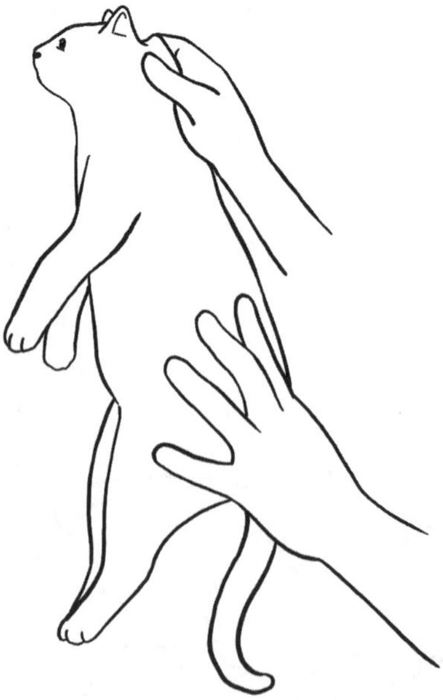

[그림 138] 고양이의 안전한 이동

④ 사나운 고양이를 진료대 위에서 보정할 때 만약을 위해 보정자는 장갑을 끼는 것이 좋다. 장갑은 손가락이 없는 가죽장갑을 추천한다. 한 손으로 고양이의 목덜미를 잡을 때는 가능한 한 느슨한 피부를 많이 잡는 것이 중요하다. 그렇지 못하면 고양이가 목을 쉽게 돌려 물릴 수 있다(그림 139).

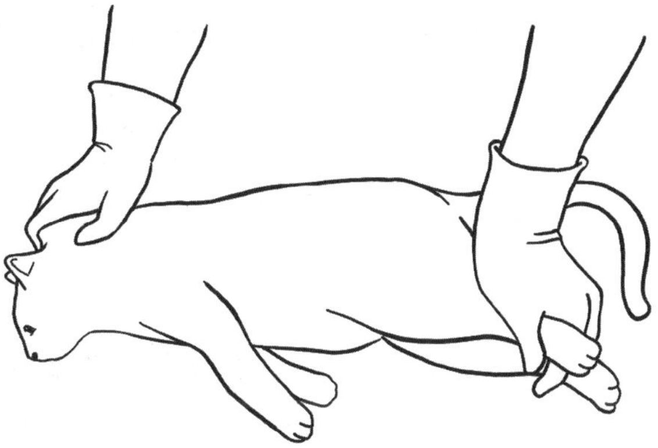

[그림 139] 사나운 고양이의 테이블 위 보정

⑤ 다른 한 손으로 고양이의 뒷다리를 뻗게 하여 앞발의 행동반경에서 양손을 보호해야 한다.

⑥ 고양이를 횡와 또는 수직의 자세로 잡을 때 필요한 과정은 빠르게 진행되어야 한다. 만일 보정자가 더 이상 고양이를 제어하지 못할 것으로 예상되면 보정자는 다른 사람에게 보정을 해제한다는 것을 알리고 두 손을 동시에 고양이로부터 떼어야 한다.

상 중 하

01 이것은 언어나 물리적 또는 약물 등을 이용하여 동물의 행동을 억제함으로써 동물이 자신과 다른 동물 또는 사람에게 상처를 입히는 것을 방지하고 훈련, 검사, 약물투여, 처치, 포획 등 모든 절차의 수행을 용이하게 하는 방법이다. 이것은 무엇일까요?

① 동물의 보정 ② 수술실 청소

③ 진료실 청소 ④ 실험실 청소

상 중 하

02 동물의 보정 방법 중 물리적 보정 방법에 관한 설명 중 틀린 것은?

① 그 동물의 특성을 잘 이용하여 행동을 억제하는 것이다.

② 비교적 영리한 개는 물리적보정보다 언어적 보정이 아주 유효하게 사용되는 경우가 많다.

③ 토끼는 온순해서 물리적 보정보다 언어적 보정이 효과가 있다.

④ 보정의 실수는 모든 절차의 수행이 불편해지고 어려워지며 사나운 개나 고양이로부터 공격을 받을 수 있다.

상 중 하

03 동물의 보정 방법에 관한 설명 중 틀린 것은?

① 일반적으로 동물은 임신과 분만에 관련된 시기에는 공격성을 가질 수 있다.

② 보정의 실수는 모든 절차의 수행이 불편해지고 어려워지며 사나운 개나 고양이로부터 공격을 받을 수 있다.

③ 개와 고양이에게 접근하여 동물이 놀라도록 매우 화난 목소리로 말한다.

④ 무리한 행동의 과한 억제와 보정은 호흡곤란이나 과온증 및 질식사 등을 일으킬 수 있으므로 정확한 보정법을 숙지하여야 하다.

실전 핵심 문제

상 중 하

04 동물의 보정 방법 중 언어적 보정에 관한 설명 중 틀린 것은?

① 개와 고양이에게 접근하여 동물이 놀라지 않도록 부드러운 목소리로 말한다.

② 대부분의 반려동물은 각자의 이름에 반응하도록 길들여져 있으므로 동물을 이름을 이용한다.

③ 언어적 보정 은 물리적 보정의 보조 수단으로 사용할 수 없다.

④ 필요에 따라 엄격하고 날카롭고 분명한 목소리로 "안돼"라고 말한다.

상 중 하

05 동물의 보정 방법 중 언어적 보정에 관한 설명 중 틀린 것은?

① 동물에게는 엄격함과 배려를 확실히 구별해야 한다.

② 무분별한 배려는 언어적 보정 에 어려움을 초래할 수 있다.

③ 보조자는 진료를 보고 있는 사람의 반대쪽에 서서 치료나 검사 또는 처치를 위해 서로 쉽게 접촉할 수 있는 곳에 위치해야 한다.

④ 언어적 보정 은 물리적 보정의 보조 수단으로 사용할 수 없다.

상 중 하

06 동물의 보정 방법 중 언어적 보정에 관한 설명 중 맞는 것은?

① 개와 고양이에게 접근하여 동물이 놀라지 않도록 부드러운 목소리로 말한다.

② 그 동물의 특성을 잘 이용하여 행동을 억제하는 것이다.

③ 비교적 영리한 개는 물리적보정보다 언어적 보정이 아주 유효하게 사용되는 경우가 많다.

④ 보정의 실수는 모든 절차의 수행이 불편해지고 어려워지며 사나운 개나 고양이로부터 공격을 받을 수 있다.

실전 핵심 문제

상 중 하

07 물리적 보정 방법 중 일반적인 개의 운반과 이동에 관한 설명 중 틀린 것은?

① 어린 개나 소형견의 일반적인 이동은 개의 성격 등을 고려해야 한다.

② 개를 바닥에 서게 한 다음 한쪽 팔은 전지 의 앞쪽 전흉부에 넣고, 다른 쪽 팔은 복부 밑으로 넣어 개를 보정자의 몸에 밀착시킨 후 들어 올려 이동한다.

③ 일반적 으로 한 손을 복부 또는 흉부 하에 넣고 손바닥을 위로하여 개를 들어올린 다음 팔로 복부와 대퇴부를 감싼 상태에서 개의 몸을 보정자의 몸에 부착시킨다.

④ 더욱 안전하게 운반, 이동하기 위해서는 다른 손으로 견갑부의 등쪽을 감싸 잡는다.

상 중 하

08 물리적 보정 방법 중 대형견의 일반적인 이동에 관한 설명 중 맞는 것은?

① 어린 개나 소형견의 일반적인 이동은 개의 성격 등을 고려해야 한다.

② 개를 바닥에 서게 한 다음 한쪽 팔은 전지 의 앞쪽 전흉부에 넣고, 다른 쪽 팔은 복부 밑으로 넣어 개를 보정자의 몸에 밀착시킨 후 들어 올려 이동한다.

③ 일반적 으로 한 손을 복부 또는 흉부 하에 넣고 손바닥을 위로하여 개를 들어올린 다음 팔로 복부와 대퇴부를 감싼 상태에서 개의 몸을 보정자의 몸에 부착시킨다.

④ 더욱 안전하게 운반, 이동하기 위해서는 다른 손으로 견갑부의 등쪽을 감싸 잡는다.

상 중 하

09 물리적 보정 방법 중 중형견의 일반적인 이동에 관한 설명 중 맞는 것은?

① 개가 좀 더 가벼운 경우에는 한쪽 팔은 전흉부를 포함한 상완부를 감싸 잡고 다른 쪽 팔로 둔부와 하퇴부를 감싼 상태에서 들어올린다.

② 개를 바닥에 서게 한 다음 한쪽 팔은 전지 의 앞쪽 전흉부에 넣고, 다른 쪽 팔은 복부 밑으로 넣어 개를 보정자의 몸에 밀착시킨 후 들어 올려 이동한다.

③ 일반적 으로 한 손을 복부 또는 흉부 하에 넣고 손바닥을 위로하여 개를 들어올린 다음 팔로 복부와 대퇴부를 감싼 상태에서 개의 몸을 보정자의 몸에 부착시킨다.

④ 더욱 안전하게 운반, 이동하기 위해서는 다른 손으로 견갑부의 등쪽을 감싸 잡는다.

실전 핵심 문제

상 중 하

10 다음 그림의 설명 중 맞는 것은?

① 보호기를 이용한 사나운 개의 견인

② 보행이나 훈련 시 행동의 제한을 위한 체인 결박

③ 개의 행동범위 제한을 위한 결박

④ 대형견의 운반 및 이동

상 중 하

11 다음 그림의 설명 중 맞는 것은?

① 보호기를 이용한 사나운 개의 견인

② 보행이나 훈련 시 행동의 제한을 위한 체인 결박

③ 개의 행동범위 제한을 위한 결박

④ 대형견의 운반 및 이동

상 중 하

12 다음 그림의 설명 중 맞는 것은?

① 보호기를 이용한 사나운 개의 견인

② 보행이나 훈련 시 행동의 제한을 위한 체인 결박

③ 중형견의 운반 및 이동

④ 대형견의 운반 및 이동

상 중 하

13 다음 그림의 설명 중 맞는 것은?

① 보호기를 이용한 사나운 개의 견인

② 소형견의 운반 및 이동

③ 중형견의 운반 및 이동

④ 대형견의 운반 및 이동

실전 핵심 문제

상 중 하

14 다음 그림의 설명 중 맞는 것은?

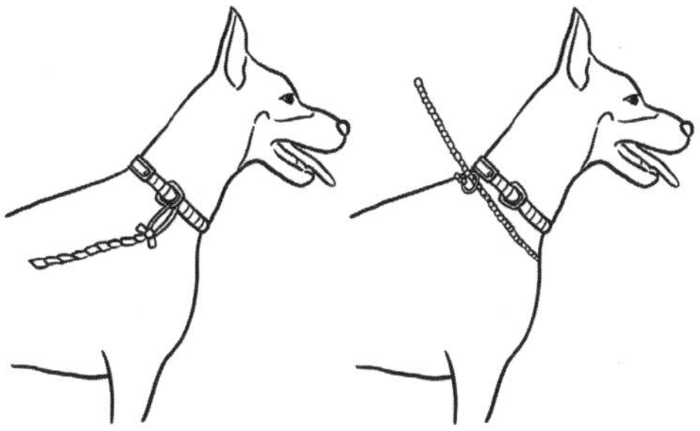

① 보호기를 이용한 사나운 개의 견인

② 보행이나 훈련 시 행동의 제한을 위한 체인 결박

③ 개의 행동범위 제한을 위한 결박

④ 대형견의 운반 및 이동

상 중 하

15 한쪽 팔을 개의 목 아래로 넣고, 손으로 개의 머리를 안전하게 잡고 다른 쪽 팔 을 개의 복부 또는 흉부 아래쪽으로 넣어 전지를 가볍게 잡는다. 개의 복부 아래 에 있는 팔로 진료를 진행하는 동안 개가 앉는 것을 방지 할 수 있다. 개에게 불 쾌한 자극이 가해지거나 사나운 개는 보정하기 전에 먼저 입마개를 한다. 개의 보 정과 진료를 보고 있는 사람이 개로부터 공격을 받지 않도록 하기 위해서는 개의 머리가 항상 고정되어 있어야 한다. 이것은 물리적 보정 중 어떤 방법을 설명한 것인가?

① 보호기를 이용한 사나운 개의 견인

② 기립 자세에서 개의 물리적 보정

③ 개의 행동범위 제한을 위한 결박

④ 대형견의 운반 및 이동

실전 핵심 문제

상 중 하

16 기립 자세에서 개의 물리적 보정의 설명 중 틀린 것은?

① 한쪽 팔을 개의 목 아래로 넣고, 손으로 개의 머리를 안전하게 잡고 다른 쪽 팔 을 개의 복부 또는 흉부 아래쪽으로 넣어 전지를 가볍게 잡는다.

② 개가 지정된 위치에서 생활하도록 로프로 묶어서 행동 범위를 제한하거나 도로 보행이나 외출 또는 훈련 시에 과도한 행동을 제한하기 위하여 체인으로 묶어서 제어한다.

③ 개의 복부 아래 에 있는 팔로 진료를 진행하는 동안 개가 앉는 것을 방지 할 수 있다.

④ 개에게 불 쾌한 자극이 가해지거나 사나운 개는 보정하기 전에 먼저 입마개를 한다.

상 중 하

17 다음 그림의 설명 중 맞는 것은?

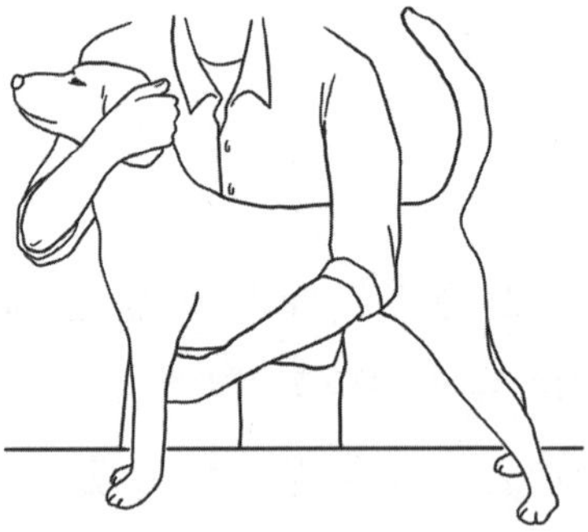

① 기립 자세에서의 개의 보정　　② 소형견의 운반 및 이동

③ 중형견의 운반 및 이동　　④ 대형견의 운반 및 이동

상 중 하

18 견좌 자세에서 개의 물리적 보정의 설명 중 틀린 것은?

① 한쪽 팔을 개의 목 아래로 넣고 팔과 손으로 개의 머리를 안전하게 잡는다.

② 머 리의 정확한 보정은 진료를 보는 중 개에게 물리는 것을 방지하는데 중요하다

③ 개의 복부 아래 에 있는 팔로 진료를 진행하는 동안 개가 앉는 것을 방지 할 수 있다.

④ 다른 쪽 팔은 개의 뒷다리와 엉덩이 부분에 놓고 개가 일어서거나 눕는 것을 방지한다.

실전 핵심 문제

상 중 하

19 다음 그림의 설명 중 맞는 것은?

① 기립 자세에서의 개의 보정
② 소형견의 운반 및 이동
③ 중형견의 운반 및 이동
④ 견좌 자세에서의 개의 보정

상 중 하

20 횡와 자세에서 개의 물리적 보정의 설명 중 틀린 것은?

① 서 있는 자세의 개에서 개의 등을 가로질러 한 손으로 양쪽 앞다리를 잡고 다른 한 손으로 양쪽 뒷다리를 잡는다.
② 만약 큰 개라면 보정자의 가슴에 개의 흉부와 복부를 밀착시키고 개의 앞다리와 뒷다리를 잡는다.
③ 개의 복부 아래 에 있는 팔로 진료를 진행하는 동안 개가 앉는 것을 방지 할 수 있다.
④ 개의 체중이 보정자의 가슴에 오도록 하고 서서히 개의 다리를 들어 올려 개의 몸체가 보정자의 가슴에서 미끄러져 내려 횡와 자세가 되도록 한다.

상 중 하

21 다음 그림의 설명 중 맞는 것은?

① 기립 자세에서의 개의 보정
② 소형견의 운반 및 이동
③ 견좌 자세에서의 개의 보정
④ 횡와 자세에서의 개의 보정

상 중 하

22 다음 그림의 설명 중 맞는 것은?

① 기립 자세에서의 개의 보정
② 소형견의 운반 및 이동
③ 견좌 자세에서의 개의 보정
④ 횡와 자세에서의 개의 보정

실전 핵심 문제

상 중 하

23 다음 그림의 설명 중 맞는 것은?

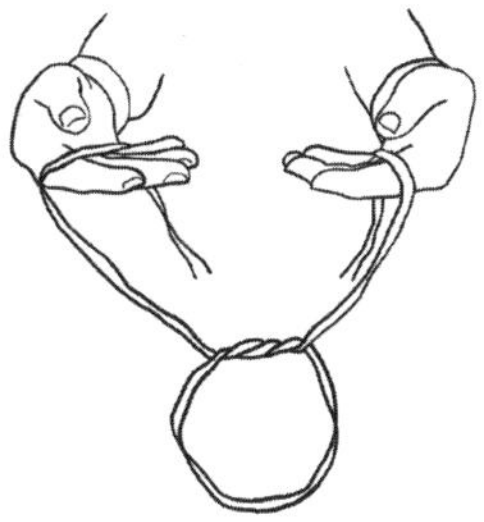

① 기립 자세에서의 개의 보정

② 소형견의 운반 및 이동

③ 개 입마개 중 부드러운 끈의 사용하는 보정

④ 견좌 자세에서의 개의 보정

상 중 하

24 다음 그림의 설명 중 맞는 것은?

① 기립 자세에서의 개의 보정

② 소형견의 운반 및 이동

③ 개 입마개 중 부드러운 끈의 사용하는 보정

④ 견좌 자세에서의 개의 보정

상 중 하

25 개 입마개 중 부드러운 끈의 사용하는 보정의 설명 중 틀린 것은?

① 입마개는 개와 사람의 안전을 위한 수단이다.

② 대 형견에 대해서는 더욱 견고하거나 두 겹으로 된 거즈를 사용한다.

③ 고리의 지름은 개의 비단 직상부 지름과 동일한 크기가 되도록 한다

④ 동물에게 접근하기 전에 매듭을 1~2회전하여 고리를 만든다.

상 중 하

26 다음 그림의 설명 중 맞는 것은?

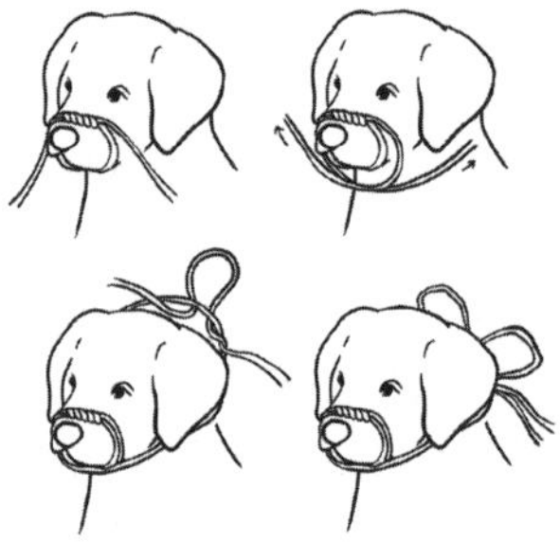

① 기립 자세에서의 개의 보정

② 소형견의 운반 및 이동

③ 개 입마개 중 부드러운 끈의 사용하는 보정

④ 견좌 자세에서의 개의 보정

상 중 하

27 주로 자상을 방지할 목적으로 사용된다. 수술 후 봉합 부위, 피부질환 치료 후 연고 도포, 심한 소양감으로 인한 자상 및 신체 부착물 보호하기 위해 장착 할 수 있는 보정법은?

① 기립 자세에서의 개의 보정

② Elizabethan collar(목칼라)의 사용

③ 개 입마개 중 부드러운 끈의 사용하는 보정

④ 견좌 자세에서의 개의 보정

실전 핵심 문제

상 중 하

28 다음 그림의 설명 중 맞는 것은?

① 기립 자세에서의 개의 보정

② 소형견의 운반 및 이동

③ 개 입마개 중 부드러운 끈의 사용하는 보정

④ Elizabethan collar(목칼라)의 사용

상 중 하

29 고양이의 물리적 보정의 설명 중 틀린 것은?

① 반려동물 중에서 고양이는 다루기가 어렵고 위험하다.

② 고양이는 무는 것과 발로 할퀴는 것으로 자신을 보호한다.

③ 주로 자상을 방지할 목적으로 사용된다.

④ 고양이가 사람이나 다른 동물에게 중상을 입히는 요인은 날카로운 견치와 보통 시에는 사용하지 않지만 흥분이나 공포 시에는 무서운 무기로 변하는 발톱이 있다.

상 중 하

30 고양이의 물리적 보정의 설명 중 틀린 것은?

① 고양이는 매우 빨리 움직일 수 있고, 민첩하고 강하게 움직

② 자신의 방어를 위해서는 치아와 발톱의 사용이 숙달되어 있다.

③ 반려동물 중에서 고양이는 다루기가 가장 쉽다.

④ 작은 동물이기 때문에 물리적 보정 이 어려운 점 등의 특징을 가지고 있으므로 고양이를 보정하는 것은 개를 보정하 는 것보다 항상 더 어렵고 위험하다.

상 중 하

31 **다음 그림의 설명 중 맞는 것은?**

① 기립 자세에서의 개의 보정

② 소형견의 운반 및 이동

③ 개 입마개 중 부드러운 끈의 사용하는 보정

④ 견좌 자세에서의 개의 보정

상 중 하

32 **고양이의 물리적 보정의 설명 중 틀린 것은?**

① 반려동물 중에서 고양이는 다루기가 어렵고 위험하다.

② 고양이는 무는 것과 발로 할퀴는 것으로 자신을 보호한다.

③ 순한 고양이라 할지라도 접근 시에는 고양이의 태도나 상태 및 성격을 잘 관찰 후 보정 방법을 결정해야 한다.

④ 고양이가 사람이나 다른 동물에게 중상을 입히는 요인은 날카로운 어금니와 보통 시에는 사용하지 않지만 흥분이나 공포 시에는 무서운 무기로 변하는 꼬리가 있다.

상 중 하

33 다음 그림의 설명 중 맞는 것은?

① 목칼라를 이용한 고양이의 횡와 자세 보정

② 고양이의 발톱을 테이프로 감싼 상태

③ 온순한 고양이의 일반적인 운반과 이동

④ 고양이 횡와 자세의 보정

상 중 하

34 고양이의 물리적 보정의 설명 중 틀린 것은?

① 고양이는 매우 빨리 움직일 수 있고, 민첩하고 강하게 움직

② 자신의 방어를 위해서는 치아와 발톱의 사용이 숙달되어 있다.

③ 고양이는 꼬리를 세우고 흔드는 것으로 자신을 보호한다.

④ 작은 동물이기 때문에 물리적 보정이 어려운 점 등의 특징을 가지고 있으므로 고양이를 보정하는 것은 개를 보정하 는 것보다 항상 더 어렵고 위험하다.

상 중 하

35 다음 그림의 설명 중 맞는 것은?

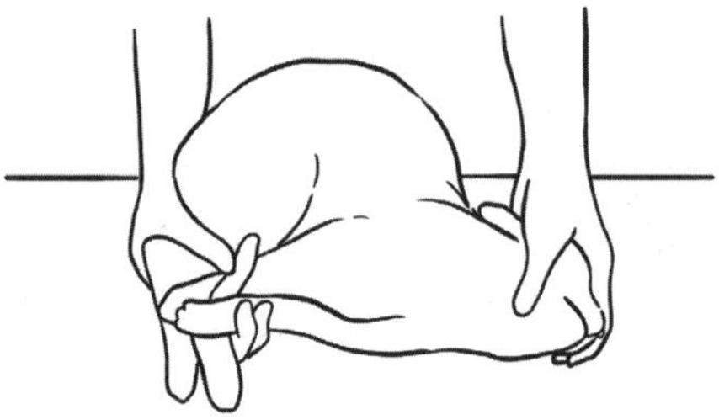

① 목칼라를 이용한 고양이의 횡와 자세 보정

② 고양이의 발톱을 테이프로 감싼 상태

③ 온순한 고양이의 일반적인 운반과 이동

④ 고양이 횡와 자세의 보정

상 중 하

36 다음 그림의 설명 중 장시간의 보정을 요하는 경우나 심한 자극이 가해지는 진료 시 고양이가 사나울 경우에 안전을 위해 고양이의 발톱을 미리 깍거나 발톱을 테이프로 고정시킨 보정이 맞는 것은?

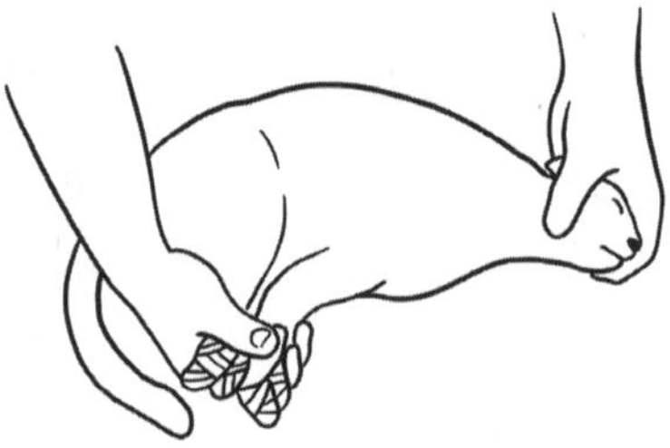

① 목칼라를 이용한 고양이의 횡와 자세 보정

② 고양이의 발톱을 테이프로 감싼 상태

③ 온순한 고양이의 일반적인 운반과 이동

④ 고양이 횡와 자세의 보정

실전 핵심 문제

상 중 하

37 다음 그림의 설명 중 맞는 것은?

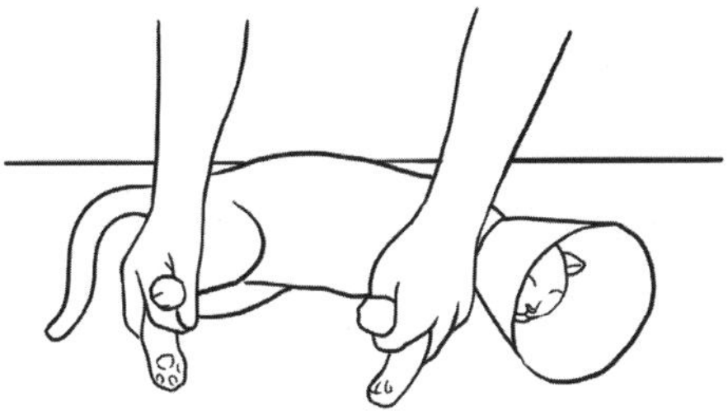

① 목칼라를 이용한 고양이의 횡와 자세 보정
② 고양이의 발톱을 테이프로 감싼 상태
③ 온순한 고양이의 일반적인 운반과 이동
④ 고양이 횡와 자세의 보정

상 중 하

38 다음 그림의 설명 중 맞는 것은?

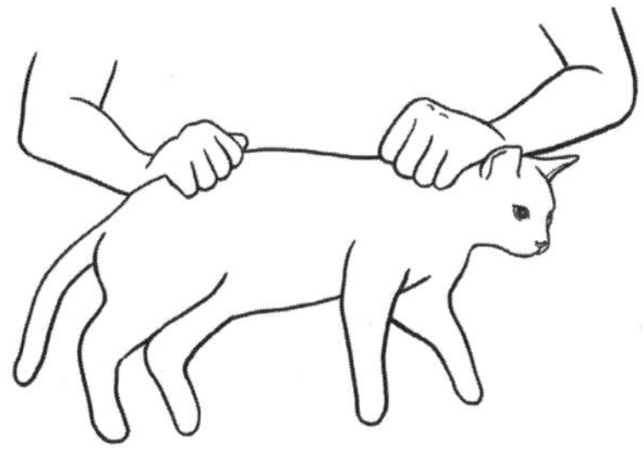

① 목칼라를 이용한 고양이의 횡와 자세 보정
② 고양이의 발톱을 테이프로 감싼 상태
③ 온순한 고양이의 일반적인 운반과 이동
④ 사나운 고양이의 이동

상 중 하

39 다음 그림의 설명 중 맞는 것은?

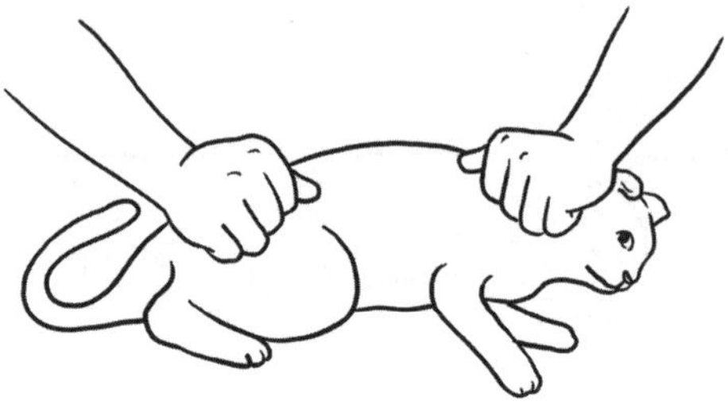

① 목칼라를 이용한 고양이의 횡와 자세 보정

② 포획한 고양이의 초기보정

③ 온순한 고양이의 일반적인 운반과 이동

④ 사나운 고양이의 이동

상 중 하

40 다음 그림의 설명 중 맞는 것은?

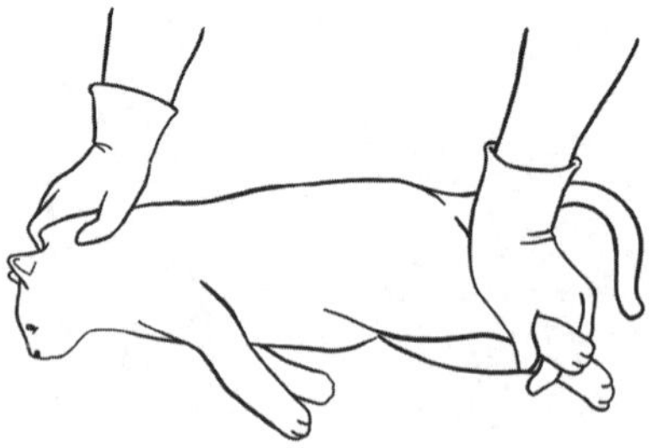

① 사나운 고양이의 테이블 위 보정

② 포획한 고양이의 초기보정

③ 온순한 고양이의 일반적인 운반과 이동

④ 사나운 고양이의 이동

상 중 하

41 다음 그림의 설명 중 맞는 것은?

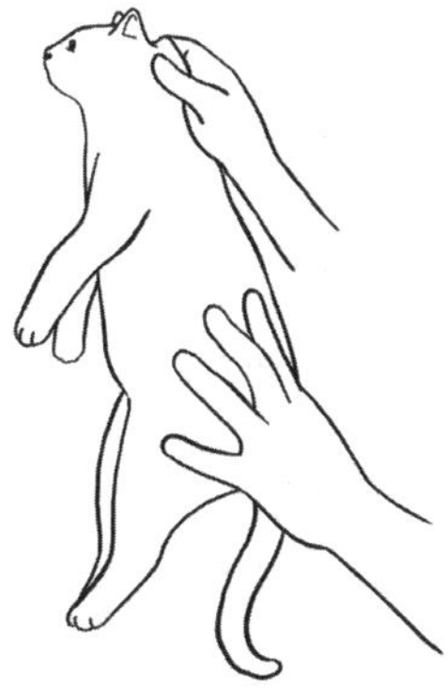

① 목칼라를 이용한 고양이의 횡와 자세 보정

② 고양이의 안전한 이동하는보정

③ 온순한 고양이의 일반적인 운반과 이동

④ 사나운 고양이의 이동

정답

1. ① 2. ③ 3. ③ 4. ③ 5. ④ 6. ① 7. ② 8. ② 9. ① 10. ① 11. ④ 12. ③ 13. ② 14. ③ 15. ② 16. ② 17. ① 18. ③ 19. ④ 20. ③ 21. ④ 22. ④ 23. ③ 24. ③ 25. ③ 26. ③ 27. ② 28. ④ 29. ③ 30. ③ 31. ③ 32. ④ 33. ③ 34. ③ 35. ④ 36. ② 37. ① 38. ③ 39. ② 40. ① 41. ②

2 병실(입원실) 및 환자의 관리

1) 멸균과 소독

멸균(sterilization)은 어떤 물건에 있는 모든 미생물(박테리아, 바이러스, 포자)을 파괴하는 것을 말한다. 여기서 말하는 물건이란 조직과 접촉하거나 신체 내로 들어가는 것을 말한다. 소독(disinfection)은 무생물에 있는 병원성 미생물을 파괴하는 것이고, 방부(antisepsis)는 생물체에 있는 병원성 미생물을 파괴하는 것을 말한다. 소독은 주로 액상 소독약을 사용하며, 소독제의 선택에 따라 소독 효과가 달라진다(표 1).

[그림 140] 수술기구의 멸균, 오토클레이브

2) 병실의 소독

병실의 위생과 소독에 있어 가장 중요한 부분이 장비와 개인위생을 철저히 함으로써 교차감염과 원내 감염을 예방하는 것이다. 특히, 모든 스텝의 충분한 손세정과 병실 및 병원에서 사용되는 침구류, 수건, 입원장, 빗, 밥그릇 등의 소독을 철저히 해야 하며, 적절한 소독법을 알고 있어야 한다.

물질명		임상적 이용	소독 효과	방부 효과	유의사항
알콜	이소프로필 알콜 50~70%	국소 세정 및 피부	좋음	매우 좋음	스텐레스 부식 휘발성
	에틸알콜 70%				
염소계 화합물	차아염소산 (Hypochlorite)	바닥 및 진료대	좋음	상당히 좋음	유기물 존재 시 불활화 및 금속 부식
요오드 화합물	7.5% Iodoform	바닥 및 피부	좋음	좋음	구조물 및 조직에 착색
글루타르 알데하이드	2% 알칼리성 용액	렌즈 및 기기	좋음	없음	조직 반응에 냄새 발생
페록사이드	Hydrogen peroxide	광범위 사용	좋음	좋음	빠른 효과

[표 1] 동물병원에서 주로 사용되는 소독제의 종류

(1) 효과적인 병실 청소의 순서

① 외부의 안전한 장소(케이지)로 환자 이동 : 병실 내 환자가 있을 경우 위험성의 증가 및 효과적인 청소가 안 됨

② 병실 내 침구, 식기 및 기타 물건 제거 : 침구류 및 식기를 세척하고 오염된 침구류는 적절하게 폐기

③ 병실 내 오염물질 제거 : 적절하게 폐기

④ 전용 세제를 이용하여 청소 : 이물질이 있는 경우 소독제가 비활성화될 수 있음

⑤ 세제를 세척하기 위해 물로 헹굼 : 세제와 소독제가 혼합되는 경우 유해가스가 발생되고 소독제가 비활성화됨

⑥ 사용 목적에 맞고 정확히 희석 된 소독제 사용 : 소독제에 민감한 환자가 있을 수 있음

⑦ 일정 시간 병실을 비워 놓음 : 병원성 미생물의 완전한 파괴

⑧ 완전히 헹굼 : 남아있는 소독제가 환자에게 자극적일 수 있음

⑨ 완전히 건조시킴 : 환자의 발과 몸이 젖는 것 방지

⑩ 새로운 침구, 식기 및 필요한 물건 넣기 : 상쾌한 병실 유지

⑪ 환자의 재입실

(2) 격리 입원실 관리

전염병이 의심되는 환자는 일반 환자와 격리된 공간에서 별도로 관리되어야 한다.

※ 격리 입원 시 관리 요령

① 환자의 검사 기록지는 외부에 비치하여 입원실 밖에서 열람할 수 있도록 한다.

② 입원실 문에 환자의 병명을 기록한다.

③ 격리 환자를 다루거나 청소할 때는 일회용 장갑과 마스크를 착용한다.

④ 사용된 일회용 장갑과 마스크는 반드시 의료폐기물로 처리한다.

⑤ 환자 처치 후 반드시 소독용액으로 손세정을 한다.

⑥ 최소한의 인원이 환자 관리를 한다.

⑦ 격리 환자 처치 후에는 면역력이 약한 동물의 처치는 금한다.

⑧ 격리 환자에서 사용하는 패드 등은 일회용으로 사용하고 폐기한다.

⑨ 격리 환자에게 사용 된 식기류는 살균 후 사용한다.

⑩ 격리 환자의 분비물은 신속히 처리하여 전염을 예방한다.

3) 개인 손위생의 중요성

병원 내 감염과 교차감염의 예방의 가장 중요한 수칙 중의 하나가 손세정이다. 특히 반지를 끼고 있는 경우 미생물의 수가 더 증가한다는 연구 보고도 있다. 가장 대표적인 손세정제로는 클로르헥시딘, 요오드, 알콜 등이 있다.

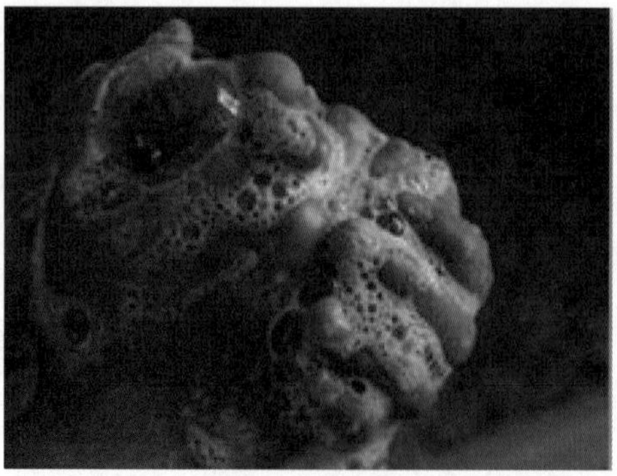

[그림 141] 손세정

4) 입원 환자의 관리

일반적으로 동물은 진료 받은 후 관찰, 수술 및 검사를 목적으로 입원하게 되는데, 동물의 특수성에 따라 병실 환경에 주의를 기울여야 한다. 처치 목적 및 수의사의 지시에 따라 적정한 환경에서 환자 상태가 유지되고 있는지 관찰, 관리 및 처치를 해야 하며, 모든 환자는 매일 정해진 시간에 따라 일정한 폼에 기록을 해야 한다. 이렇게 기록된 기록지(그림 142)를 토대로 동물병원 내 스텝들이 쉽고 빠르게 환자의 상태를 파악 할 수 있게 된다.

(1) 환자 상태 검사

병원과 입원실 안은 환자에게 매우 낯선 공간이다. 환자가 두려움, 통증, 보호자와의 분리 불안, 환경 및 음식 등의 원인으로 불안정한 상태에 있는지 살펴보아야 한다. 환자에 접촉하지 않고 눈으로 확인할 수 있는 부분들 즉, 피모의 상태, 탈모, 각질, 외상, 눈에 보이는 기생충 여부 및 분비물 등을 체크해야 한다. 또한 환자를 다루기 전 호흡수 및 호흡의 깊이를 체크한 후 서서히 접근하여 vital sign 체크한다.

① 체온 : 직장으로 체온 체크

② 맥박 : 대퇴동맥에서 손으로 체크

③ 호흡수 : 흉곽의 움직임을 눈으로 체크

④ 식욕 : 식욕 유무와 함께 급여량과 실제 섭취량을 체크

⑤ 배뇨 : 음수량, 섭취량과 함께 배뇨량, 색깔 등을 체크

⑥ 배변 : 급여량, 섭취량과 함께 배변의 양, 색깔, 냄새 및 형태 등을 체크

⑦ 구토 : 식욕의 유무와 함께 구토물의 양, 색깔, 냄새 및 형태 등을 체크

⑧ 점막의 색 : 호흡의 상태와 함께 점막의 색(창백, 청색, 적색, 황색 등)을 체크

⑨ 자세 : 환자 움직임의 양상과 함께 눕거나 앉아 있는 자세 체크

Case Number	Medication
Clinical summary	

Date	Day number				Date	Day number			
Weight					Weight				
Temp.					Temp.				
Pulse					Pulse				
Resp.					Resp.				
Food					Food				
Liquid					Liquid				
Urine					Urine				
Faeces					Faeces				
MEDICATION					MEDICATION				
PROCEDURE					PROCEDURE				
COMMENTS					COMMENTS				

[그림 142] 환자의 검사 기록지

Species	Normal heart rate per minute
Dog	60–120
Neonatal dogs and cats	200–220
Cat	100–140
Rabbit	205–235
Guinea pig	130–190
Hamster	300–600
Gerbil	100–150
Ferret	300–400
Chinchilla	100–150
Rat	260–340

[표 2] 동물들의 정상 맥박수

Species	Normal respiration rate per minute
Dog	15–30
Cat	20–30
Neonatal dogs and cats	15–35
Rabbit	38–65
Guinea-pig	90–150
Hamster	33–127
Gerbil	40–80
Ferret	30–40
Chinchilla	40–80
Rat	70–150

[표 3] 동물들의 정상 호흡수

Species	Temperature in °C
Dog	38.3–38.7
Cat	38.0–38.5
Neonatal dogs and cats	35.5–36.1
Rabbit	37.0–39.4
Guinea-pig	39.0–40.0
Hamster	36.0–38.0
Gerbil	38.0–39.0
Ferret	37.8–40.0
Chinchilla	38.0–39.0
Rat	37.5–38.0

[표 4] 동물들의 정상 체온

(2) 기타 유의 사항

외상 환자의 경우 매일 주기적으로 환부를 확인하여 병증의 진행 정도를 파악해야 하며, 환자에 따라 근위축과 욕창 등이 생기지 않도록 정기적인 물리치료와 자세의 변화도 필요하다. 신체검사 외, 비정상적인 행동의 유무도 확인해야 하며, 특히 고양이의 경우 깨끗한 화장실을 별도로 마련해 줘야 하고 환자의 개체별 배변, 배뇨의 습관을 파악하여 해소해 줘야 한다. 수액처치 중의 환자는 수의사의 처방에 따라 적정 용량이 주입되고 있는지와 함께 수액 줄의 꼬임, 막힘 등을 수시로 관찰하여야 한다. 환자의 질병별 처방식이 처방되는 경우 좀 더 세심한 식이관리가 필요하다.

(3) 환자의 청결 유지

입원 환자의 경우 각별한 청결 관리가 필요하다. 동물은 여러 분비물들을 스스로 제거할 수 없으므로 눈꼽, 콧물 및 침 등을 제거하고 대소변 후 자리를 깨끗이 유지함과 함께 빗질을 통하여 환자로 하여금 상쾌한 컨디션을 느끼게 할 수 있다. 이러한 과정은 환자와의 교감을 끌어 올림과 함께 병증의 개선에 효과가 있다. 입원 환자의 관리에 있어 무엇보다 중요한 것이 교차감염과 인수공통 전염병의 예방이므로 각 환자의 식기류 관리와 철저한 개별소독이 필요하다.

(4) 기타 환경 관리

모든 입원 동물은 체온 유지에 신경을 써야 하며, 특히 어린 동물과 노령 동물은 스스로 체온 조절을 할 수 없으므로 각별한 주의가 필요하다. 옆으로 누워 있는 환자의 경우 욕창 예방 목적으로 패딩 방석을 깔아주어야 하며 동물들의 습성(예; 토끼, 고양이, 고슴도치, 파충류 등)에 따라 필요한 환경을 만들어 주어야 한다. 필요에 따라 평소 접하던 방석 또는 인형을 넣어주는 것도 환자의 정신적 안정에 도움이 된다.

상 중 하

01 다음 멸균과 소독의 설명 중 틀린 것은?

① 멸균이란 모든 미생물을 파괴하는 것을 의미한다.

② 소독이란 병원성 미생물을 파괴하는 것을 의미한다.

③ 방부란 생물체에 있는 병원성 미생물을 파괴하는 것을 의미한다.

④ 소독은 주로 기체 소독약을 사용한다.

상 중 하

02 다음 중 멸균과 소독에 주로 쓰이는 소독제가 아닌 것은?

① Hydrogen peroxide ② Iodine

③ Alcohol ④ Chlorhexidine

상 중 하

03 다음 중 교차감염에 대한 설명 중 옳은 것은?

① 다른 병실에서 환자끼리 감염되는 것

② 같은 병실 내에서 환자끼리 감염되는 것

③ 다른 병실에서 보호자끼리 감염되는 것

④ 같은 병실 내에서 보호자끼리 감염되는 것

상 중 하

04 다음 중 원내 감염에 대한 설명 중 옳은 것은?

① 병원 내에서 일어나는 특정 질병 감염

② 병원 외에서 일어나는 특정 질병 감염

③ 병원 내에서 일어나는 모든 미생물 감염

④ 병원 외에서 일어나는 모든 미생물 감염

실전 핵심 문제

상 중 하

05 다음 중 교차/원내 감염 예방에 있어 제일 중요한 것은?

① 양치질 ② 손세정 ③ 눈세정 ④ 귀세정

상 중 하

06 다음 중 병실 내 오염물질 폐기법으로 옳은 것은?

① 일반 쓰레기로 처리 ② 음식물로 처리

③ 재활용으로 처리 ④ 의료폐기물로 처리

상 중 하

07 다음 중 병실 청소의 방법으로 틀린 것은?

① 환자를 같은 병실 구석으로 밀어 놓고 청소

② 침구류 및 식기는 반드시 소독 후 사용

③ 전용 세제로 세정 후 물로 세척

④ 완전히 건조 후 입실

상 중 하

08 다음 중 격리입원실 관리 요령이 아닌 것은?

① 환자의 검사 기록지는 외부에 비치

② 최소한의 인원만 환자 관리

③ 환자에게 사용된 식기류는 반출 없이 재사용

④ 환자의 분비물은 신속히 처리

상 중 하

09 다음 중 대표적인 손세정제는 무엇인가?

① 과산화수소 ② 올리브오일

③ 클로르헥시딘 ④ 메틸알콜

실전 핵심 문제

상 중 하

10 다음 중 입원환자의 관리 요령이 아닌 것은?

① 동물의 식탐에 따라 구분

② 입원 목적에 따라 구분

③ 수의사의 지시에 따른 구분

④ 동물의 특수성에 따라 구분

상 중 하

11 다음 중 환자에 접촉하지 않고 확인 가능 한 것이 아닌 것은?

① 피모의 상태　② 탈모의 유무

③ 호흡수　④ 체온

상 중 하

12 개의 체온 측정에 있어 가장 일반적인 장소는?

① 항문　② 구강　③ 비강　④ 귀

상 중 하

13 다음 중 개의 정상 체온으로 옳은 것은?

① 36.5 도　② 38.5 도

③ 39.5 도　④ 40.5 도

상 중 하

14 다음 중 개의 정상 맥박수로 옳은 것은?

① 10 ~ 30　② 30 ~ 60

③ 60 ~ 120　④ 120 ~ 200

상 중 하

15 다음 중 개의 정상 호흡수로 옳은 것은?

① 15 ~ 30
② 30 ~ 50
③ 50 ~ 70
④ 70 ~ 90

상 중 하

16 다음 중 환자 상태의 검사 목록으로 맞지 않는 것은?

① 식욕
② 배뇨
③ 점막의 색
④ 이빨의 색

상 중 하

17 다음 중 외상 환자의 관리요령이 아닌 것은?

① 매일 주기적으로 환부를 확인한다.
② 2차 손상이 우려되므로 절대 자세를 바꿔서는 안된다.
③ 적절한 물리치료가 필요하다.
④ 근위축에 대한 예방이 필요하다.

상 중 하

18 다음 중 환자의 주변 환경 관리 방법이 아닌 것은?

① 모든 입원 동물은 체온 유지에 신경을 써야 한다.
② 욕창의 예방 목적으로 패딩 방석을 깔아주면 도움이 된다.
③ 동물의 습성에 따라 주변 환경을 변화시켜야 한다.
④ 입원실 내에는 식기 외 기타 물건이 있어서는 안된다.

정답

1. ④ 2. ① 3. ② 4. ③ 5. ② 6. ④ 7. ① 8. ③ 9. ③ 10. ① 11. ④ 12. ① 13. ②
14. ③ 15. ① 16. ④ 17. ② 18. ④

3 수술실

수술실 관리도 동물보건사의 주된 업무 중의 하나다. 인의 병원인 경우 수술실 전담 간호인력을 별도로 구성하고 있을 만큼 수술실은 병원 내 매우 특별한 공간이라 할 수 있다. 이에 따라 수술실의 위생 유지, 수술 기구의 세척, 멸균 및 관리, 환자의 수술 준비, 수술 중 환자 관리, 수술 보조 등, 수술과 수술실에 필요한 전반적인 사항을 숙지하고 있어야 한다.

1) 수술실 관리

(1) 매일 시행해야 할 일

① 수술실 비치 기구와 램프를 소독용액에 적셔진 천으로 닦아준다.

② 수술용 소모품의 리스트 확인 및 언제든 사용 가능하도록 준비한다.

③ 수술용 기계들의 작동여부를 확인한다.

(2) 수술이 끝난 직후 할 일

① 수술 중 사용되었던 도구를 몽 세척제나 효소용액이 섞인 찬물에 담가둔다.

② 소모성 도구와 오염된 수술포들을 모아 정해진 장소에 둔다.

③ 수술기구와 수술대, 스탠드, 휴지통 및 온열패드를 소독제로 닦는다.

④ 경우에 따라 수술대를 이동시켜 환자의 체액이 묻어 있는 바닥도 닦는다.

(3) 수술 당일 할 일

① 휴지통을 닦고 소독한다.

② 모든 수술용 비치 기구 및 가구를 점검하고 필요 시 닦는다.

③ 각각의 수술 장비들은 제조사의 지시사항에 따라 닦고 관리한다.

④ 접수대의 표면과 보관장 문을 소독용액으로 닦는다.

⑤ 수술용 소모품의 사용을 체크하여 필요 시 보충한다.

⑥ 수술실 바닥을 소독액을 이용하여 닦는다.

2) 수술 준비

수술 중 미생물 오염의 주된 원인은 수술실에 있는 사람이다. 수술팀과 다른 인원들이 조의하면 세균 수를 줄일 수 있지만 완전히 제거할 수는 없다. 상호관계는 사람 수, 이동, 수술실의 공기 중의 세균 수에서 결정된다. 수술 중 오염을 최소화하기 위해서는 수술실 내 모든 인원은 정해진 지침에 따라 수술복장을 해야 하며, 수술실 인원은 최소한으로 하는 것이 좋다. 수술복(surgical scrub)을 착용함으로써 미생물의 이동과 확산을 줄일 수 있다. 수술복 착용에 앞서 반지와 목걸이 및 귀걸이 등 몸에 부착된 장신구들을 제거하고 손톱을 짧게 잘라 유지한다. 일반적인 수술복의 구성은 [표 5]와 같다.

Theatre clothing	
Clothing	Scrub suit (two-piece or dress), use clean pair every day
Footwear	Antistatic, only worn in theatre, clean regularly
Hats	Cloth or disposable, must contain all hair
Masks	Must cover mouth and nose Do not reduce environmental contamination Efficiency is reduced when moist (effective for first 20 minutes only)
Sterile gowns	Cloth or disposable

[표 5] 수술 시 착용해야 할 구성품

3) 수술 환자의 준비

(1) 절식

① 수술 중 구토 예방

② 수술 전 12시간 절식 및 수술 전 2~3시간 음수 금지

③ 위장관계의 수술일수록 절식 시간을 길게 한다.

(2) 배변과 배뇨

필요에 따라 관장 및 요도카테터 삽입 후 배뇨를 시킬 수 있다.

(3) 목욕 및 세척

수술 부위의 오염을 줄이기 위해 전체적으로 수술 하루 전 목욕을 시키는 것이 추천되지만 부득이한 경우 수술 부위 및 그 주변까지 만이라도 세척하는 것이 좋다. 목욕 및 세척 후에는 체온 유지를 위해서 충분히 말리는 것이 중요하다.

(4) 제모

① 환자의 성격, 수술 부위, 수술 형태에 따라서 제모시기를 결정한다.

② 수술실 밖에서 실시하여, 털과 피부 파편이 수술실을 오염시키지 않도록 한다.

③ 마취 위험도가 높은 환자는 가능한 한 마취 전에 제모를 실시한다.

④ 수술 부위의 제모는 최대한 짧고 부드럽게, 깔끔하고 깨끗하게 실시한다.

⑤ 제모 면적은 예상 절개 부위에서 5~15㎝ 정도 더 넓어야 한다.

(5) 수술 환자의 자세

수술 부위를 소독하기 전에 환자를 수술실로 옮겨 수술에 알맞은 자세를 취하여 수술자가 수술 부위를 잘 볼 수 있게 하고 줄, 모래주머니, 통, 테이프 및 기타 보정 장치로 붙잡아 준다. 이러한 보정 장치를 사용할 때 호흡 기능, 말초 혈액순환 및 근육과 그에 분포하는 신경에 방해가 되지 않게 해야 한다. 환자를 보정 한 후, 신체기능을 감시하는 장치를 연결하거나 연결된 것을 다시 한 번 확인해야 한다. 환자의 체온 유지를 위해 온열패드를 배치해야 하고 전기 수술기를 이용할 경우 접지판은 반드시 환자보다 밑에 위치해야 한다.

(6) 피부(수술 부위)의 멸균

멸균 준비는 환자의 보정이 모두 끝난 후에 시작한다. 거즈 스펀지는 멸균된 스펀지 포셉이나 소독된 장갑을 끼고 실시한다. 세척은 절개 예정 부위의 중앙에서 시작한다. 세척은 동심원을 그리며 중앙에서 변연부로 한다. 거즈 스펀지를 변연부에서 다시 중앙으로 옮기면 안된다. Povidone iodine과 알콜을 겸용할 때는 각 용액을 세 번씩 번갈아 쓰는데 이는 5분

정도의 접촉시간을 주기 위함이다. Povidone iodine으로 세척하는 사이에 알콜로 세척하는 것은 피부에 povidone iodine 접촉 시간을 줄이고 그 효능을 떨어지게 한다(그림 143).

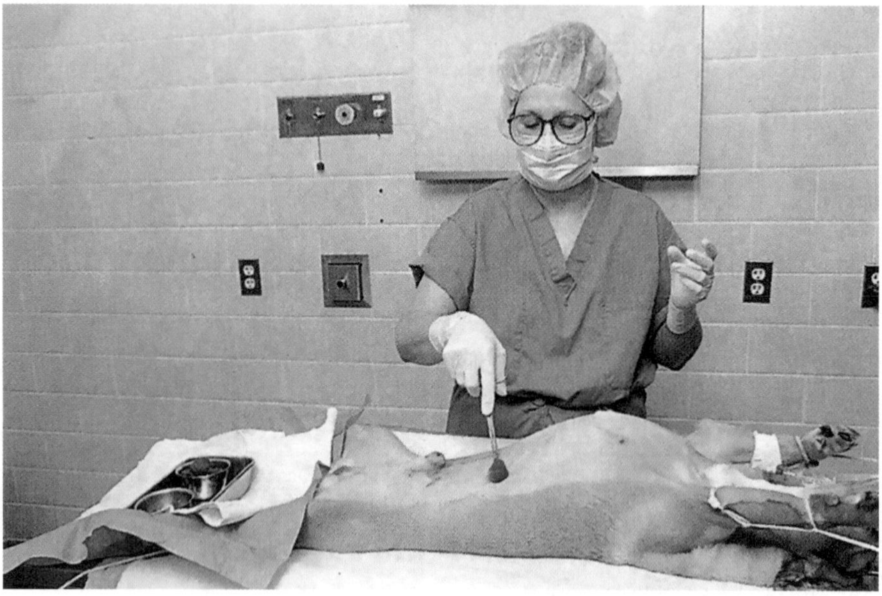

[그림 143] 수술 부위 멸균

(7) 수술포 덮기

수술포를 덮는 목적은 수술 부위 둘레로 멸균 구역을 만들고 유지하는데 있다. 수술포를 덮을 때 빠르게 움직이면 바람이 만들어져 먼지 등을 움직일 수 있으므로 절대 털거나 흔들어서는 안된다. 수술포는 수술용 가운과 장갑을 착용한 수술팀의 무균자가 다루어야 하며, 수술 부위만 노출시키고, 환자와 수술대를 덮을 수 있는 충분한 크기여야 한다(그림 144).

① 첫 번째 수술포를 집도의 쪽 수술 부위의 가장자리에 놓는다.

② 두 번째 수술포는 집도의 반대 쪽(수술 보조자)에 놓는다.

③ 세 번째, 네 번째 수술포는 수술부위의 나머지 양쪽에 놓는다.

④ 수술포들은 타월 클램프로 피부와 함께 고정한다.

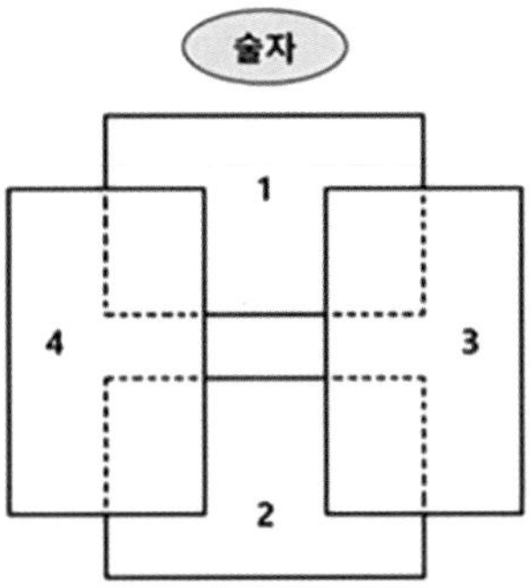

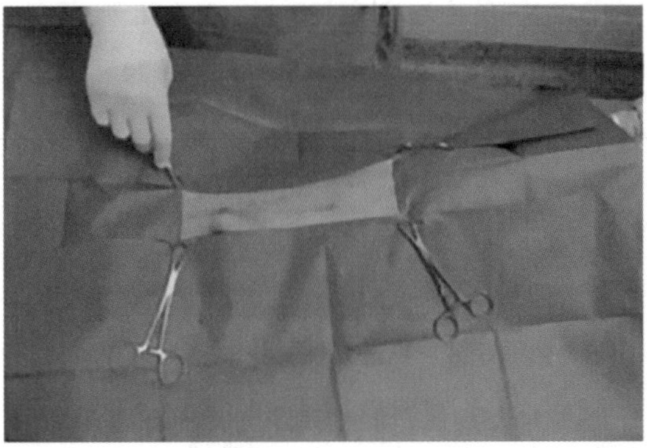

[그림 144] 수술포 덮는 순서(좌) 및 고정(우)

4) 수술 시 개인의 준비

(1) 손 세정

손세정은 수술 동안 술자 및 보조자를 통해 상처로 들어올 수 있는 세균의 숫자를 줄이기 위해 손과 팔을 닦는 과정이다. 모든 수술팀원은 수술실에 들어가기 전에 손과 팔을 닦아야 한다. 수술 전 손세정의 목적은 세정 과정 동안 물리적으로 오염물을 제거하고 일시적으로 세균의 수를 감소시키고 피부에 존재하는 세균을 줄이는데 있다. 이 과정은 물리적으로 미생물을 피부에서 제거하고 항균 용액을 접촉시켜 미생물을 비활성화시킨다. 수술장갑의 50%가 수술 후에 구멍이 생기고 그 확률은 수술이 길고 어려울수록 증가한다. 수술 전 모든 보석류는 세균의 보균자가 될 수 있으므로 손과 팔에서 제거해야 한다. 손톱도 짧게 자르고 다듬어야 하고 인공손톱은 제거한다. 특히 손톱 밑의 곰팡이는 인공손톱에서 더 많이 자랄 수 있고 수술부위를 통해 환자에게 감염될 수 있다. 손 세정 후 멸균이 안된 물건을 잡아서는 안된다. 만약 비멸균 물건에 닿았다면 세정을 다시 실시해야 한다. 세정 과정이 끝난 후에는 손은 팔꿈치보다 위에 있어야 한다.

① 모든 악세서리나, 시계, 반지 및 착용물을 제거한다.

② 손톱은 짧게 유지하며, 메니큐어 및 인공손톱을 제거한다.

③ 양팔을 들어 손을 올리고 세정한다(2분 이상 세정, 최소한 5분 동안 실시).

④ 일반 비누로 손과 팔을 세척하고 모든 유기물들을 제거한다.

⑤ 수술용 전용 세정제를 이용하여 반복 세정한다.

⑥ 멸균솔을 이용하여 손바닥과 손가락 및 손톱 밑을 세정한다.

⑦ 멸균된 수건을 이용하여 세정 부위를 건조시킨다. 수건의 1/4 부분을 이용하여 한 손을 건고시키고, 다른 1/4로 나머지 손을 건조시킨다. 양쪽 팔과 팔꿈치는 나머지 2/4부분을 이용하여 건조시킨다.

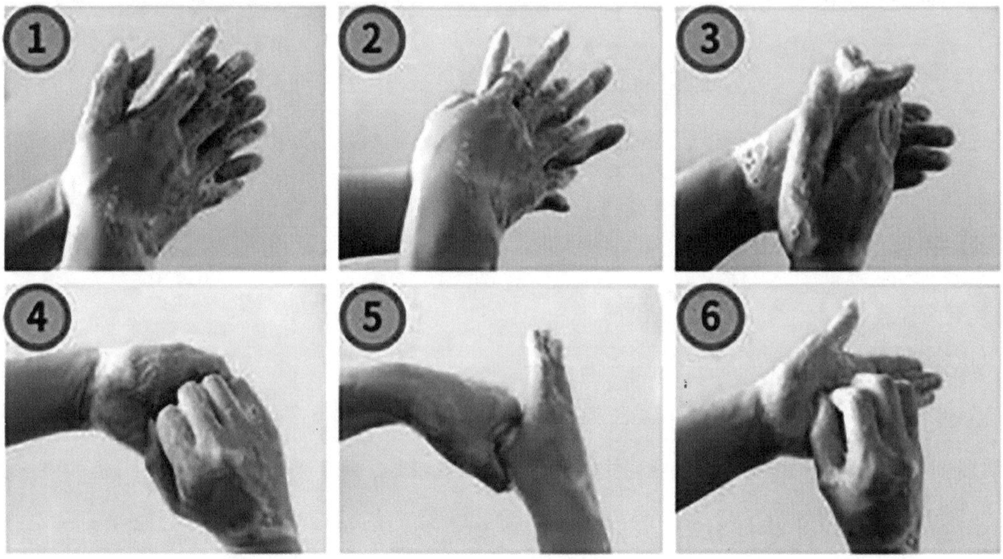

[그림 145] 손세척. 새끼손가락부터 하나씩 앞, 옆, 뒷면을 세척하며 엄지손가락 쪽으로 이동하며 세정한다. 손목 부위 세정 및 팔꿈치의 세정. (1~6)

(2) 수술복 착용

수술복은 외과 수술팀과 환자의 피부 사이를 차단하는 벽 역할을 한다. 수술복은 멸균된 공간과 멸균되지 않은 공간 사이의 미생물들의 통로를 차단하기 위한 특수한 재질로 되어 있어야 한다. 수술복과 장갑은 멸균된 수술대와 떨어진 공간에서 실시하며 수술 환자의 소독된 부위가 오염되지 않도록 실시해야 한다. 별도로 멸균된 수술복은 안 쪽 면이 바깥쪽을 향하도록 접혀져 있다. 수술복은 털지 않고 조심스레 펼쳐야 하며 팔이 들어갈 구멍을 확인하고 팔을 집어넣는다. 이때 손이 수술복 밖으로 나오면 안된다. 보조자가 등 뒤에서 수술복을 잡아당겨 올려주고 목끈과 허리끈을 묶어 착용한다(그림 146).

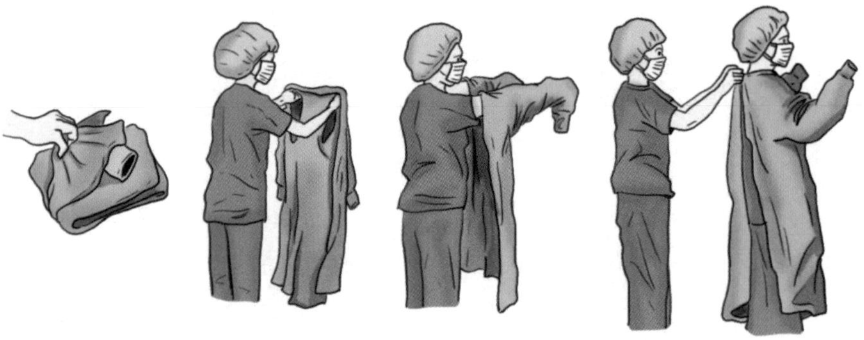

[그림 146] 수술복의 착용

(3) 수술장갑 착용

장갑을 착용하는 방법으로는 폐쇄형, 개방형 및 보조자에 의한 착용 세 가지가 있다.

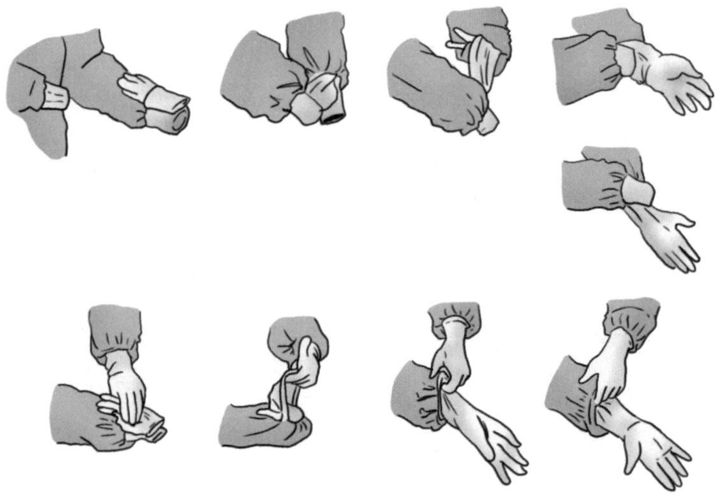

[그림 147] 폐쇄형 장갑 착용법

왼쪽 장갑을 그림과 같은 방향으로 하여 손목 위에 올려놓는다. 손이 나오지 않게 하고 수술복 끝을 잡아 장갑 착용을 준비한다. 손을 장갑 안으로 부드럽게 밀어 넣고 수술복 안쪽에서 손을 꺼내어 장갑을 착용한다. 오른쪽 장갑도 왼쪽과 같은 순로 착용한다(그림 147).

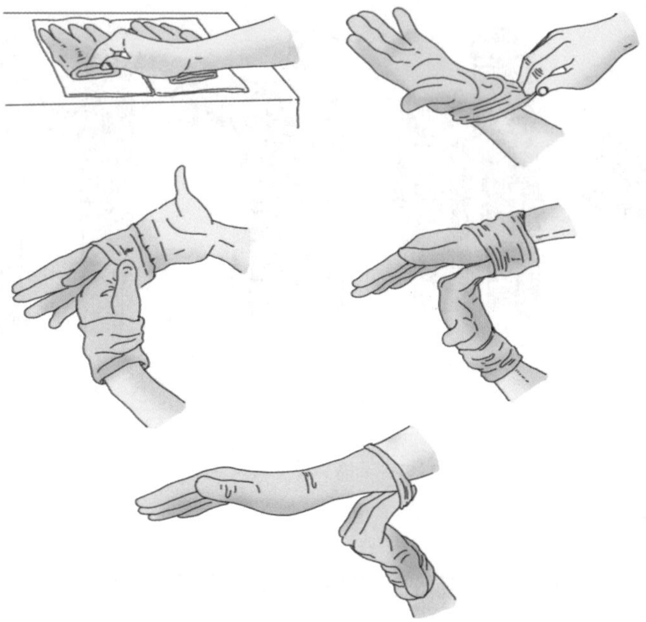

[그림 148] 개방형 장갑 착용법

오른손으로 왼쪽 장갑의 접혀 있는 바깥 부분을 집어 올린다. 왼손을 조심히 장갑 안으로 밀어 넣어 착용한다. 왼손 착용이 끝나기 전까지 오른손으로는 장갑의 다른 부위를 잡아서는 안된다. 왼손으로 오른쪽 장갑의 접혀 있는 안쪽으로 밀어 넣어 들어 올리고 오른손을 장갑 안쪽으로 밀어 넣는다. 손가락이 제 자리에 위치하게 되면 위치해 있던 왼손으로 장갑의 나머지 부분을 밀어 올린다. 이때 왼손이 장갑 외의 다른 부위에 접촉해서는 안된다. 오른손 장착이 끝난 후 오른손을 왼쪽 장갑의 접힌 부분 안쪽으로 밀어 넣어 장갑을 걷어 올린 후 장착을 마무리한다(그림 148).

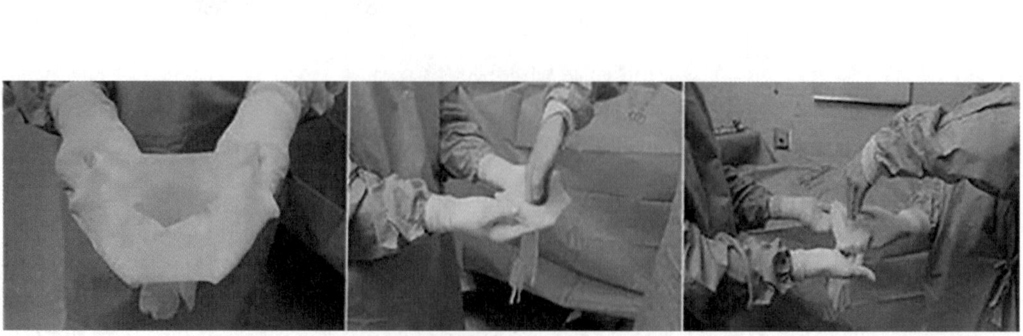

[그림 149] 보조자에 의한 착용법

보조자가 한쪽 장갑을 쥐고 커프스 아래로 손가락을 위치시켜 편다. 엄지손가락을 장갑을 끼워 줄 사람 쪽으로 향하게 하여 손이 장갑 내로 들어갈 수 있도록 한다. 그리고 나서 보조자는 장갑을 위로 올리면서 상대방 가운의 커프스 위로 올려준다. 보조자가 다른 쪽 장갑을 잡는다. 상대방은 끼지 않은 손을 집어넣는 동안 장갑의 커프스를 같이 잡아 편다. 보조자의 엄지는 상대방이 장갑을 착용하는 동안 커프스 아래에 위치한다. 이때 보조자는 멸균된 장갑을 착용하고 실시해야 한다(그림 149).

5) 수술 보조

수술 중 집도의와 호흡을 맞춰 수술에 방해가 되지 않게 술자를 보조하고 지혈 작업 및 과정을 보조한다. 수술 중 집도의가 필요로 하는 것을 예상할 수 있어야 하며 수술기구를 정리 정돈한다. 수술 부위 및 조직이 마르지 않도록 관리해야 하며 봉합사의 컷팅을 도와야 한다.

(1) 수술 중 보조 요령

① 수술 중 수술 부위의 시야와 불빛을 가려서는 안된다.
② 수술 기구의 이름과 용도를 알아야 하고 수술 중 사용 예상되는 기구를 파악한다.
③ 수술 기구를 전달할 경우 날카로운 부분을 조심하여 손에 직접 닿도록 전달한다.
④ 수술 목적에 맞게 사용되는 기구를 순서대로 정리한다.
⑤ 혈액이 묻은 기구와 깨긋한 기구는 분리하여 정리한다.
⑥ 수술 전, 후 거즈, 바늘, 봉합사의 수를 센다.
⑦ 조직의 지혈 시 거즈로 문지르지 말고 눌러서 조작한다.
⑧ 조직 손상의 예방으로 거즈를 따뜻한 식염수에 적셔 조직을 보호한다.
⑨ 석션이 필요한 경우 석션 팁의 끝이 조변 조직에 닿지 않도록 한다.
⑩ 모든 조직과 장기의 조작은 부드럽게 한다.
⑪ 혈액 및 분비물이 묻은 거즈는 즉시 수술대 아래로 내려놓는다.
⑫ 봉합사 컷팅은 매듭이 지어진 후 술자의 결정에 알맞은 길이로 한다.
⑬ 무균 환경이 깨진 경우 즉시 술자에게 알려야 한다.

6) 수술 기구의 멸균

수술실, 술자, 환자 및 수술 기구의 멸균 유무가 수술의 성공을 좌우할 수 있는 매우 중요한 요소이다. 수술에 사용되는 기구의 재질(금속, 플라스틱, 천 등)과 크기에 따라 멸균 방법도 다르게 해야 한다(표 8).

수술 기구의 멸균 방법은 크게 5가지로 나뉜다.

① Dry heat(건열): hot air oven (표 6)

② Moist heat(습열): autoclave (표 7)

③ Gaseous: ethylene oxide

④ Chemical: gluteraldehyde

⑤ Irradiation: gamma radiation

Item	Temperature	Time
Glassware and metal instruments	180°C	60 minutes
Powders and oils	160°C	120 minutes

[표 6] Hot air oven의 온도와 시간

Temperature	Time	Pressure
121°C	15 minutes	103 kPa (15 psi)
126°C	10 minutes	138 kPa (20 psi)
134°C	3½ minutes	207 kPa (30 psi)

[표 7] Autoclave 의 온도, 시간과 압력

Item	Steam autoclave	Dry heat hot air oven	Chemical gluteraldehyde	Gas ethylene oxide	Radiation prepacked
Drapes	✓ with drying cycle			✓	✓
Swabs	✓with drying cycle			✓	✓
Gowns	✓with drying cycle			✓	✓
Gloves	✓with drying cycle			✓	✓
Surgical instruments	✓with drying cycle	✓	✓	✓	
Suture material	✓ nonabsorbable			✓	✓
Suture needles	✓	✓	✓	✓	✓ ✓
Rubber drainage tubes	✓may perish			✓	✓
Endotracheal tubes	✓ may perish		✓	✓	
Anaesthetic tubing and bags			✓	✓	
Aqueous fluids	✓				✓
Oils		✓			✓
Ointments		✓			✓
Scalpel blades	✓	✓	✓	✓	✓
Endoscopes			✓	✓	
Thermometer			✓	✓	
Clipper blades		✓	✓	✓	
Electrosurgical probes	✓	✓	✓	✓	
Cryosurgical probes		✓	✓	✓	
Orthopaedic internal implants	✓			✓	

[표 8] 수술 기구에 따른 멸균의 다양한 방법

7) 수술 기구

수술 기구의 이름과 그 목적을 정확이 알고 있어야 수술 시간을 최대한 줄일 수 있다. 일반적으로 주로 사용되고 있는 수술기구 이름과 용도는 [표 9]와 같다.

Instrument type	Example	Use
Scalpel handles	Bard-Parker	Holding scalpel blades
Needle holders	Mayo–Hegar Olson–Hegar Gillies McPhail Bruce-Clarke	Should be able to hold on to an appropriately sized needle without allowing rotation. Combination of holders and scissors (Gillies, Olson–Hegar)
Scissors	Metzenbaum Mayo – (straight or curved) Lister (bandage) Spencer (stitch) Potts	Use Mayo for dense tissue and Metzenbaum for more delicate dissecting Specialist types (Potts) angled for cardiovascular work. Classified by their blade points: sharp/blunt sharp/sharp blunt/blunt
Haemostats	Halstead Mosquito Kelly Crile Spencer-Wells	Range from fine mosquito to sturdier forceps often used for bone manipulation. Always check alignment and ratchet mechanism.
Tissue forceps	Allis Babcock Lane Doyen bowel clamp	Allis are fairly traumatic – do not use on skin or hollow organs. Babcocks – slightly less traumatic.
Thumb forceps	Semkin	Plain or with teeth to grip the tissue.
Dressing tissue	Adson Brown-Adson DeBakey Cooley Jeans	DeBakey and Cooley are atraumatic for cardiovascular work.
Towel clips	Backhaus Jones Cross action	Secures drape to skin (should be sharp). Do not remove once it has been placed as it breaks sterility.
Pin vise	Jacobs chuck	Holds Steinman pins and Kirschner wires
Bone saw	Gigli saw	
Retractors:	Hohmann	
Hand-held	Langenbeck	
Self-retaining	Malleable Gelpis Wests Travers Gosset	Allow adequate visualisation. Care must be taken not to trap intestines or nerves. Swabs may be used with abdominal retractors.

	Finochietto Turvier Balfour	
Bone-holding forceps	Lowman Spin(speed) lock Reduction	Used to manipulate and hold fragments of bone in place. With or without ratchets.
Rongeurs	Lempert Stille Luer Kerrison	Bone 'nibblers'. Must be used correctly or the jaws will blunt and become pitted. Kerrison rongeurs are used for fine spinal work.
Bone-cutting forceps	Liston Ruskin	Cutting bone
Periosteal elevators	Asif Freer	Used for reflecting the muscle from the bone.
Osteotomes	Lambotte	Both used for cutting into bone. Used with a mallet.
Chisels	Stille	
Curettes	Volkmann Sprat	Designed for scraping tissue from cavities or collecting cancellous bone grafts. Fine curettes are used for removing calcified disc material.
Trephines	Michel	Used for bone biopsies or for collecting cancellous bone grafts.
Ovariohysterectomy hook	Snook Covault	
Suction piece	Yankauer Frazier Ferguson Poole	For removing fluid or blood from the surgical field. Some come with an inner stylet to prevent blockage.

[표 9] 일반적으로 사용되는 수술 기구의 종류, 이름 및 용도

실전 핵심 문제

상 중 하

01 수술실의 관리에 대한 설명이다. 이 중 틀린 것은?

① 인의 병원이 아니라서 관리를 안해도 된다.

② 수술용 소모품의 리스트 확인 및 언제든 사용 가능하도록 준비한다.

③ 수술실 비치 기구와 램프를 소독용액에 적셔진 천으로 닦아준다.

④ 수술용 기계들의 작동여부를 확인한다.

상 중 하

02 수술실의 관리에 대한 설명이다. 이 중 틀린 것은?

① 수술용 소모품의 리스트 확인 및 언제든 사용 가능하도록 준비한다.

② 수술실 비치 기구와 램프를 소독용액에 적셔진 천으로 닦아준다.

③ 수술용 기계들의 작동여부는 사용할 때만 확인한다.

④ 수술 중 사용되었던 도구를 몽 세척제나 효소용액이 섞인 찬물에 담가둔다.

상 중 하

03 수술실의 관리에 대한 설명이다. 이 중 틀린 것은?

① 소모성 도구와 오염된 수술포들을 모아 정해진 장소에 둔다.

② 수술기구와 수술대, 스탠드, 휴지통 및 온열패드를 소독제로 닦는다.

③ 수술실 비치 기구와 램프를 마른 걸레로 먼지만 제거해준다.

④ 경우에 따라 수술대를 이동시켜 환자의 체액이 묻어 있는 바닥도 닦는다.

실전 핵심 문제

상 중 하

04 수술이 끝나고 난 직후에 할 일에 대한 설명이다. 이 중 틀린 것은?

① 수술 중 사용되었던 도구를 몽 세척제나 효소용액이 섞인 찬물에 담가둔다.

② 소모성 도구와 오염된 수술포들을 모아 정해진 장소에 둔다.

③ 경우에 따라 환자의 체액이 묻어 있는 바닥은 두었다가 한달에 한번 청소한다.

④ 수술기구와 수술대, 스탠드, 휴지통 및 온열패드를 소독제로 닦는다.

상 중 하

05 수술 당일에 할 일에 대한 설명이다. 이 중 틀린 것은?

① 휴지통을 닦고 소독한다.

② 모든 수술용 비치 기구 및 가구를 점검하고 필요 시 닦는다.

③ 각각의 수술 장비들은 제조사의 지시사항에 따라 닦고 관리한다.

④ 접수대의 표면과 보관장 문은 오염될까봐 소독하지 않고 그대로 둔다.

상 중 하

06 수술 당일에 할 일에 대한 설명이다. 이 중 틀린 것은?

① 수술실 바닥은 먼지가 날까봐 절대 닦지 않는다.

② 수술용 소모품의 사용을 체크하여 필요 시 보충한다.

③ 접수대의 표면과 보관장 문을 소독용액으로 닦는다.

④ 모든 수술용 비치 기구 및 가구를 점검하고 필요 시 닦는다.

실전 핵심 문제

상 중 하

07 수술 준비에 대한 설명이다. 이 중 틀린 것은?

① 수술 중 미생물 오염의 주된 원인은 수술실에 있는 사람이다.

② 수술팀과 다른 인원들이 주의하면 세균 수를 완전히 제거할 수 있다.

③ 수술 중 오염을 최소화하기 위해서는 수술실 내 모든 인원은 정해진 지침에 따라 수술복장을 해야 한다.

④ 수술 중 오염을 최소화하기 위해서는 수술실 인원은 최소한으로 하는 것이 좋다.

상 중 하

08 수술 준비에 대한 설명이다. 이 중 틀린 것은?

① 수술복(surgical scrub)을 착용함으로써 미생물의 이동과 확산을 줄일 수 있다.

② 술복 착용에 앞서 반지와 목걸이 및 귀걸이 등 몸에 부착된 장신구들을 제거하고 손톱을 짧게 잘라 유지한다.

③ 수술 중 오염을 최소화하기 위해서는 수술실 인원은 많으면 많을수록 좋다.

④ 수술 중 미생물 오염의 주된 원인은 수술실에 있는 사람이다.

상 중 하

09 다음 표에 나열되어 있는 구성품은 언제 필요한 것인가?

Theatre clothing	
Clothing	Scrub suit (two-piece or dress), use clean pair every day
Footwear	Antistatic, only worn in theatre, clean regularly
Hats	Cloth or disposable, must contain all hair
Masks	Must cover mouth and nose Do not reduce environmental contamination Efficiency is reduced when moist (effective for first 20 minutes only)
Sterile gowns	Cloth or disposable

① 수술시에 착용해야 하는 구성품

② 입원시에 착용해야 하는 구성품

③ 보정시에 착용해야 하는 구성품

④ 퇴원시에 착용해야 하는 구성품

실전 핵심 문제

상 중 하

10 수술 환자의 준비시에 잘 못된 것은?

① 수술 중 구토 예방을 절식을 한다.

② 수술 전 12시간 절식 및 수술 전 2~3시간 음수 금지를 한다.

③ 위장관계의 수술일수록 절식 시간을 길게 한다.

④ 수술시 체력을 위한 수술직전까지 고기를 먹인다.

상 중 하

11 수술 환자의 준비시에 잘 못된 것은?

① 필요에 따라 관장 및 요도카테터 삽입 후 배뇨를 시킬 수 있다.

② 수술 중 구토 예방을 위해 물을 많이 먹인다.

③ 수술 전 12시간 절식 및 수술 전 2~3시간 음수 금지를 한다.

④ 위장관계의 수술일수록 절식 시간을 길게 한다.

상 중 하

12 수술전 수술을 위한 제모에 대한 설명이다. 틀린 것은?

① 환자의 성격, 수술 부위, 수술 형태에 따라서 제모시기를 결정한다.

② 수술실 밖에서 실시하여, 털과 피부 파편이 수술실을 오염시키지 않도록 한다.

③ 마취 위험도가 높은 환자는 가능한 한 마취 전에 제모를 실시한다.

④ 수술 부위의 제모는 최대한 털이 길고 이쁘게 실시한다.

상 중 하

13 다음은 수술포 덮기에 대한 설명이다. 틀린 것을 고르세요.

① 수술포를 덮는 목적은 수술 부위 둘레로 멸균 구역을 만들고 유지하는데 있다.

② 수술포를 덮을 때 빠르게 움직이면 바람이 만들어 먼지 등을 제거해야 한다.

③ 수술포는 수술용 가운과 장갑을 착용한 수술팀의 무균자가 다루어야 한다.

④ 수술 부위만 노출 시키고, 환자와 수술대를 덮을 수 있는 충분한 크기여야 한다.

실전 핵심 문제

상 중 하

14 **수술 환자의 자세에 대한 설명 중 틀린 것은?**

① 수술 부위를 소독하기 전에 환자를 수술실로 옮겨 수술에 알맞은 자세를 취하여 수술자가 수술 부위를 잘 볼 수 있게 한다.

② 줄, 모래주머니, 통, 테이프 및 기타 보정 장치로 붙잡아 준다.

③ 보정 장치를 사용할 때 호흡 기능, 말초 혈액순환 및 근육과 그에 분포하는 신경에 방해가 되지 않게 해야 한다.

④ 전기 수술기를 이용할 경우 접지판은 반드시 환자보다 위에 위치해야 한다.

상 중 하

15 **피부(수술부위)의 멸균에 대한 설명이다. 틀린 것을 고르세요.**

① 거즈 스펀지는 멸균된 스펀지 포셉이나 소독된 장갑을 끼고 실시한다.

② 세척은 절개 예정 부위의 중앙에서 시작한다. 세척은 동심원을 그리며 중앙에서 변연부로 한다.

③ 거즈 스펀지를 변연부에서 다시 중앙으로 옮기면 안된다.

④ 멸균 준비는 환자의 보정과 동시에 시작한다.

상 중 하

16 **피부(수술부위)의 멸균에 대한 설명이다. 틀린 것을 고르세요.**

① 멸균 준비는 환자의 보정이 모두 끝난 후에 시작한다.

② 세척은 절개 예정 부위의 제일 바깥에서 시작하여 중앙으로 이동한다.

③ Povidone iodine과 알콜을 겸용할 때는 각 용액을 세 번씩 번갈아 쓰는데 이는 5분 정도의 접촉시간을 주기 위함이다.

④ Povidone iodine으로 세척하는 사이에 알콜로 세척하는 것은 피부에 povidone iodine 접촉 시간을 줄이고 그 효능을 떨어지게 한다.

실전 핵심 문제

상 중 하

17 다음은 수술포 덮기에 대한 설명이다. 틀린 것을 고르세요.

① 첫 번째 수술포를 집도의 쪽 수술 부위의 가장 먼 자리에 놓는다.

② 두 번째 수술포는 집도의 반대 쪽(수술 보조자)에 놓는다.

③ 세 번째, 네 번째 수술포는 수술부위의 나머지 양쪽에 놓는다.

④ 수술포들은 타월 클램프로 피부와 함께 고정한다.

상 중 하

18 수술 시 개인의 준비 중 손세정에 대한 설명이다. 이 중 틀린 것을 고르세요.

① 손세정은 수술 동안 술자 및 보조자를 통해 상처로 들어올 수 있는 세균의 숫자를 줄이기 위해 손과 팔을 닦는 과정이다.

② 모든 수술팀원은 수술실에 들어가기 전에 손과 팔을 닦아야 한다.

③ 수술 전 손세정의 목적은 세정 과정동안 물리적으로 오염물을 제거하고 일시적으로 세균의 수를 감소시키고 피부에 존재하는 세균을 줄이는데 있다.

④ 손톱도 짧게 자르고 다듬어야 하지만 인공손톱은 상관없다.

상 중 하

19 수술 시 개인의 준비 중 손세정에 대한 설명이다. 이 중 틀린 것을 고르세요.

① 모든 악세서리나, 시계, 반지 및 착용물을 제거한다.

② 손톱은 짧게 유지하며, 메니큐어 및 인공손톱을 제거한다.

③ 양팔을 들어 손을 올리고 세정한다(2분 이상 세정, 최소한 5분 동안 실시한다).

④ 수술용 전용 세정제보다 일반비누를 이용하여 반복 세정한다.

상 중 하

20 **다음 그림은 무엇을 설명하는 것인가?**

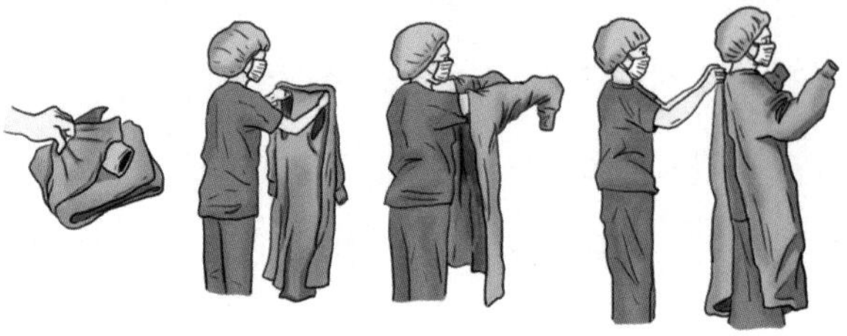

① 수술 전 손세정
② 수술 전 제모
③ 수술복의 착용
④ 수술장갑의 착용

상 중 하

21 **다음 그림은 무엇을 설명하는 것인가?**

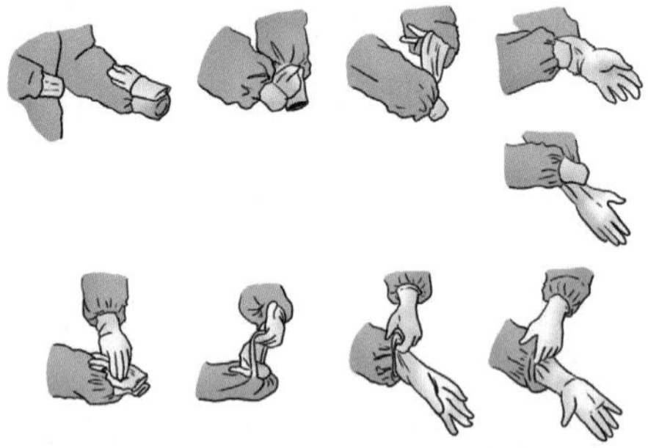

① 수술 전 손세정
② 수술 전 제모
③ 폐쇄형 장갑 착용법
④ 개방형 장갑 착용법

상 중 하

22 **수술 중 보조 요령의 설명 중 틀린 것은?**

① 수술 중 수술 부위의 시야와 불빛을 가려서는 안된다.
② 수술 기구의 이름과 용도를 알아야 하고 수술 중 사용 예상되는 기구를 파악한다.
③ 수술 기구를 전달 할 경우 날카로운 부분을 조심하여 손에 직접 닿도록 전달한다
④ 수술 목적에 맞게 사용되는 기구를 마음대로 정리한다.

실전 핵심 문제

상 중 하

23 다음 그림은 무엇을 설명하는 것인가?

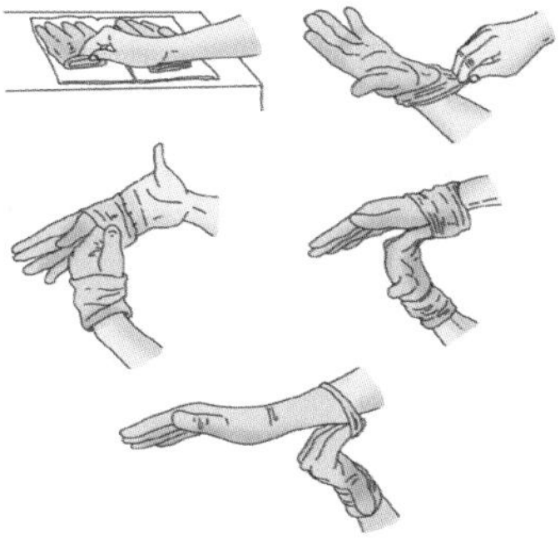

① 수술 전 손세정　　② 수술 전 제모
③ 폐쇄형 장갑 착용법　　④ 개방형 장갑 착용법

상 중 하

24 다음 그림은 무엇을 설명하는 것인가?

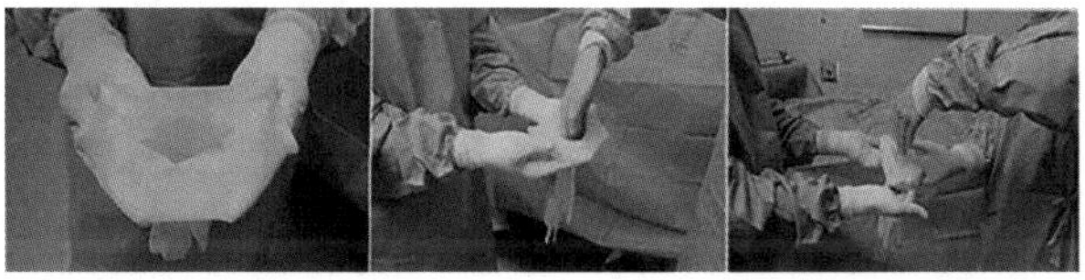

① 수술 전 손세정　　② 보조자에 의한 착용법
③ 폐쇄형 장갑 착용법　　④ 개방형 장갑 착용법

상 중 하

25 수술 중 보조 요령의 설명 중 틀린 것은?

① 혈액이 묻은 기구와 깨긋한 기구는 분리하여 정리한다.
② 수술 전, 후 거즈, 바늘, 봉합사의 수를 센다.
③ 조직 손상의 예방으로 거즈를 따뜻한 식염수에 적셔 조직을 보호한다.
④ 조직의 지혈 시 거즈로 문지르며 조작한다.

상 중 하

26 수술 중 보조 요령의 설명 중 틀린 것은?

① 수술 중 수술 부위의 시야와 불 빛을 가려서는 안된다.

② 수술 기구의 이름과 용도를 알 필요는 없다.

③ 수술 기구를 전달 할 경우 날카로운 부분을 조심하여 손에 직접 닿도록 전달한다

④ 석션이 필요한 경우 석션 팁의 끝이 조변 조직에 닿지 않도록 한다.

상 중 하

27 수술 중 보조 요령의 설명 중 틀린 것은?

① 혈액이 묻은 기구와 깨긋한 기구는 분리하여 정리한다.

② 수술 전, 후 거즈, 바늘, 봉합사의 수는 셀 필요가 없다.

③ 조직 손상의 예방으로 거즈를 따뜻한 식염수에 적셔 조직을 보호한다.

④ 혈액 및 분비물이 묻은 거즈는 즉시 수술대 아래로 내려 놓는다.

정답

1. ① 2. ③ 3. ③ 4. ③ 5. ④ 6. ① 7. ② 8. ③ 9. ① 10. ④ 11. ② 12. ④ 13. ②
14. ④ 15. ④ 16. ② 17. ① 18. ④ 19. ④ 20. ③ 21. ③ 22. ④ 23. ④ 24. ② 25. ④
26. ② 27. ②

4 마취 및 수술 후 모니터링

1) 마취 모니터링

(1) 비정상적인 깊은 마취의 체크 포인트

① 심박 수, 호흡수의 감소 또는 panting/gasping

② 맥박의 약함

③ CRT : > 2 seconds

④ 점막의 색이 창백하거나 청색증 발생

④ 안검반사의 소실 및 동공 확장

⑤ 중심 체온의 감소로 사지 말단이 차갑게 느껴짐

⑥ 혈압 저하로 인한 수술 부위의 출혈 감소

(2) 마취 시 정상적인 vital signs

Parameter	Dog	Cat
Heart rate	80–140 bpm	110–140 bpm
Respiration rate	10–30 bpm	20–40 bpm
Temperature	38.3–38.7°C (100.9–101.7°F)	38–38.5°C (100.4–101.6°F)
Capillary refill time	< 2 seconds	< 2 seconds
Oxygen saturation	> 95%	> 95%
Diastolic blood pressure	60–100 mmHg	60–100 mmHg
Systolic blood pressure	110–160 mmHg	110–160 mmHg

[표 10] 마취 시 정상적인 vital sings

2) 수술 후 모니터링

① 환자가 고개를 들고 기관 삽관튜브를 제거할 때 까지 간호해야 한다.

② 혀는 연하가 회복될 때까지 구강 밖으로 빼 놓는다.

③ 흉부를 바닥에 대고 엎드린 있는 자세를 유시킨다. 단두종은 다른 품종에 비해 삽관 튜브를 더 오랫동안 유지해야 한다.

④ 기도 및 구강의 분비물은 깨끗이 제거해야 한다.

⑤ Vital sings을 정기적으로 체크해야 한다.

⑥ 환자의 체온을 유지시킨다.

⑦ 수액은 체온과 비슷한 온도의 수액을 투입하는 것이 좋다.

⑧ 환자의 자세와 통증 및 불편함을 해결한다.

실전 핵심 문제

상 중 하

01 다음 중 마취 전 필수 검사가 아닌 것은?

① 신체 검사　② 혈액 검사
③ 장비 점검　④ 보호자의 심리

상 중 하

02 다음 중 마취 전 보호자 설명(교육)으로 맞지 않는 것은?

① 마취기의 종류　② 마취의 방법
③ 마취제의 종류　④ 마취 전 검사의 필요성

상 중 하

03 다음 중 탈수의 유무를 확인할 수 있는 부위가 아닌 곳은?

① 눈꺼풀　② 구강점막
③ 귀 안쪽　④ 안구

상 중 하

04 다음 중 탈수의 증상과 거리가 먼 것은?

① 사지 냉감　② CRT 감소
③ 점막 창백　④ 소변량 감소

상 중 하

05 다음 중 마취 전 ASA 평가는 몇 단계로 구분지을 수 있나?

① 4 단계　② 5 단계
③ 6 단계　④ 7 단계

상 중 하

06 다음 중 어린동물의 수술 전 절식 시간으로 맞는 것은?

① 4 ~ 6시간 ② 6 ~ 12시간

③ 12 ~ 18시간 ④ 18 ~ 22시간

상 중 하

07 다음 중 마취 전 절식의 이유가 아닌 것은?

① 구토 ② 오연성 폐렴

③ 호흡곤란 ④ 설사

상 중 하

08 다음 중 마취 환자에 장착되는 센서가 아닌 것은?

① 심전도 ② 안압계

③ 산호포화도 ④ 혈압계

상 중 하

09 다음 중 비정상적으로 마취가 깊어질 경우 보이는 증상이 아닌 것은?

① 호흡수 감소 ② 점막 창백

③ 심박 수 증가 ④ 동공 확장

상 중 하

10 다음 중 개의 마취 시 안정적인 vital sign으로 옳지 않은 것은?

① 심박수: 50 ~ 60 ② 호흡수: 10 ~ 30

③ 체온: 38.3 ~ 38.7 ④ 산소포화도: 95% 이상

상 중 하

11 다음 중 CRT의 기준이 되는 시간은?

① 5초 ② 4초

③ 3초 ④ 2초

상 중 하

12 다음 중 수술 후 환자의 관리에서 옳지 않은 것은?

① 연하반사가 보일 때 삽관튜브를 제거한다.

② 혀는 마르기 때문에 항상 입 안에 넣어 놓는다.

③ 구강의 분비물은 깨끗이 제거한다.

④ 단두종은 장두종에 비해 기관튜브를 더 오랫동안 유지한다.

상 중 하

13 다음 중 수술 후 환자의 관리에서 옳지 않은 것은?

① 환자의 체온유지에 신경을 쓴다.

② 너무 빠른 마취 회복도 좋지 않다.

③ 스트레스를 받지 않게하기 위해 조용히 혼자 둔다.

④ 구토의 가능성이 있으므로 바로 음식물 급여를 금지한다.

정답

1. ④ 2. ① 3. ③ 4. ② 5. ③ 6. ① 7. ④ 8. ② 9. ③ 10. ① 11. ④ 12. ② 13. ③

5 방사선

방사선은 가시광선과 비슷하지만 짧은 파장을 갖는 전자기선을 말한다. 좋은 품질의 방사선 사진을 찍기 위해서는 방사선에 대한 이해가 필요하며, 방사선의 위험성을 이해하고 적절한 예방 조치를 취할 수 있어야 한다.

1) 방사선의 특징

① 눈에 보이지 않고 통증을 느끼지 못한다.

② 후유증의 잠복기가 길다.

③ 저용량의 방사선이라도 노출 시 체내에 축적된다.

④ 생체조직 내에서 생물학적 변화를 일으켜 세포 내의 중요 분자에 흥분이나 이온화를 통해 직접적으로 작용하기도 한다.

⑤ 방사선의 해로운 후유증으로는 염증, 혈액 질병, 괴사, 기형, 불임 및 종양 발생 등이 있다.

2) 안전한 방사선 촬영의 준비

(1) 거리 : 방사선의 강도는 거리의 제곱에 비례하여 감소하므로 방사선 빔에 2m 내로 접근하지 말아야 하며, 부득이한 경우 납으로 된 보호장구를 착용해야 한다.

(2) 좋은 영상을 획득하기 위한 조건

① 방사선이 지나가는 공간과 피사체 간에 방해물이 없어야 한다.

② 콜리미터로 원하는 촬영부위의 범위를 맞춘다.

③ 정확한 촬영 자세와 조건표를 이용하여 재촬영의 횟수를 줄인다.

④ 정확한 촬영 자세를 위하여 환자를 진정 또는 마취를 시킬 수 있다.

⑤ 방사선 발생 tube와 필름 간의 거리는 75~100㎝의 거리를 유지한다.

(3) 스텝의 주의점

① 필요 인원 외 방사선 촬영 구역 내 접근을 금지한다.

② 촬영에 관련된 교육을 받은 최소한의 인원이 촬영에 임한다.

③ 16세 이하의 사람 및 임산부는 촬영 구역 내 접근을 금지한다.

(4) 보호복의 착용

① 납복(>0.25㎜ lead)

② 납장갑 및 손 보호대(>0.35㎜ lead)

③ 납갑상선 보호대

④ 방사선 보호 안경

3) 방사선의 촬영 자세

정확한 방사선의 촬영 자세를 알기 위해서는 위치와 방향에 관련된 해부학적 용어를 알고 있어야 한다.

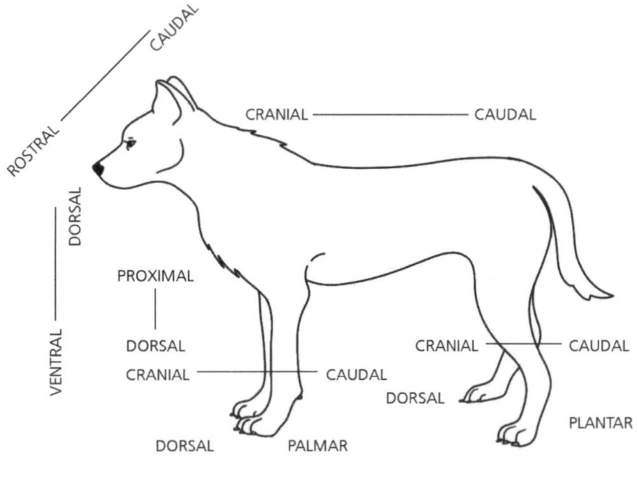

[그림 150] 해부학적 방향과 위치의 용어

(1) 흉부

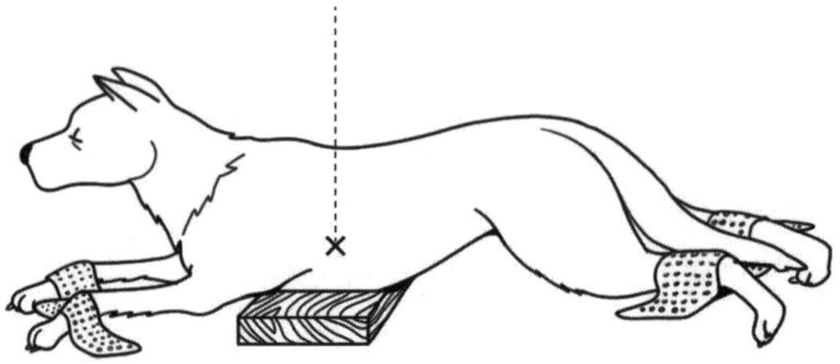

[그림 151] 흉부의 lateral view

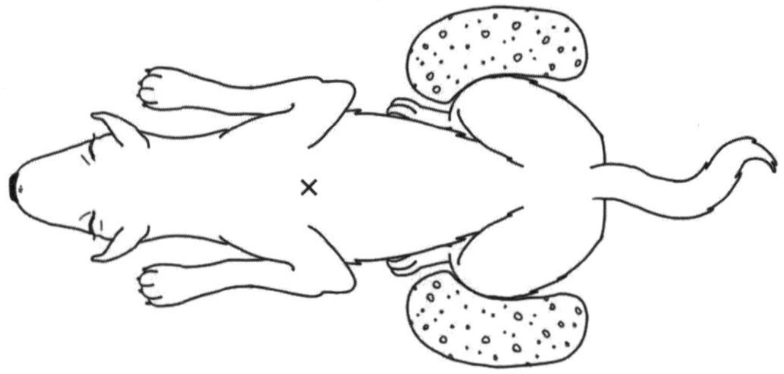

[그림 152] 흉부의 dorso-ventral view

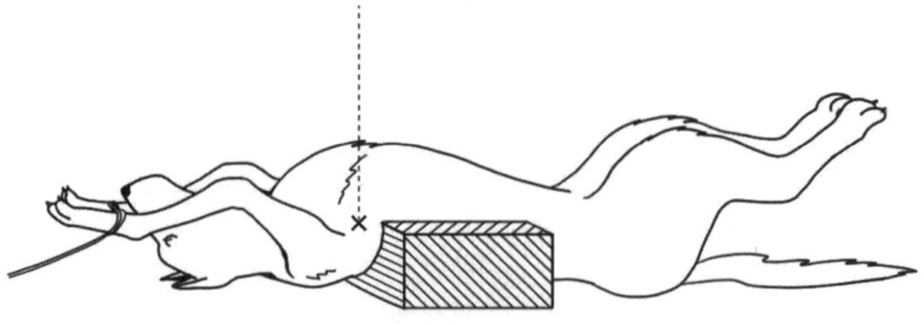

[그림 153] 흉부의 ventro-dorsal view

(2) 복부

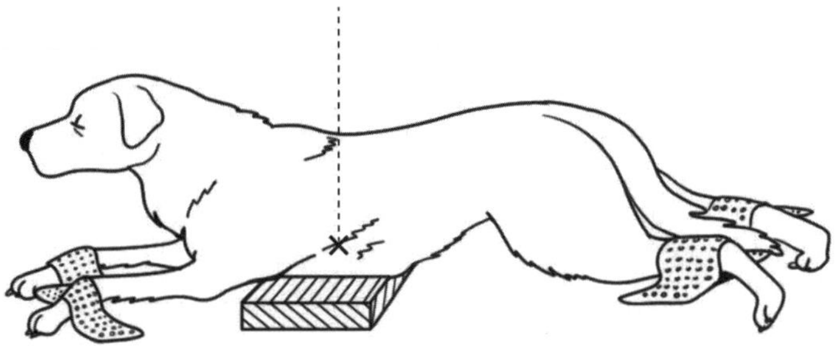

[그림 154] 복부의 lateral view

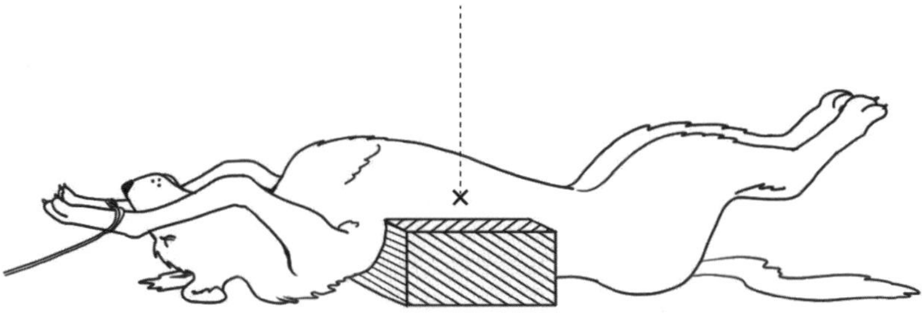

[그림 155] 복부의 ventro-dorsal view

(3) 머리

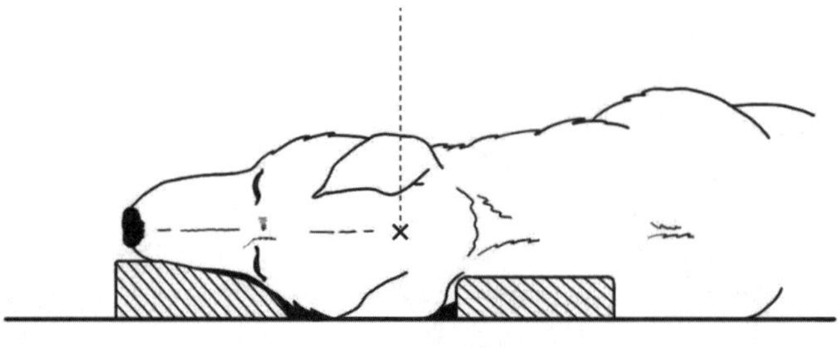

[그림 156] 머리의 lateral view

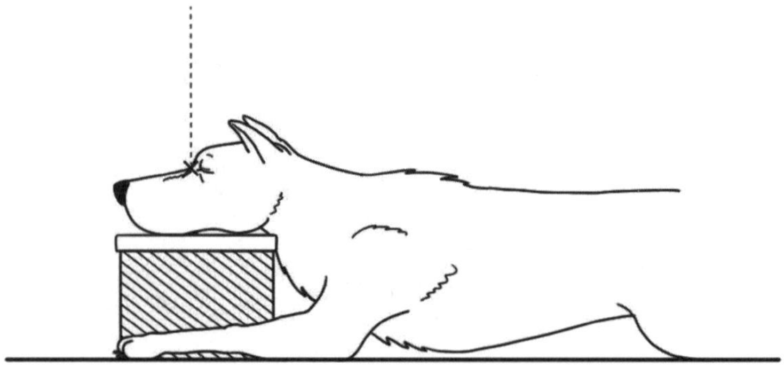

[그림 157] 머리의 dorso–ventral view

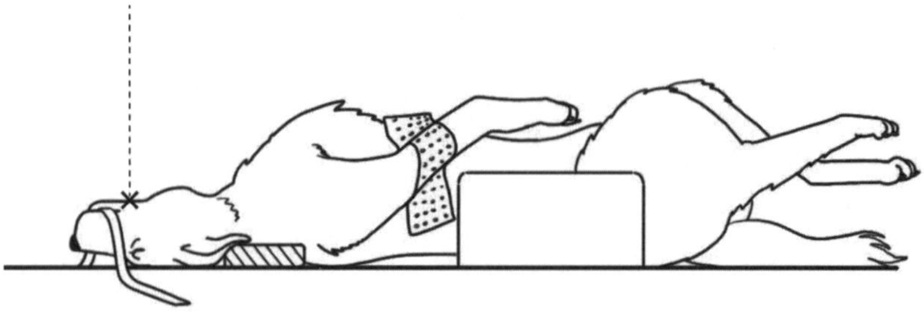

[그림 158] 머리의 ventro–dorsal view

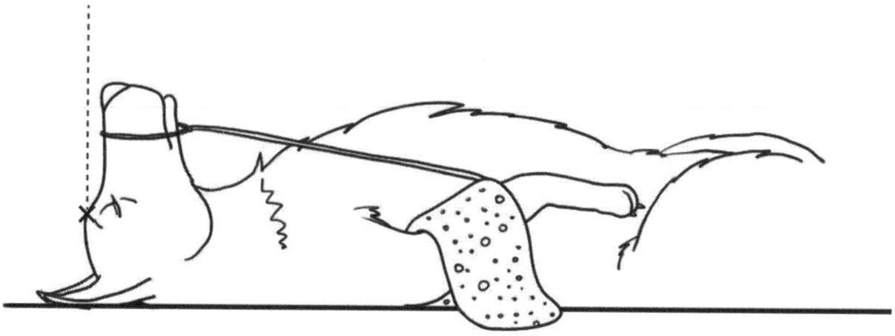

[그림 159] 머리의 rostro-caudal view

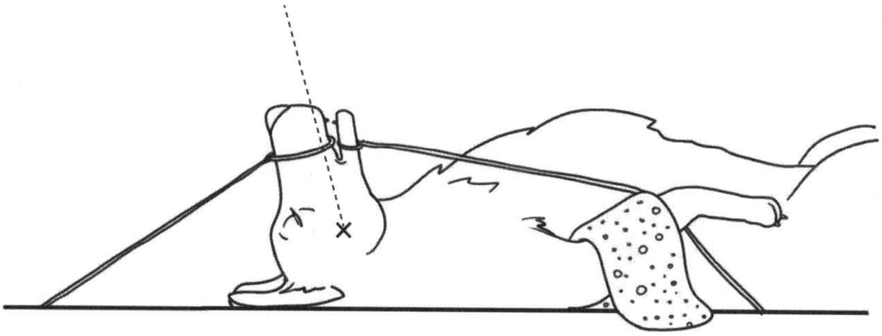

[그림 160] 머리의 open-mouth rostro-caudal view

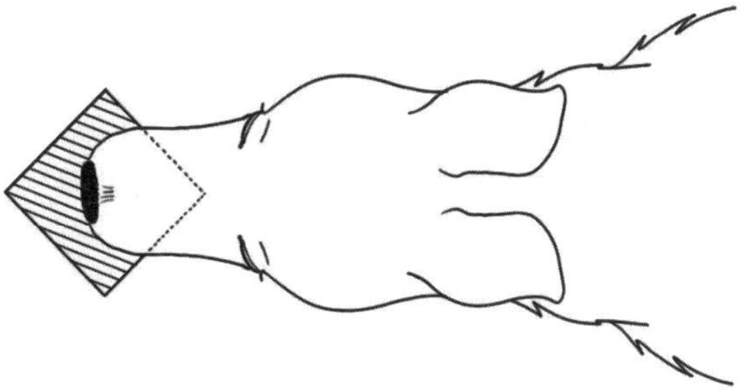

[그림 161] 머리의 intra-oral view

(4) 척추

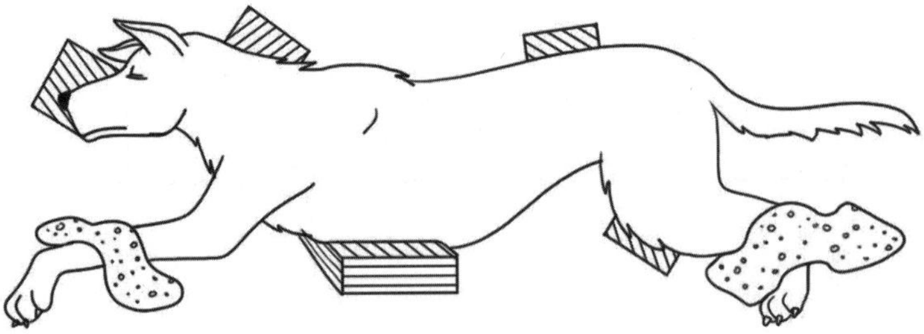

[그림 162] 척추의 lateral spine view

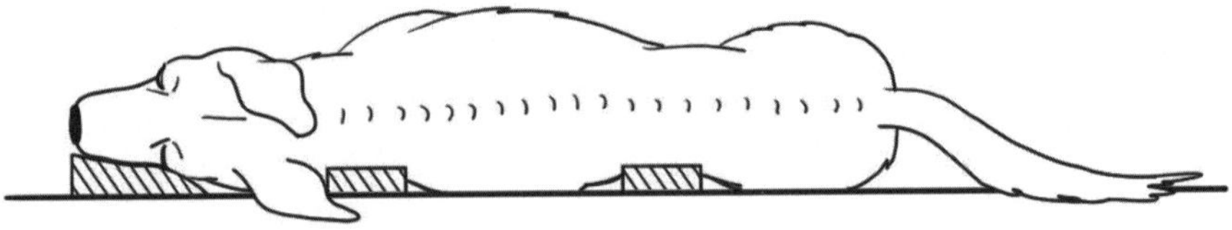

[그림 163] 척추의 lateral spine view

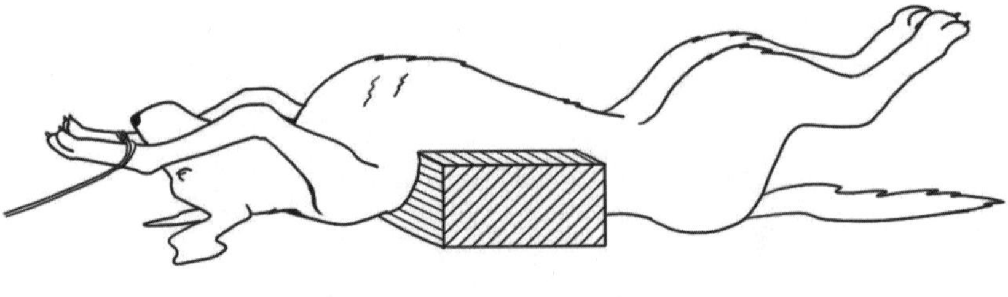

[그림 164] 척추의 ventro-dorsal view

(5) 골반

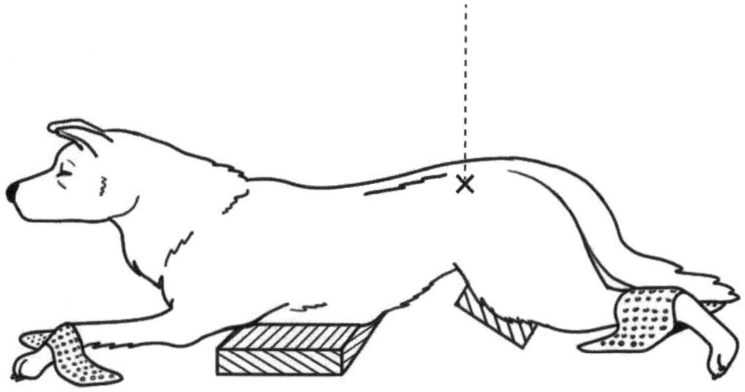

[그림 165] 골반의 lateral view

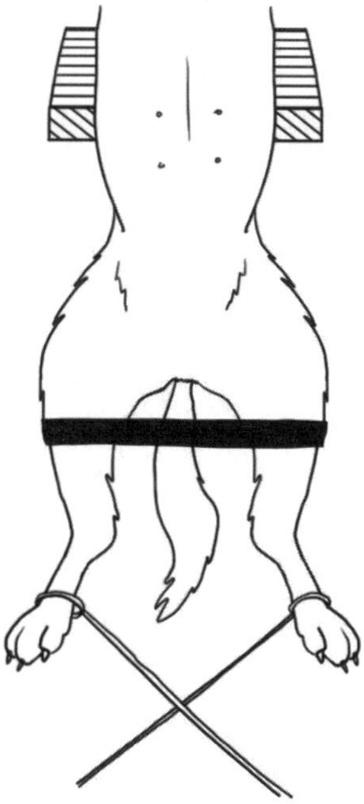

[그림 166] 골반의 ventro-dorsal view

(6) 어깨

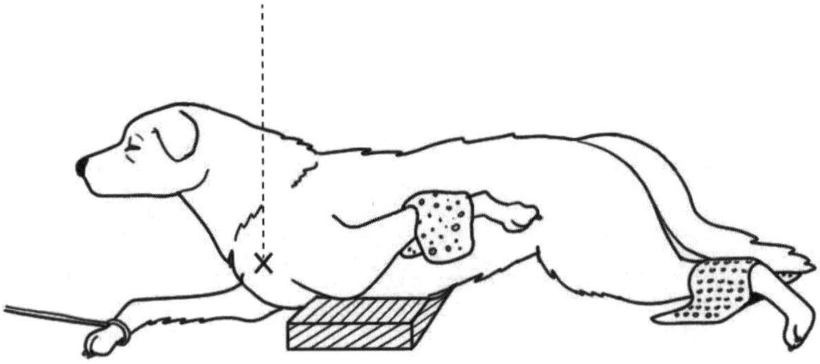

[그림 167] 어깨의 lateral view

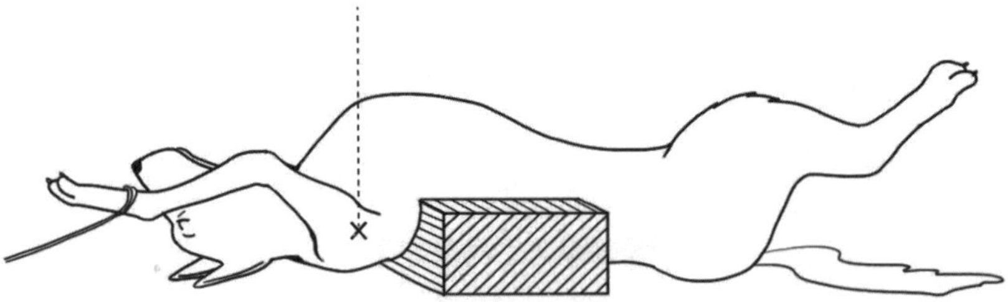

[그림 168] 어깨의 caudo-cranial view

(7) 상완골/팔꿈치

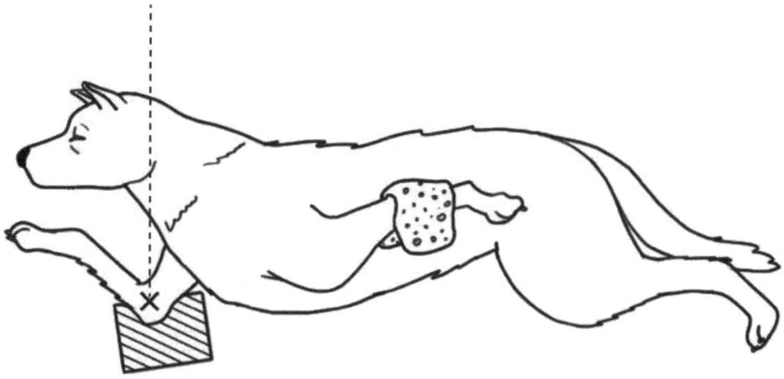

[그림 169] 상완골/팔꿈치 관절의 lateral view

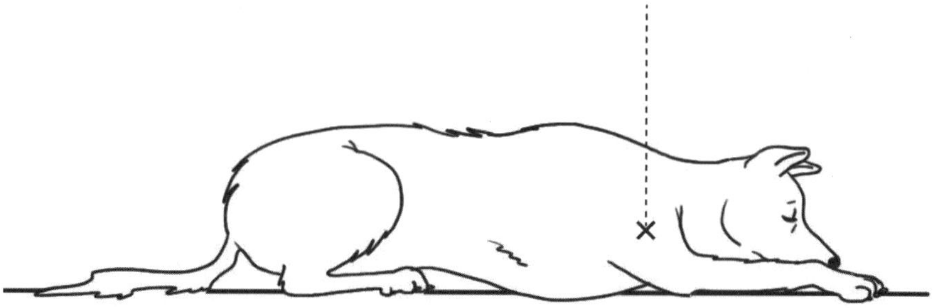

[그림 170] 상완골 팔꿈치 관절의 cranio-caudal view

(8) 요/척골

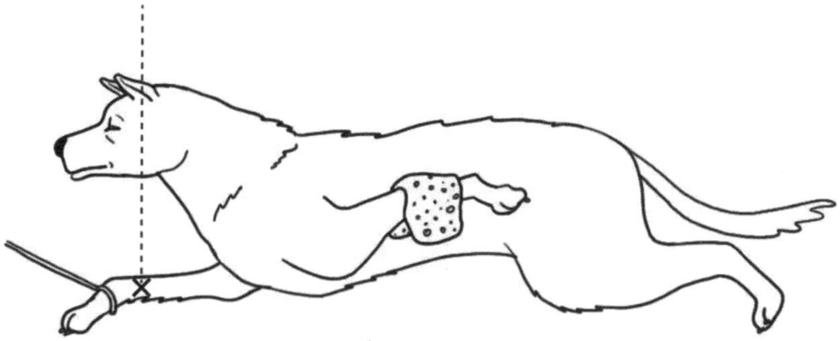

[그림 171] 요/척골의 lateral view

(9) 대퇴골

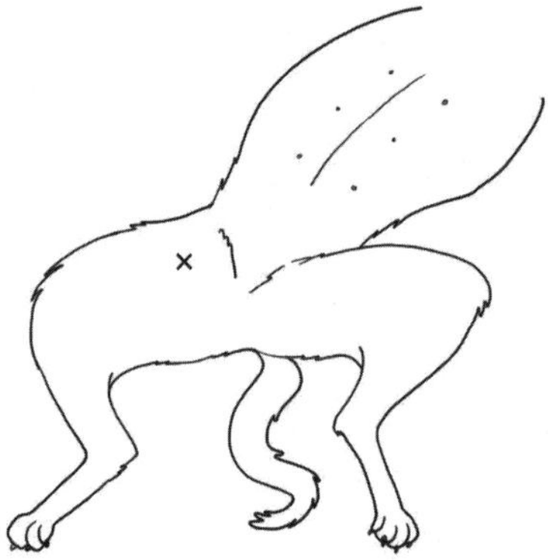

[그림 172] 대퇴골의 lateral view

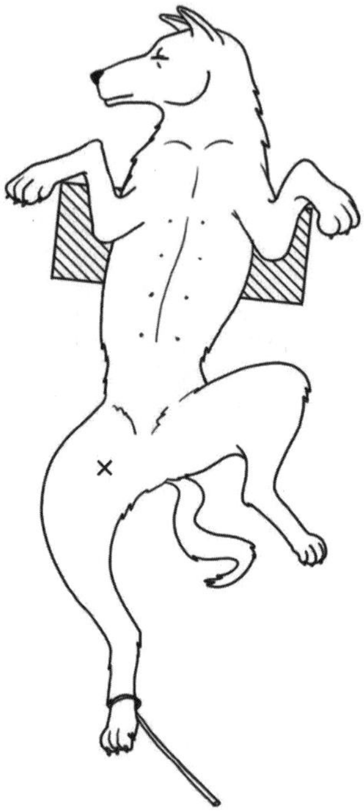

[그림 173] 대퇴골의 cranio-caudal view

(10) 무릎

[그림 174] 무릎의 cranio-caudal view

실전 핵심 문제

상 중 하

01 다음 중 X-ray를 최초로 발견한 과학자는?

① 노벨 ② 뢴트겐
③ 퀴리부인 ④ 뉴턴

상 중 하

02 다음 중 방사선에 대한 설명 중 틀린 것은?

① 자외선에 비해 큰 에너지를 가지고 있다.
② 납을 통과하지 못한다.
③ 알루미늄은 쉽게 통과한다.
④ 가시광선에 비해 긴 파장을 갖는다.

상 중 하

03 다음 중 방사선의 특징으로 옳지 않은 것은?

① 생체조직 내 생물학적 변화는 없다.
② 눈에 보이지 않는다.
③ 통증을 느끼지 않는다.
④ 후유증과 잠복기가 길다.

상 중 하

04 다음 방사선에 대한 설명으로 틀린 것은?

① 방사선의 강도는 거리의 제곱에 반비례 한다.
② 방사선 빔 2미터 내로 접근을 피한다.
③ 알루미늄으로 된 보호장구를 착용한다.
④ 방사선과 거리가 2배 늘어나면 강도는 1/4로 줄어든다.

상 중 하

05 다음 중 방사선 발생장치와 필름 간의 거리로 알맞은 것은?

① 30㎝ ② 80㎝

③ 120㎝ ④ 170㎝

상 중 하

06 다음 중 밀도에 대한 설명으로 맞는 것은?

① 용적에 대한 용량의 비율

② 용량에 대한 용적의 비율

③ 중량에 대한 용적의 비율

④ 용적에 대한 중량의 비율

상 중 하

07 다음 중 밀도가 높은 것에서 낮은 순으로 바르게 나열된 것은?

① 뼈 – 근육 – 지방 – 공기

② 근육 – 지방 – 공기 – 뼈

③ 지방 – 공기 – 뼈 – 근육

④ 공기 – 뼈 – 근육 – 지방

상 중 하

08 다음 중 방사선 밀도에 대한 설명으로 틀린 것은?

① X선이 투과된 부분은 검은색이다.

② 물질의 밀도가 낮을 수록 X선 투과율이 낮아진다.

③ 방사선 밀도는 물질밀도에 따른다.

④ 방사선 밀도가 높을 수록 사진 상 흰색으로 보인다.

실전 핵심 문제

상 중 하

09 다음 중 방사선 사진에 대한 올바른 설명은?

① 서로 다른 밀도의 음영이 합성된 영상이다.

② 서로 같은 밀도의 음영이 합성된 영상이다.

③ 서도 다른 용량의 음영이 합성된 영상이다.

④ 서로 같은 용량의 음영이 합성된 영상이다.

상 중 하

10 다음 중 안전한 방사선 촬영을 위한 준비가 아닌 것은?

① 필요한 인원만 촬영에 참여한다.

② 방사선에 대한 교육을 받은 사람만이 촬영에 참여한다.

③ 임산부는 촬영 구역 내 접근을 금지한다.

④ 16세 이하의 어린이는 건강하므로 촬영에 항상 참여한다.

상 중 하

11 다음 중 방사선 촬영 시 착용하는 보호복이 아닌 것은?

① 갑상선 보호대

② 안구 보호 안경

③ 발목 보호대

④ 손목 보호대

정답

1. ② 2. ④ 3. ① 4. ③ 5. ② 6. ④ 7. ① 8. ② 9. ① 10. ④ 11. ③

6 응급처치

동물의 정상, 비정상적 상태를 파악하고 비정상적 상황이 응급상황인지를 판단하는 것이 매우 중요하다. 신속하게 환자를 평가하여 생명을 위협하는 문제들의 우선순위를 정하여 그에 따른 응급처치법을 숙지하여 신속하고 올바르게 처치함으로써 동물의 생명유지와 안정화를 할 수 있어야 한다.

1) 응급처치의 목적

응급처치의 목적은 첫 째 생명의 유지, 둘 째 동물의 통증과 고통의 예방 셋 째 환자의 상태 악화 방지 넷 째 갑작스런 컨디션의 변화를 안정화시키는 것으로 볼 수 있다.

2) 기본 rules: ABC

응급환자가 병원에 내원 시 절대 당황하지 말고, 기도 확보 후 출혈이 있다면 지혈과 함께 수의사를 호출하는 것이다. 응급 시에는 먼저 ABC에 따라서 환자를 관찰해야 한다.

① A – Airway : 혀를 잡아 당겨 구강 내 있는 이물을 제거하고, 삽관을 통하여 신속히 기도를 확보한다.

② B – Breathing : 필요한 경우 인공호흡을 실시한다. 환자가 호흡을 하고 있다면 호흡의 패턴을 관찰하고 목과 가슴에 상처가 있는지 확인한다.

③ C – Circulation : 심박동이 있다면 CPR은 실시하지 않는다. 심박과 맥박을 확인하고 체온을 체크 후 체온유지를 해야 한다. 출혈점의 압박지혈과 적절한 수액처치가 필요하다.

3) 병력 청취

① 외상이 있다면 언제 생겼는지 확인

② 사고가 일어난 시각 확인

③ 품종, 나이, 성별 확인

④ 현재 앓고 있는 병이 있는지 확인(심장병, 당뇨, 경련 등)

⑤ 보호자 인적사항 확인

⑥ 환자와 보호자가 내원한 시각 확인

4) A CRASH PLAN에 따른 환자의 세부 평가

① A – Airway : 머리와 목을 신장시켜 혀를 앞으로 당긴 후, 입 안에 이물질이 있는지 확인하고 입이나 코의 모든 액체 및 분비물을 제거한다. 이물질의 흡인방지를 위해 머리를 낮춘 후, 호흡수와 호흡곤란의 유무를 관찰하고 비정상적인 호흡음을 체크한다. 이는 기도 손상을 확인하는데 도움을 준다.

② C – Cardiovascular system : 갑작스런 심정지, 의식소실, 맥박이 없거나 약하고 빠르다. 동공반사 및 안검 반사 소실, 창백한 점막 및 청색증이 나타난다.

③ R – Respiratory system : 호흡수, 리듬, 노력성을 평가하며, 천공성 이물의 존재 시에는 절대로 제거해서는 안된다. 호흡에 이상이 있는 환자는 호흡곤란, 저산소증, 빈맥, 허탈, 무의식, 저혈증, 청색증, 노력성 호흡증가, 호흡마비 등이 나타난다.

④ A – Abdomen : 복부는 부종, 타박상, 천공성 이물, 복부팽대 증상을 검사해야 하며, 손상을 피하기 위해 복부촉진은 금기이며, 어떠한 이물도 제거하려는 시도를 해서는 안된다.

⑤ S – Spine : 척추손상이 의심되는 환자는 수의사의 지시 없이 움직여서는 안되며,사지마비, 편마비, 하반신 마비를 일으키기도 한다.

⑥ H – Head : 안면/두개골 골절, 부종이나 외상을 확인해야 한다. 머리, 목, 두개골, 비강, 눈 또는 귀의 손상을 확인하고, 비출혈, 부종이나 출혈을 확인한다. 또한 사경과 같은 머리의 이상을 확인한다. 안구통증 시 나타나는증상으로는 광기피증과 과도한 눈물 분비, 공막과 결막의 충혈, 안검, 결막의 부종 및 자가 창상을 보인다. 구강 쪽으로는 상/하악의 이빨골절, 출혈 유무, 과도한 유연, 호흡 시 비정상적인 냄새, 혀의 창상이나출혈, 부종, 입천장의 외상이나 이물 등을 확인한다.

⑦ P – Pelvis : 보행의 이상 유무, 골반부위 통증, 항문주변 부위의 이상(천공창, 삼출물, 항문의 혈액/점액 분비, 직장탈장), 골반좌상 등 배뇨의 유무 등을 확인한다.

⑧ L – Limbs : 사지의 출혈, 골절, 부종, 통증, 염발음의 유무 및 감각 소실 등을 확인한다. 골절이 있을 경우에도 움직여서는 안되며, 사지의 온도는 같아야 하고, 유독 차가울

경우에는 혈액공급이 좋지 않다는 것을 의미한다.

⑨ A – Arteries : 출혈은 생명을 위협할 수 있으므로, 출혈의 형태 및 양상을 반드시 확인해야 한다. 과도한 출혈은 저혈량성 쇼크를 일으켜 사망에 이르게 할 수 있다.

⑩ N – Nerves : 의식의 유무, 머리의 사경 유무, 자세, 안검, 위협, 동공반사 등 경련 및 기타 신경증상이 있는지를 확인한다.

5) 응급 환자의 관리

환자 상태의 중증도에 따라 1시간에 3회 또는 1일 3회 이상 모니터링 하고 기록으로 남겨야 한다.

(1) 환자의 상태

환자가 정상적으로 조용한 상태인지 기면, 쇽 등 민감도 등을 확인한다.

(2) 체온

일반적으로 동물의 체온 증가는 감염, 저하는 쇽의 증상으로 나타날 수 있다. 직장 체온뿐 아니라 사지 말단의 열감을 체크해야 하는데, 특히 심혈관계 질환을 가지고 있는 환자의 경우 사지 말단부의 냉감을 보일 수 있다.

(3) 맥박

심박수에 맞춰 맥박이 잘 잡히는지의 여부와 그에 따른 이상 유무를 확인한다.

(4) 호흡

호흡의 깊이, 리듬 및 속도를 확인하여 필요 시 인공호흡 및 산소공급을 한다.

(5) 점막의 색

점막의 색으로 환자의 상태를 확인 할 수 있는데 청색증과 빈호흡은 경우 저산소증을 나타내며, 창백한 색은 쇽, 빈혈 또는 출혈, 노란색은 간기능 저하를 나타낸다.

(6) 모세혈관 재충전 시간

보통 구강점막으로 확인하며, 손으로 눌렀다가 뗀 후 그 자리의 색이 주변 점막과 같아지는 시간을 모세혈관 재충전 시간이라 하며 보통 2초 미만이어야 한다. 2초 이상의 경우 혈액순환 장애를 나타낸다.

(7) 배뇨

중환자에서 배뇨의 모니터링은 신장의 기능을 평가하는 매우 중요한 지표가 된다. 요도가 폐쇄된 경우 카테터를 삽입하여 배뇨량을 측정해야 하며, 그렇지 않은 경우 배뇨 횟수와 양을 측정한다.

(8) 식욕

식욕 및 음수량 여부를 측정하고 그 양을 기록한다. 환자에 따라 급여 방법 및 병증에 맞는 처방 사료를 급여해야 한다.

6) CPR (CARDIOPULMONARY RESUSCITATION)

심폐정지(Cardiopulmonary arrest)란 호흡과 혈액순환의 정지를 말하고, 산소공급이 3분 이상 끊기게 되면 심각한 뇌손상이 일어난다. 응급 상황 발생 시 환자가 심정지로 가는 것을 막아야 하며 심정지의 징후를 파악하고 CPR에 대해 충분한 숙지가 필요하다.

(1) 심정지를 일으키는 요인들

① 약물

② 독성 물질

③ 저산소증

④ 저혈압, 저혈량

⑤ 산염기의 불균형

⑥ 전해질 불균형

⑦ 고체온 및 저체온

(2) 심정지의 징후

① 맥박 소실

② 시박(음) 소실

③ 점막 창백, 청색증

④ 동공 확장

⑤ CRT 증가

⑥ 호흡 및 통감 소실

⑦ 심실 세동

(3) CPR 순서; "A B C D E F"

① A – Airway : 혀를 잡아 당겨 구강 내 이물을 제거하고 기관튜브 삽관.

② B – Breathing : 100% 산소를 사용하여, ventilation(10~20회/분) 1회 후 흉부압박 3~5회 실시 또는 흉부 압박 15회 후 ventilation 2회 실시, 기관튜브 삽관이 불가능한 경우 mouth to nose resuscitation 실시.

③ C – Circulation(chest compression) : 환자를 오른쪽 횡와위로 눕힌 후, 동물의 크기에 알맞은 힘으로 제 6흉골 부위를 압박한다(60~120회/분). 3~5회 압박 후 ventilation 실시. 짧은 시간동안 압축을 유지하여 심장에서 혈액을 최대한 제거해 준다.

④ D – Drug : 상황에 맞게 필요한 약물 투여

⑤ E – Electrocardiogram : Set up ECG

⑥ F – Fluid : 상황에 맞게 필요한 수액요법 실시

실전 핵심 문제

상 중 하

01 다음 중 응급환자 발생 시 올바르지 않은 상항은?

① 동물의 현재 상태가 정상 또는 비정상인가를 파악

② 생명을 위협하는 문제들의 우선순위를 파악

③ 응급상황인지 아닌지를 파악

④ 서두르지 않고 여유있게 천천히 환자를 처치

상 중 하

02 다음 중 응급처치의 목적이 아닌 것은?

① 생명의 유지

② 동물의 통증과 고통을 평가

③ 환자의 상태 악화 방지

④ 갑작스런 컨디션 변화의 안정화

상 중 하

03 다음 중 응급처치의 기본 순서로 맞는 것은?

① 심박확인 – 기도확보 – 인공호흡

② 인공호흡 – 기도확보 – 심박확인

③ 기도확보 – 인공호흡 – 심박확인

④ 심박확인 – 인공호흡 – 기도확보

실전 핵심 문제

상 중 하

04 다음 중 병력의 청취 방법이 아닌 것은?

① 외상 및 사고가 발생한 시간

② 품종, 나이, 성별

③ 동물은 처음 입양한 날짜

④ 보호자의 인적사항

상 중 하

05 다음 중 A CRASH PLAN에 따른 환자의 세부 평가에서 R은 무엇인가?

① 기도 ② 심장

③ 척추 ④ 호흡

상 중 하

06 다음 중 응급환자의 세부평가에 있어서 복부를 관찰할 때 틀린 사항은?

① 부종 및 타박상을 검사

② 복강의 상태를 확인하기 위한 복부의 촉진

③ 천공성 이물은 절대 제거를 하면 안됨

④ 복부의 팽대 여부를 파악

상 중 하

07 다음 중 응급환자를 다룰 때 틀린 사항은?

① 척추 손상이 의심되는 환자는 신속히 조용한 곳으로 이동시킨다.

② 호흡 시 비정상적인 냄새 등 입천정의 외상이나 이물을 확인한다.

③ 보행의 이상 유무 및 골반부위의 통증을 확인한다.

④ 골절 시 움직여서는 안된다.

실전 핵심 문제

상 중 하

08 다음 중 응급환자의 신경계 평가에 해당하지 않는 것은?

① 의식의 유무 ② 사경의 유무
③ 사지의 출혈 ④ 경련 및 신경증상

상 중 하

09 다음 중 응급환자가 저체온 시 의심할 수 있는 상태는?

① 감염 ② 통증
③ 흥분 ④ 쇽

상 중 하

10 다음 중 환자의 노란색 점막을 통해 의심할 수 있는 상태는?

① 저산소증 ② 간기능 저하
③ 빈혈 ④ 출혈

상 중 하

11 다음 중 점막을 손으로 눌렀다가 뗀 후 그 자리의 색이 주변 점막과 같아지는 시간을 무엇이라 하는가?

① 모세혈관 재충전 시간 ② 모세혈관 재출혈 시간
③ 정맥혈관 재충전 시간 ④ 정맥혈관 재출혈 시간

상 중 하

12 다음 중 환자의 배뇨를 통해 평가할 수 있는 장기는?

① 간장 ② 소장
③ 신장 ④ 대장

실전 핵심 문제

상 중 하

13 다음 시간 중 뇌손상과 관련된 goolden time은?

① 2분
② 3분
③ 4분
④ 5분

상 중 하

14 다음 중 심정지를 일으키는 요인과 거리가 먼 것은?

① 저산소증
② 산염기 불균형
③ 저혈량
④ 과식

상 중 하

15 다음 중 심정지의 징후가 아닌 것은?

① CRT 유지
② 심박소실
③ 청색증
④ 심실세동

상 중 하

16 다음 중 CPR(CARDIOPULMONARY RESUSCITATION)의 순서로 옳은 것은?

① 심박개선 – 약물처치 – 기도확보
② 심박개선 – 기도확보 – 약물처치
③ 기도확보 – 약물처치 – 심박개선
④ 기도확보 – 심박개선 – 약물처치

상 중 하

17 다음 중 CPR 시 환자의 올바른 자세는?

① 우측 앙와위
② 좌측 앙와위
③ 우측 횡와위
④ 좌측 횡와위

실전 핵심 문제

상 중 하

18 다음 중 CPR 시 흉부압박 횟수로 옳은 것은?

① 10 ~ 30회/분
② 30 ~ 60회/분
③ 60 ~ 120회/분
④ 120 ~ 180회/분

상 중 하

19 다음 중 CRP 중 흉부 압박과 ventilation 횟수로 옳은 것은?

① 흉부 압박 10회 후 ventilation 5회
② 흉부 압박 15회 후 ventilation 5회
③ 흉부 압박 10회 후 ventilation 2회
④ 흉부 압박 15회 후 ventilation 2회

정답

1. ④ 2. ② 3. ① 4. ③ 5. ④ 6. ② 7. ① 8. ③ 9. ④ 10. ② 11. ① 12. ③ 13. ②
14. ④ 15. ① 16. ② 17. ③ 18. ③ 19. ④

참고문헌

- 수의해부학 교수협의회: 개 해부 길라잡이, 정문각, 2008.
- 한국수의내과학 교수협의회: 소동물 임상진단 기법, 교육문화원, 2003.
- Candyce M. Jack, Patricia M. Watson, Mark S. Donovan: Veterinary Technician's Daily Reference Guide-Canine and Feline (2nd Edition), Blackwell, 2008.
- Donald R. Adams: Canine Anatomy A systemic study (4th Edition), Iowa Stste Press, 2004.
- Hilary Orpet, Perdi Welsh: Handbook of veterinary nursing, Black well Science, 2003.
- Hill's Pet Nutrition: Hill's Atlas of Veterinary Clinical Anatomy, Veterinary Medicine Publishing Company, 2004.
- Howard E. Evans, Alexander de Lahunta: Guide to the dissection of the dog (7th Edition), Saunders, 2009.
- https://radiologykey.com/aseptic-techniques-2
- James G. Cunningham, Bardly G. Klein: Textbook of Veterinary Physiology, Saunders, 2007
- Klaus-Dieter Budras: Anatomy of the Dog (5th Edition), schlütersche 2007.
- McBride, Douglas: Veterinary Terminology (2nd Edition), Mosby, 2002.
- Michael A. Moses, Melinda D. Merck and Susan E. Aiello: The Merck Veterinary Manual (11th Edition), Merck & Company Incorporated, 2016.
- Pasquini, Spurgeon: Anatomy of Domestic Animals, A systemic and Regional Approach (11th Edition). Sudz Publishing, 2007.
- Theresa Welch Fossum: Small animal surgery, Mosby, 2002.
- Victoria Aspinall, Melanie O'Reilly: Introduction to Veterinary Anatomy and Physiology, Elsevier, 2004.